학습 진도표

백점

수학 1·2

개념북

백점 수학

구성과 특징

개념북 하루 4쪽 학습으로 자기주도학습 완성

N일차 4쪽: 개념 학습+문제 학습

서술형 문제

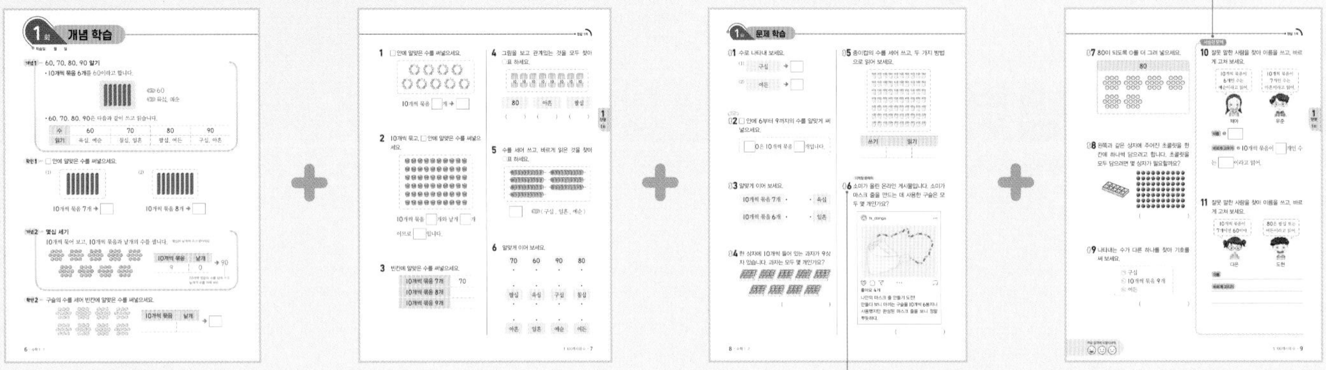

디지털 문해력

N일차 4쪽: 응용 학습

문제해결 TIP

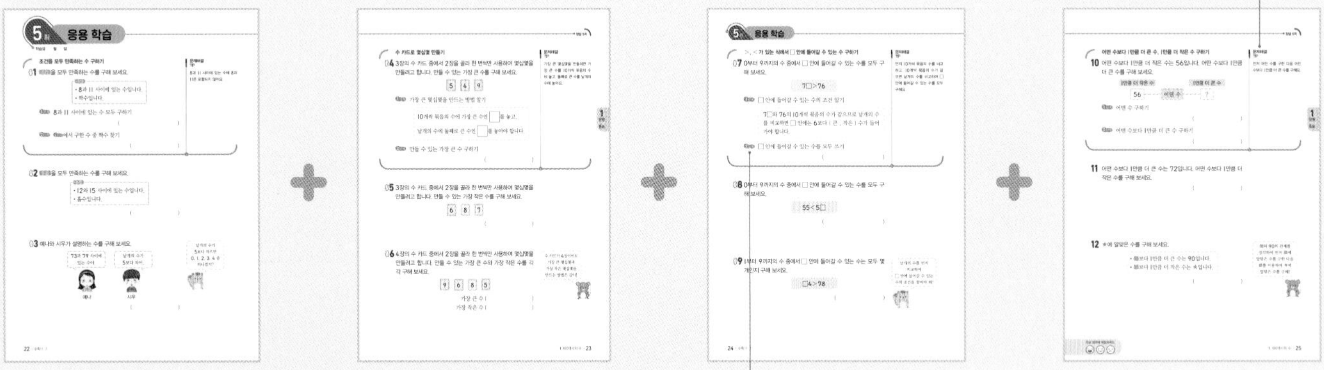

단계별 해결 순서

N일차 4쪽: 마무리 평가

수행 평가

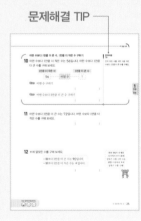

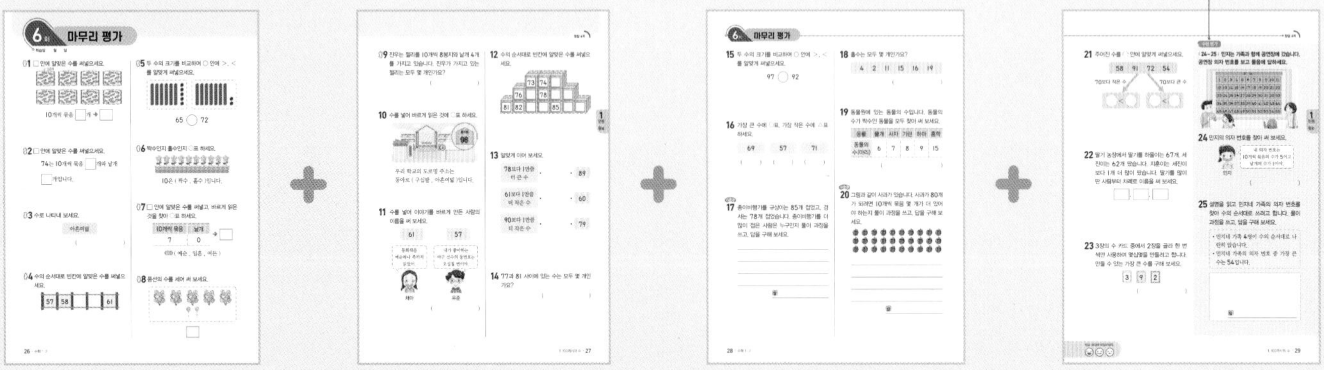

문해력을 높이는 어휘

교과서 어휘를 그림과 쓰이는 예시 문장을 통해 문해력 향상

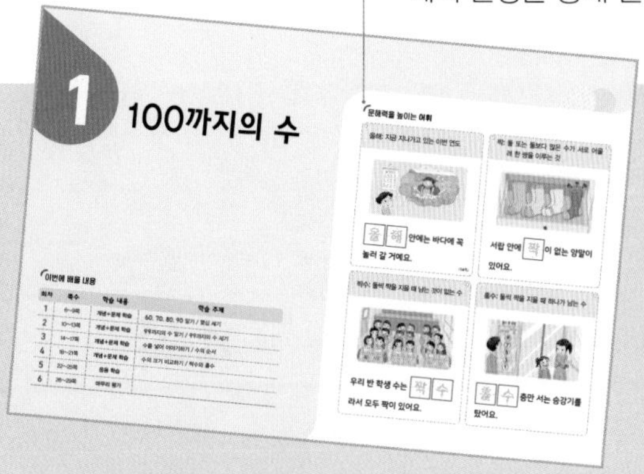

개념 학습

핵심 개념과 개념 확인 예제로 개념을 쉽게 이해할 수 있습니다.

문제 학습

핵심 유형 문제와 서술형 연습 문제로 실력을 쌓을 수 있습니다.

디지털 문해력: 디지털 매체 소재에 대한 문제

응용 학습

응용 유형의 문제를 단계별 해결 순서와 문제해결 TIP을 이용하여 응용력을 높일 수 있습니다.

마무리 평가

한 단원을 마무리하며 실력을 점검할 수 있습니다.

수행 평가: 학교 수행 평가에 대비할 수 있는 문제

평가북 맞춤형 평가 대비 수준별 단원 평가

단원 평가 A단계, B단계

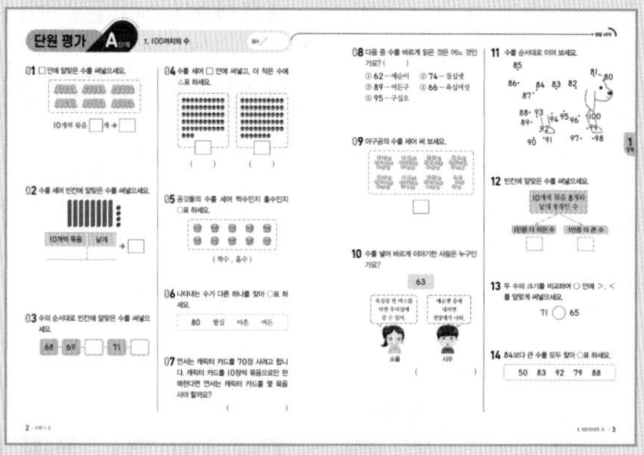

단원별 학습 성취도를 확인하고, 학교 단원 평가에 대비할 수 있도록 수준별로 A단계, B단계로 구성하였습니다.

2학기 총정리 개념

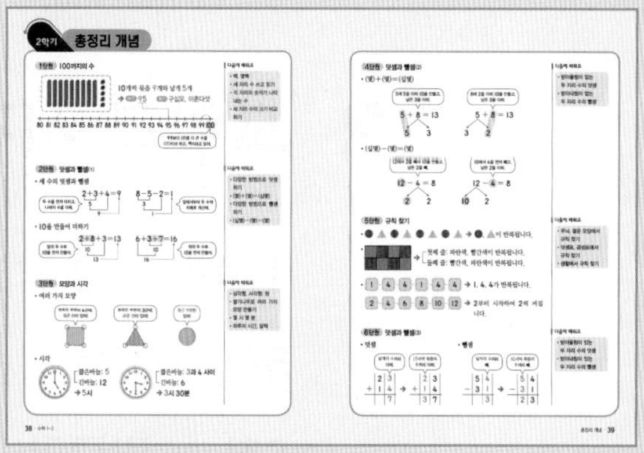

2학기를 마무리하며 개념을 총정리하고, 다음에 배울 내용을 확인할 수 있습니다.

백점 수학

차례

하루 4쪽 학습으로 자기주도학습 완성

1 100까지의 수

이번에 배울 내용

회차	쪽수	학습 내용	학습 주제
1	6~9쪽	개념+문제 학습	60, 70, 80, 90 알기 / 몇십 세기
2	10~13쪽	개념+문제 학습	99까지의 수 알기 / 99까지의 수 세기
3	14~17쪽	개념+문제 학습	수를 넣어 이야기하기 / 수의 순서
4	18~21쪽	개념+문제 학습	수의 크기 비교하기 / 짝수와 홀수
5	22~25쪽	응용 학습	
6	26~29쪽	마무리 평가	

문해력을 높이는 **어휘**

올해: 지금 지나가고 있는 이번 연도

올해 안에는 바다에 꼭 놀러 갈 거예요.

(14쪽)

짝: 둘 또는 둘보다 많은 수가 서로 어울려 한 쌍을 이루는 것

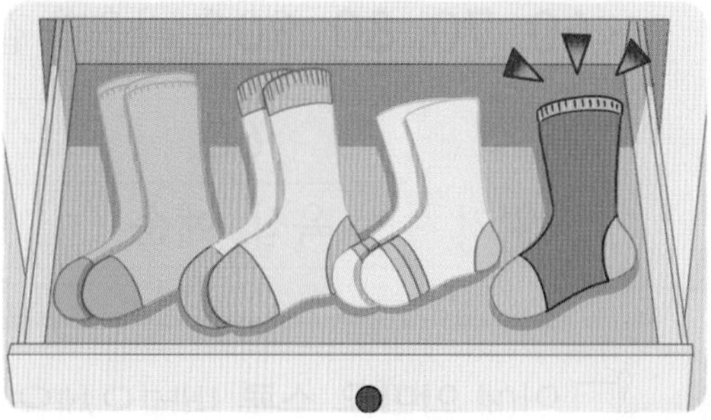

서랍 안에 짝이 없는 양말이 있어요.

짝수: 둘씩 짝을 지을 때 남는 것이 없는 수

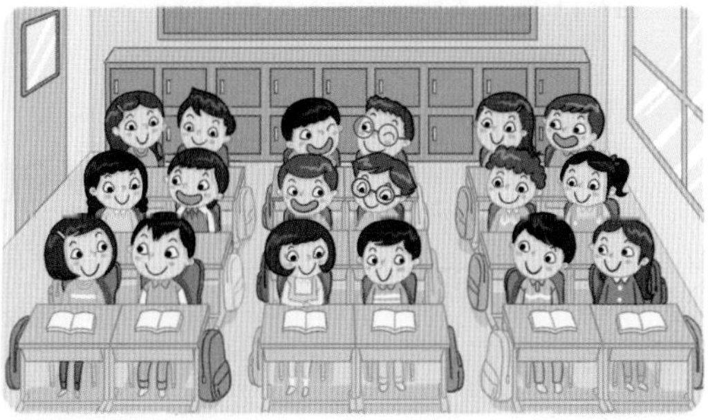

우리 반 학생 수는 짝수라서 모두 짝이 있어요.

홀수: 둘씩 짝을 지을 때 하나가 남는 수

홀수 층만 서는 승강기를 탔어요.

1회 개념 학습

학습일: 월 일

개념 1 60, 70, 80, 90 알기

• 10개씩 묶음 6개를 60이라고 합니다.

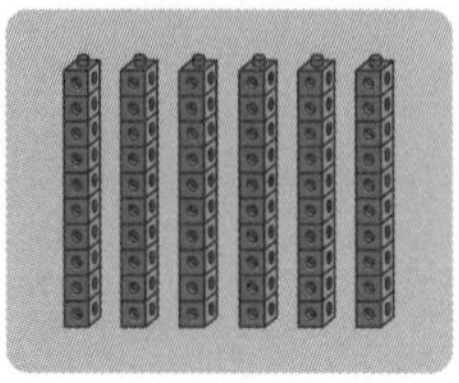

쓰기 60

읽기 육십, 예순

• 60, 70, 80, 90은 다음과 같이 쓰고 읽습니다.

수	60	70	80	90
읽기	육십, 예순	칠십, 일흔	팔십, 여든	구십, 아흔

확인 1 □ 안에 알맞은 수를 써넣으세요.

(1)

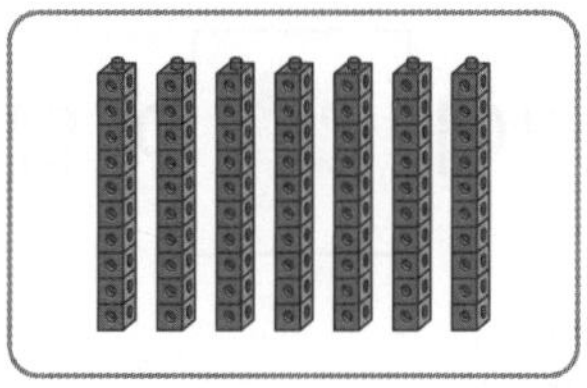

10개씩 묶음 7개 → □

(2)

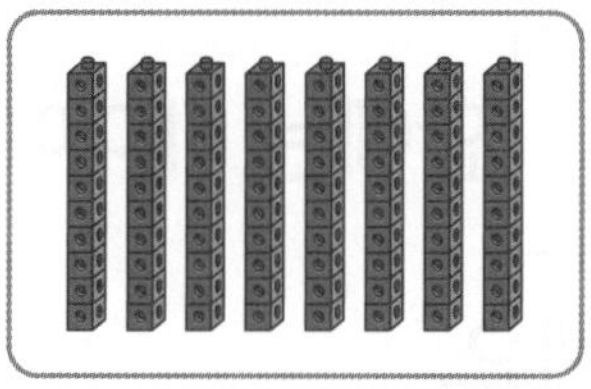

10개씩 묶음 8개 → □

개념 2 몇십 세기

10개씩 묶어 보고, 10개씩 묶음과 낱개의 수를 셉니다. — 몇십은 낱개의 수가 0이에요.

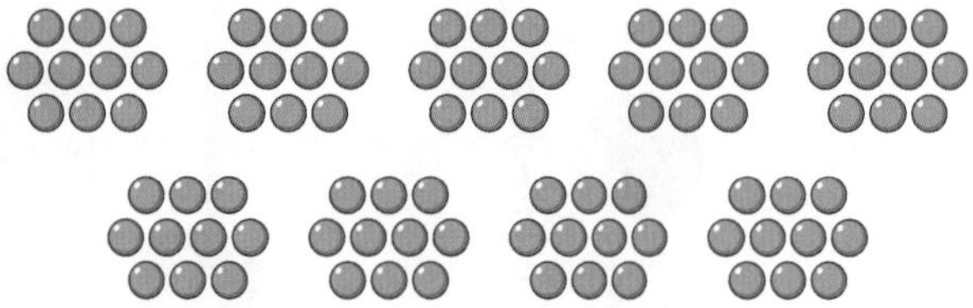

10개씩 묶음	낱개
9	0

→ 90

10개씩 묶음의 수를 앞에 쓰고 낱개의 수를 뒤에 써요.

확인 2 구슬의 수를 세어 빈칸에 알맞은 수를 써넣으세요.

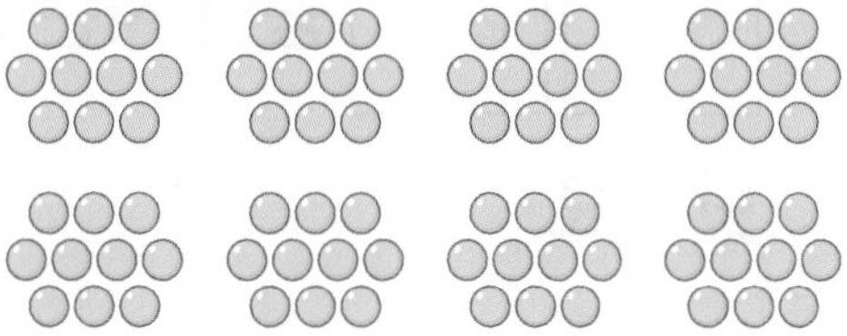

10개씩 묶음	낱개

→ □

정답 1쪽

1 □ 안에 알맞은 수를 써넣으세요.

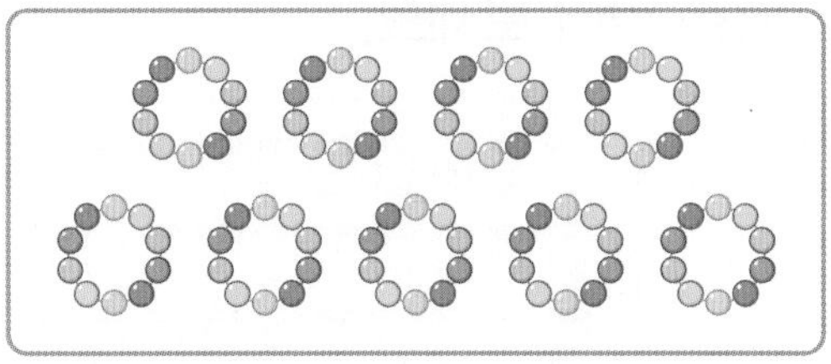

10개씩 묶음 □개 ➔ □

2 10개씩 묶고, □ 안에 알맞은 수를 써넣으세요.

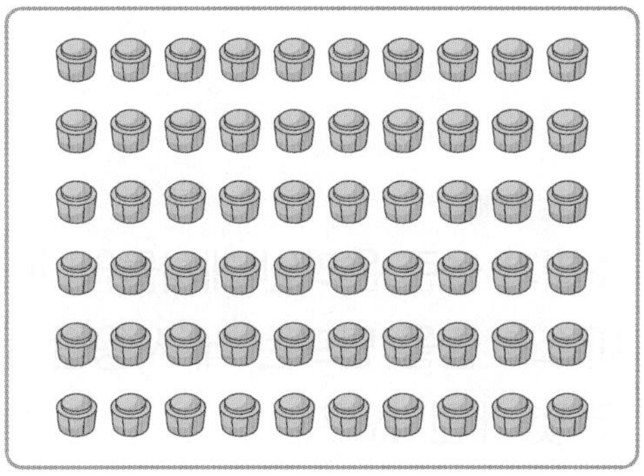

10개씩 묶음 □개와 낱개 □개 이므로 □입니다.

3 빈칸에 알맞은 수를 써넣으세요.

10개씩 묶음 7개	70
10개씩 묶음 8개	
10개씩 묶음 9개	

4 그림을 보고 관계있는 것을 모두 찾아 ○표 하세요.

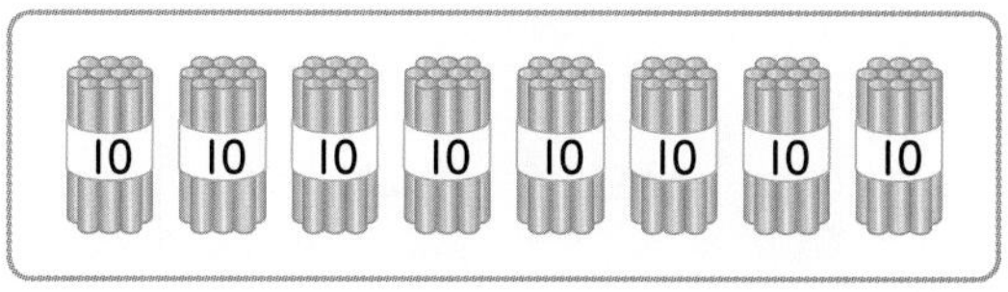

80	아흔	팔십
(　　)	(　　)	(　　)

5 수를 세어 쓰고, 바르게 읽은 것을 찾아 ○표 하세요.

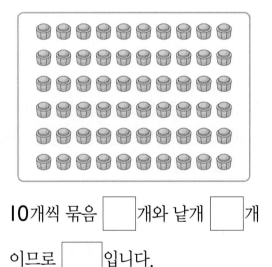

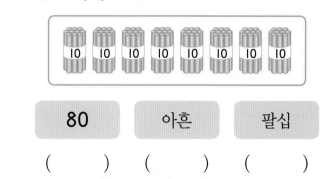

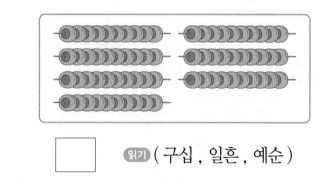

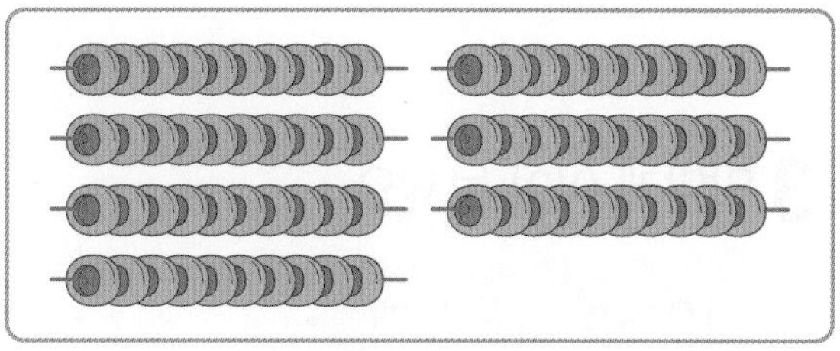

□ 읽기 (구십 , 일흔 , 예순)

6 알맞게 이어 보세요.

70 • 60 • 90 • 80 •

• 팔십 • • 육십 • • 구십 • • 칠십 •

• 아흔 • 일흔 • 예순 • 여든

01 수로 나타내 보세요.

(1) 구십 ➔ ☐

(2) 여든 ➔ ☐

창의형

02 ☐ 안에 6부터 9까지의 수를 알맞게 써 넣으세요.

☐0은 10개씩 묶음 ☐개입니다.

03 알맞게 이어 보세요.

10개씩 묶음 7개 •	• 육십
10개씩 묶음 6개 •	• 일흔

04 한 상자에 10개씩 들어 있는 과자가 9상자 있습니다. 과자는 모두 몇 개인가요?

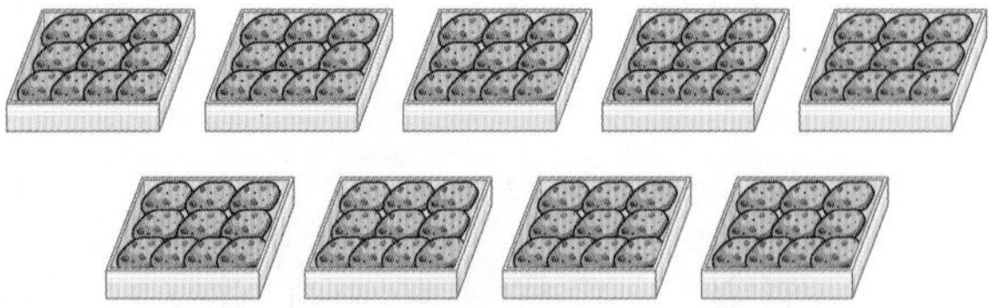

(　　　　　　)

05 종이컵의 수를 세어 쓰고, 두 가지 방법으로 읽어 보세요.

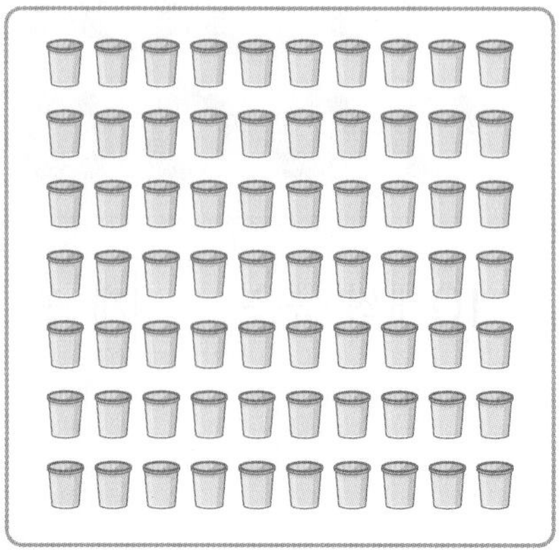

쓰기	읽기	

디지털 문해력

06 소미가 올린 온라인 게시물입니다. 소미가 마스크 줄을 만드는 데 사용한 구슬은 모두 몇 개인가요?

hi_donga

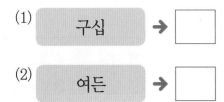

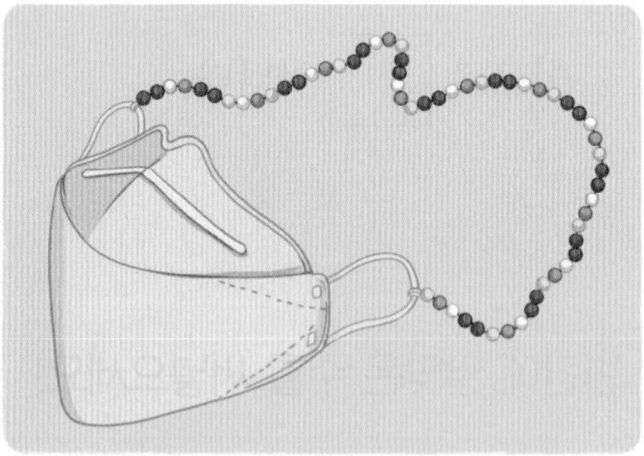

좋아요 4개

나만의 마스크 줄 만들기 도전!

만들다 보니 아끼는 구슬을 10개씩 6봉지나 사용했지만 완성된 마스크 줄을 보니 정말 뿌듯하다.

(　　　　　　)

07 80이 되도록 ○를 더 그려 넣으세요.

80

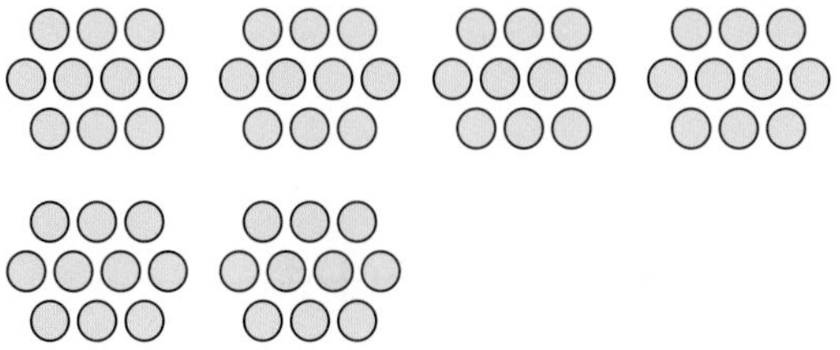

08 왼쪽과 같은 상자에 주어진 초콜릿을 한 칸에 하나씩 담으려고 합니다. 초콜릿을 모두 담으려면 몇 상자가 필요할까요?

(　　　　　　　　)

09 나타내는 수가 다른 하나를 찾아 기호를 써 보세요.

㉠ 구십
㉡ 10개씩 묶음 9개
㉢ 여든

(　　　　　　　　)

서술형 문제

10 잘못 말한 사람을 찾아 이름을 쓰고, 바르게 고쳐 보세요.

10개씩 묶음이 6개인 수는 예순이라고 읽어.

채아

10개씩 묶음이 7개인 수는 아흔이라고 읽어.

유준

이름 ❶ [　　]

바르게 고치기 ❷ 10개씩 묶음이 [　　]개인 수는 [　　]이라고 읽어.

11 잘못 말한 사람을 찾아 이름을 쓰고, 바르게 고쳐 보세요.

10개씩 묶음이 7개이면 60이야.

다은

80은 팔십 또는 여든이라고 읽어.

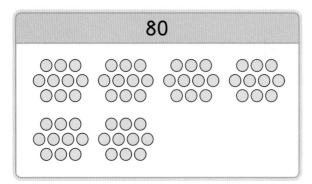

도현

이름 ______________________

바르게 고치기 ______________________

____

1 단원 1회

학습 결과에 색칠하세요.

2회 개념 학습

학습일:　　월　　일

개념 1 99까지의 수 알기

• **10개씩 묶음** 8개와 **낱개** 5개를 85라고 합니다.

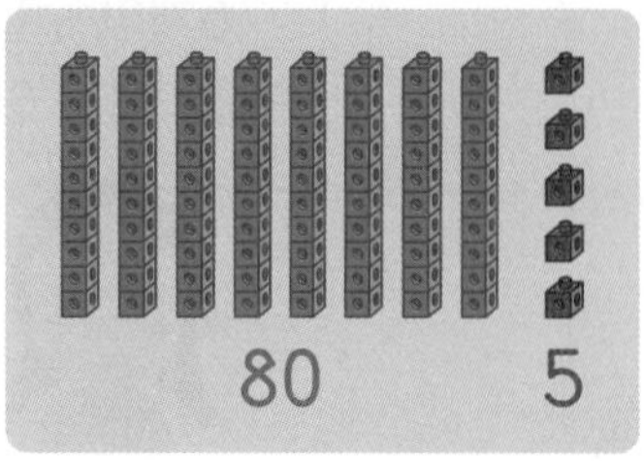

쓰기 85
읽기 팔십오, 여든다섯

• 10개씩 묶음과 낱개는 다음과 같이 쓰고 읽습니다.

10개씩 묶음	낱개
7	1

→ 71

읽기 칠십일, 일흔하나

10개씩 묶음	낱개
9	8

→ 98

읽기 구십팔, 아흔여덟

확인 1 □ 안에 알맞은 수를 써넣으세요.

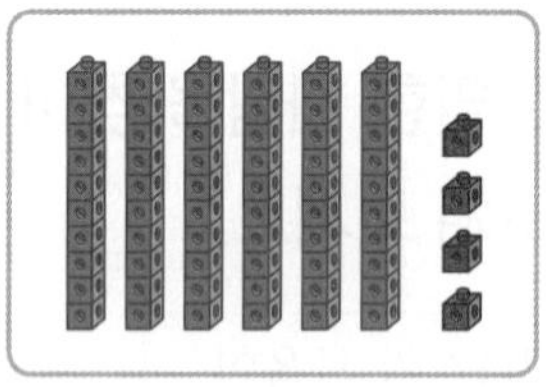

10개씩 묶음 6개와 낱개 □개 → □

개념 2 99까지의 수 세기

10개씩 묶어 보고, 10개씩 묶음과 낱개의 수를 셉니다.

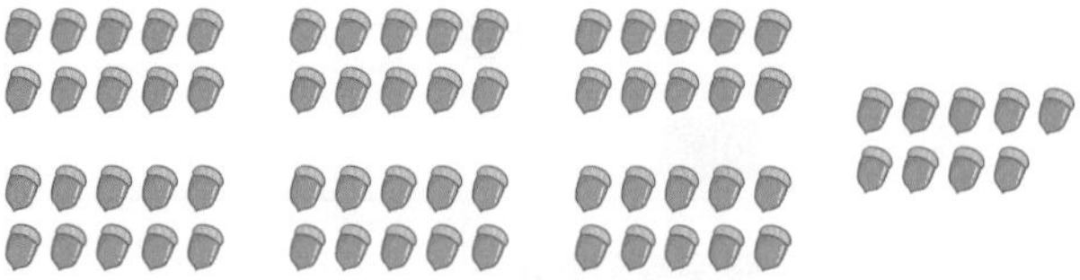

10개씩 묶음	낱개
6	9

→ 69

확인 2 과자의 수를 세어 빈칸에 알맞은 수를 써넣으세요.

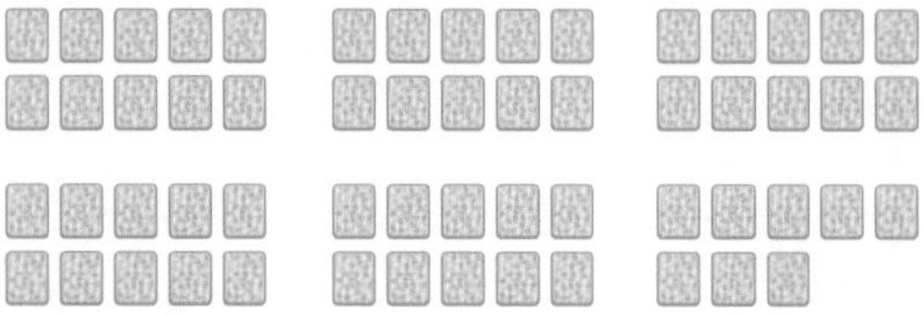

10개씩 묶음	낱개
5	

→ □

정답 2쪽

1 □ 안에 알맞은 수를 써넣으세요.

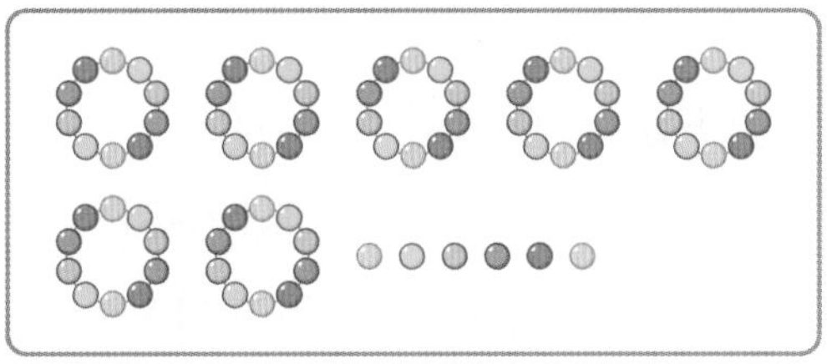

10개씩 묶음 7개와 낱개 □개

→ □

2 수를 두 가지 방법으로 읽으려고 합니다. □ 안에 알맞은 말을 써넣으세요.

62

60	육십
2	이

→ □

60	예순
2	둘

→ □

3 달걀의 수를 세어 알맞은 수에 ○표 하세요.

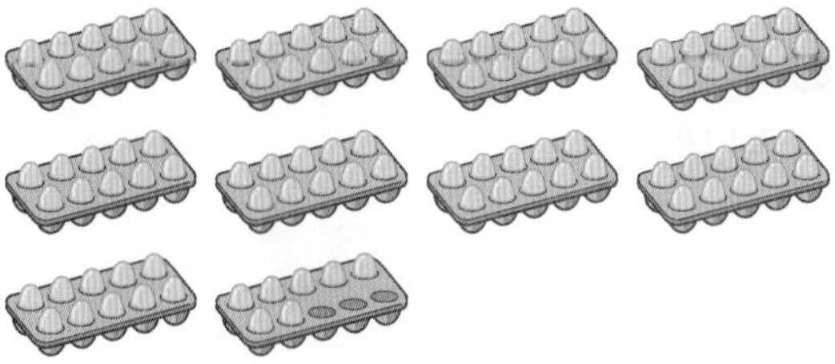

(79 , 87 , 97)

4 수를 바르게 읽은 것을 모두 찾아 ○표 하세요.

63

예순셋	육십삼	일흔여섯
( )	( )	( )

5 빈칸에 알맞은 수를 써넣으세요.

10개씩 묶음	낱개	수
8	1	81
7	5	
9	4	

6 공의 수를 세어 쓰고, 알맞게 이어 보세요.

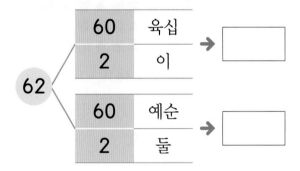

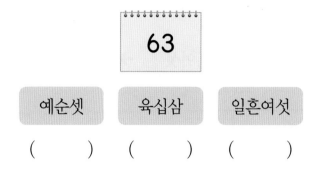

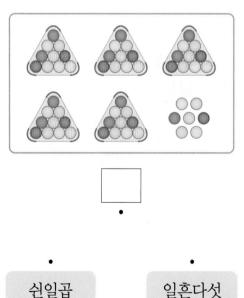

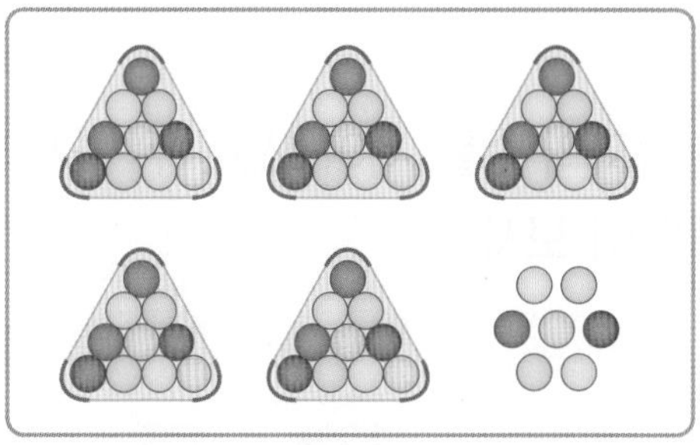

□

쉰일곱   일흔다섯

2회 문제 학습

01 수로 나타내 보세요.

(1) 육십팔 → ☐

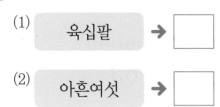

(2) 아흔여섯 → ☐

02 수가 86인 것에 ○표 하세요.

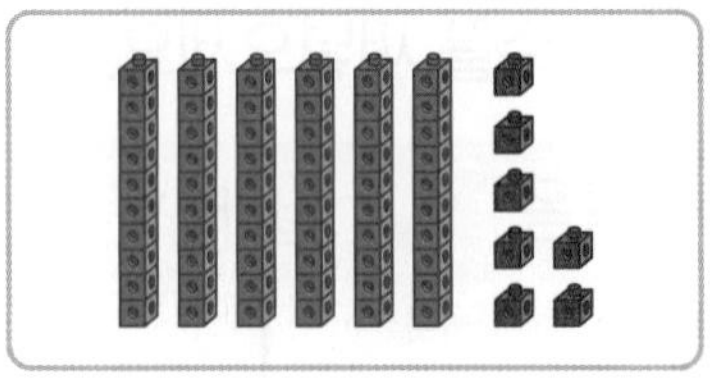

(　　　)

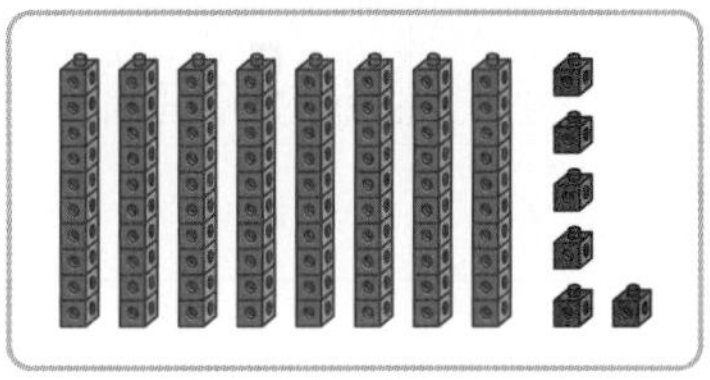

(　　　)

03 감자의 수를 세어 쓰고, 두 가지 방법으로 읽어 보세요.

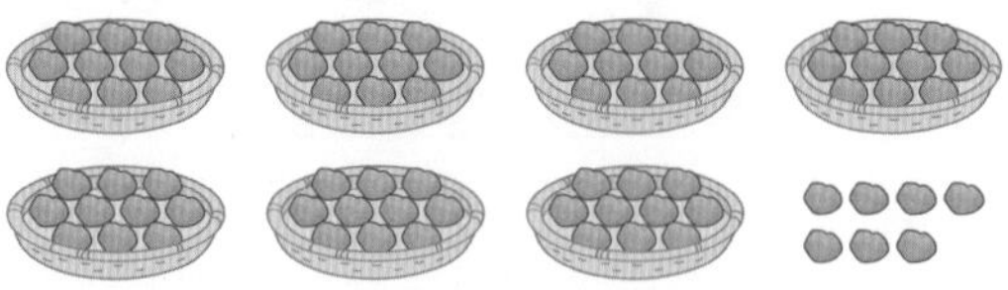

쓰기	읽기	

04 수를 잘못 읽은 것은 어느 것인가요?

(　　　)

① 54 — 오십사 — 쉰넷
② 65 — 육십오 — 예순다섯
③ 79 — 칠십구 — 일흔아홉
④ 81 — 팔십일 — 여든하나
⑤ 92 — 구십둘 — 아흔이

05 과자는 모두 몇 개인지 세어 보세요.

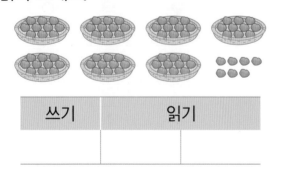

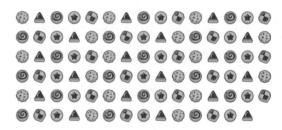

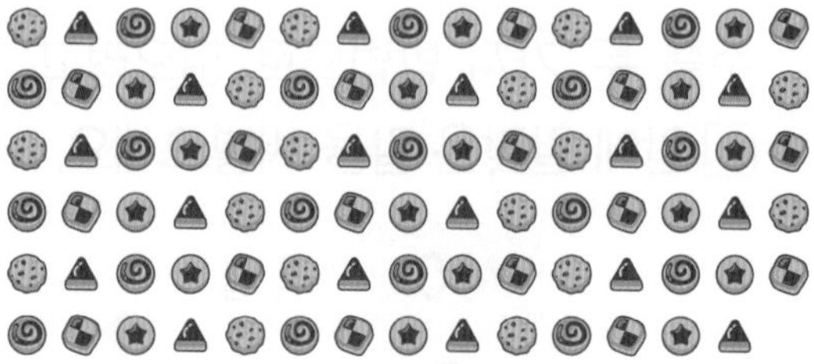

(1) 10개씩 묶어 보세요.

(2) 과자는 모두 몇 개인지 빈칸에 알맞은 수를 써넣으세요.

10개씩 묶음	낱개

→ ☐

06 수를 보고 바르게 설명한 것의 기호를 써 보세요.

84

㉠ 10개씩 묶음 4개와 낱개 8개입니다.
㉡ 10개씩 묶음 8개와 낱개 4개입니다.

(　　　)

정답 2쪽

창의형

07 수 카드 2장을 골라 만들 수 있는 수를 써 보세요.

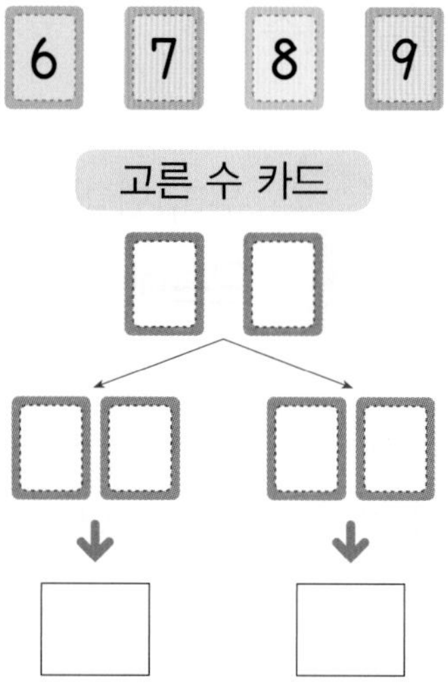

08 구슬의 수를 바르게 말한 사람은 누구인가요?

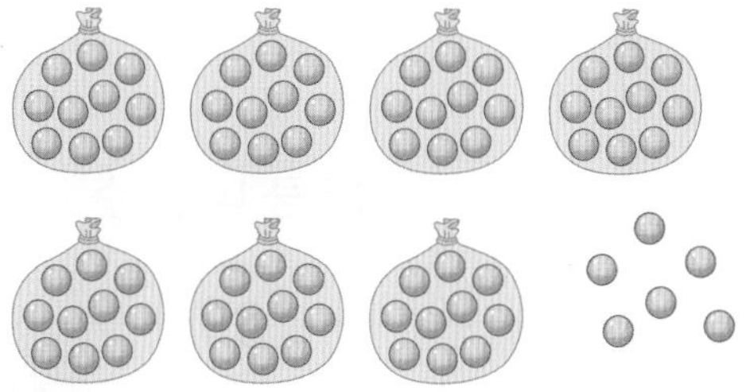

10개씩 묶음 6개와 낱개 7개이니까 구슬은 모두 67개야.
시우
구슬이 모두 일흔여섯 개 있어.
서진
구슬은 모두 예순일곱 개야.
소율

(　　　　　　　　　　)

서술형 문제

09 사과가 10개씩 6상자와 낱개 13개가 있습니다. 사과는 모두 몇 개인지 풀이 과정을 쓰고, 답을 구해 보세요.

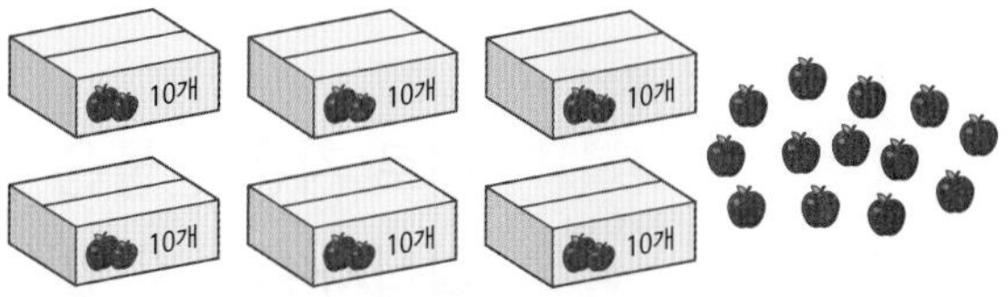

❶ 낱개 13개는 10개씩 1상자와 낱개 □개로 나타낼 수 있습니다.

❷ 따라서 사과는 10개씩 □상자와 낱개 3개이므로 모두 □개입니다.

답 ________

10 은서는 머리끈을 10개씩 8상자와 낱개 15개를 가지고 있습니다. 은서가 가지고 있는 머리끈은 모두 몇 개인지 풀이 과정을 쓰고, 답을 구해 보세요.

____

____

____

____

답 ________

1 단원 2회

학습 결과에 색칠하세요.

3회 개념 학습

학습일: 월 일

개념 1 **수를 넣어 이야기하기**

수를 상황에 따라 여러 방법으로 표현하여 이야기할 수 있습니다.

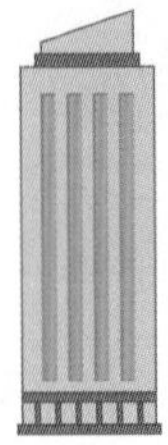

새로 지은 건물은 **칠십사 층**까지 있습니다.

74

우리 할머니는 올해 **일흔네 살**이십니다.

확인 1 그림을 보고 수를 넣어 이야기한 것입니다. 바르게 읽은 것에 ○표 하세요.

버스 정류장에 (오십칠 , 쉰일곱) 번 버스가 도착했습니다.

개념 2 **수의 순서**

- 수를 순서대로 썼을 때 1만큼 더 큰 수는 바로 뒤의 수이고, 1만큼 더 작은 수는 바로 앞의 수입니다.

1만큼 더 작은 수 — 87과 89 사이의 수 — 1만큼 더 큰 수

87 — 88 — 89

- **99보다 1만큼 더 큰 수**를 100이라고 합니다.

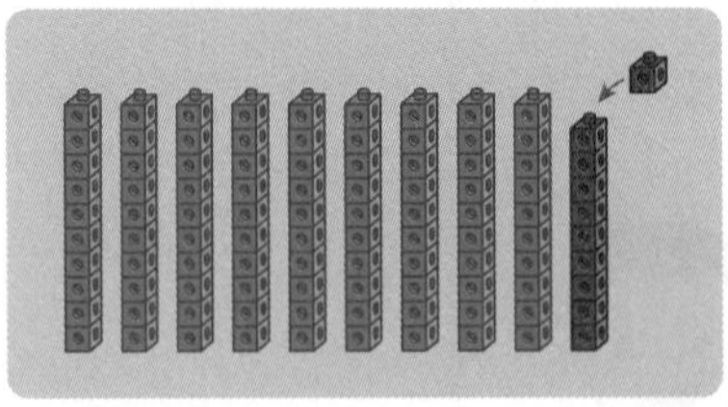

쓰기 100

읽기 백

확인 2 □ 안에 알맞은 수를 써넣으세요.

72 — 73 — 74 — 75 — 76 — 77 — 78 — 79

74보다 1만큼 더 큰 수는 74 바로 뒤의 수인 □입니다.

1 □ 안에 알맞은 수를 써넣으세요.

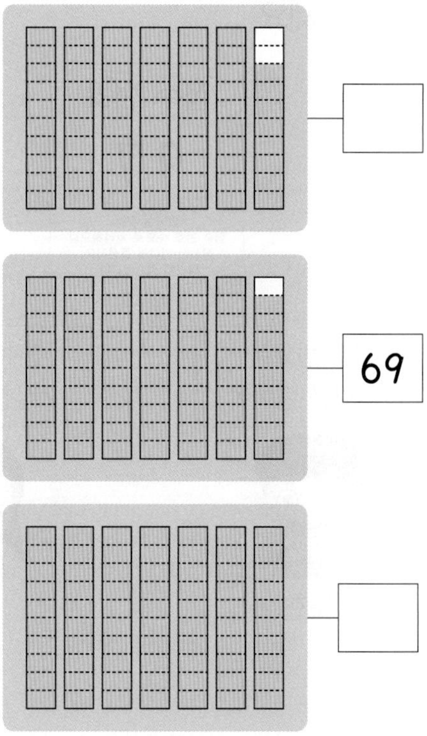

69보다 1만큼 더 작은 수는 □이고,

69보다 1만큼 더 큰 수는 □입니다.

2 □ 안에 알맞은 수를 써넣으세요.

99보다 1만큼 더 큰 수는 □이야.

3 수의 순서대로 빈 곳에 알맞은 수를 써넣으세요.

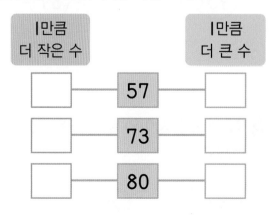

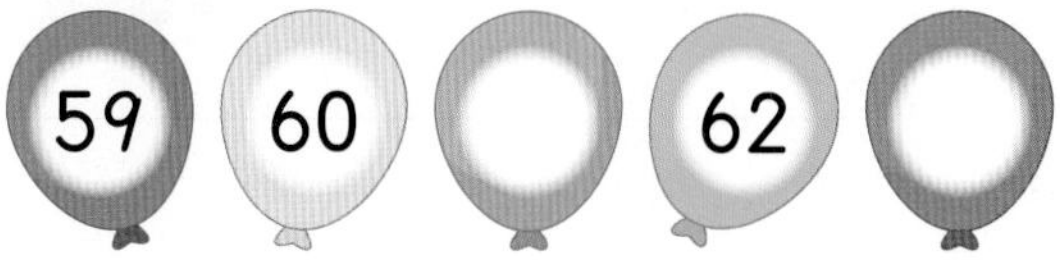

4 수를 넣어 바르게 이야기한 것에 ○표 하세요.

75

일흔다섯 번 신발장에 신발을 넣었습니다.	우리 학교가 생긴 지 칠십오 년이나 되었습니다.
(　　)	(　　)

5 수를 순서대로 쓰려고 합니다. 빈칸에 알맞은 수를 써넣으세요.

81	82		84	85
86		88	89	90
91	92		94	95
	97	98	99	

6 빈칸에 알맞은 수를 써넣으세요.

1만큼 더 작은 수		1만큼 더 큰 수
	57	
	73	
	80	

01 수의 순서에 맞게 빈칸에 알맞은 수를 써넣으세요.

02 수를 순서대로 이어 보세요.

03 수의 순서를 거꾸로 하여 빈 곳에 알맞은 수를 써넣으세요.

04 92와 95 사이의 수를 모두 찾아 색칠해 보세요.

05 그림을 보고 바르게 이야기한 사람의 이름을 써 보세요.

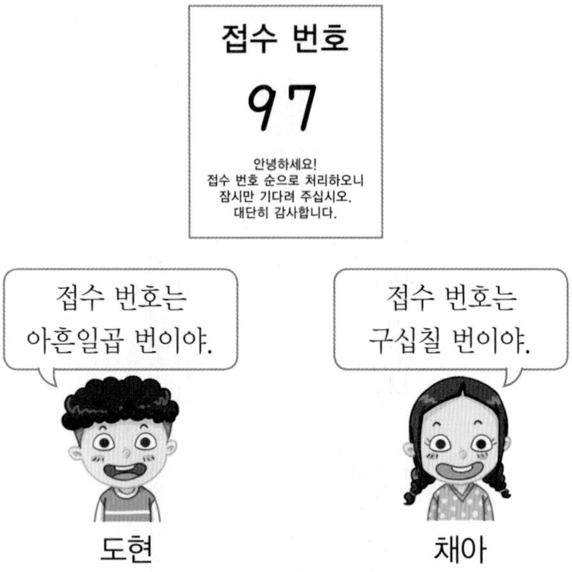

접수 번호
97
안녕하세요!
접수 번호 순으로 처리하오니
잠시만 기다려 주십시오.
대단히 감사합니다.
접수 번호는 아흔일곱 번이야.
접수 번호는 구십칠 번이야.
도현
채아

( )

디지털 문해력

06 지식 백과를 보고 밑줄 친 수보다 1만큼 더 큰 수를 수로 나타내 보세요.

지식 백과

[속담]

세 살 버릇 <u>여든</u>까지 간다

어릴 때의 버릇은 나이가 들어도 고치기 어렵다는 뜻입니다.
그러니 어릴 때부터 나쁜 버릇이 들지 않도록 조심해야겠지요?

( )

07 시장 안내도에 가게들이 번호 순서대로 있습니다. 안내도에서 아래 가게들의 위치를 찾아 □ 안에 번호를 알맞게 써넣으세요.

71번　　76번　　80번

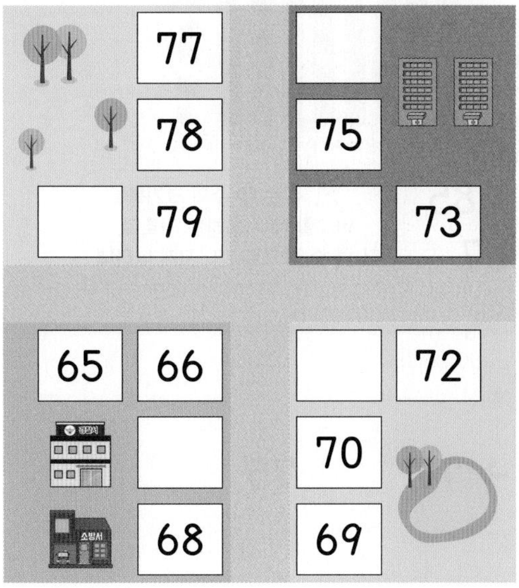

08 두 수 사이에 있는 수를 모두 써 보세요.

팔십팔　　아흔하나

(　　　　　　　　　)

창의형

09 51부터 99까지의 수 중에서 하나를 넣어 보기 와 같이 이야기를 만들어 보세요.

보기

붙임딱지를 쉰다섯 장 모았습니다.

서술형 문제

10 감자를 서은이는 58개 캤고, 동생은 서은이보다 1개 더 적게 캤습니다. 동생이 캔 감자는 몇 개인지 풀이 과정을 쓰고, 답을 구해 보세요.

❶ 동생이 캔 감자의 수는 58보다 □ 만큼 더 작은 수입니다.

❷ 58보다 □ 만큼 더 작은 수는 □ 이므로 동생이 캔 감자는 □ 개입니다.

답

11 밤을 호진이는 87개 주웠고, 형은 호진이보다 1개 더 많이 주웠습니다. 형이 주운 밤은 몇 개인지 풀이 과정을 쓰고, 답을 구해 보세요.

답

1 단원 3회

학습 결과에 색칠하세요.

4회 개념 학습

학습일: 월 일

개념 1 수의 크기 비교하기

① 10개씩 묶음의 수가 다르면 **10개씩 묶음의 수가 클수록 더 큰 수**입니다.

② 10개씩 묶음의 수가 같으면 **낱개의 수가 클수록 더 큰 수**입니다.

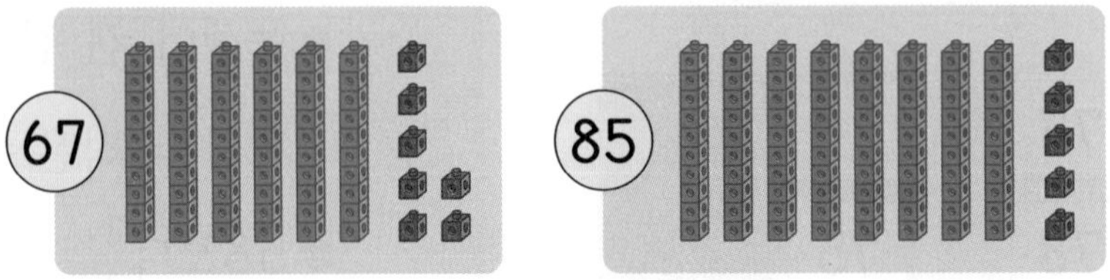

67은 85보다 작습니다. → 67 < 85
85는 67보다 큽니다. → 85 > 67

>, <는 두 수의 크기를 비교할 때 사용하는 기호로, 더 큰 수 쪽으로 벌어지게 나타내.

확인 1 ○ 안에 >, <를 알맞게 써넣으세요.

77은 75보다 큽니다. → 77 ○ 75

개념 2 짝수와 홀수

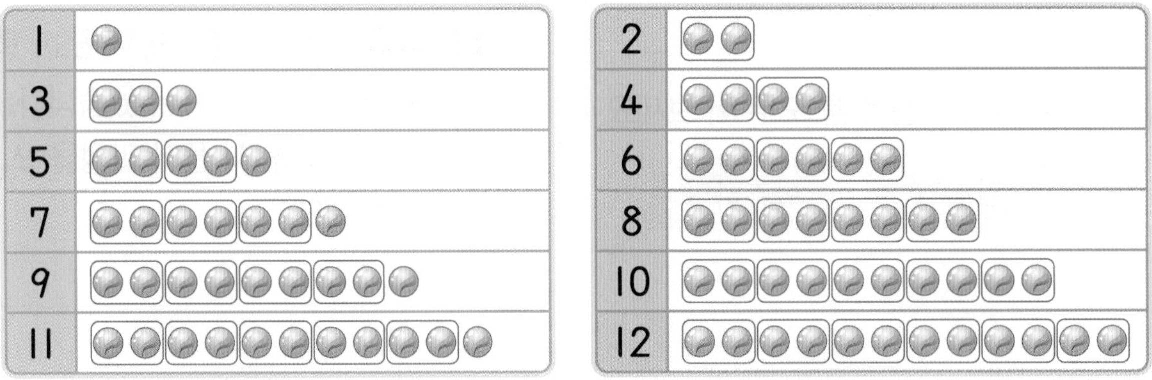

• 2, 4, 6, 8, 10, 12와 같이 둘씩 짝을 지을 때 **남는 것이 없는 수** → 짝수

• 1, 3, 5, 7, 9, 11과 같이 둘씩 짝을 지을 때 **하나가 남는 수** → 홀수

참고 짝수는 낱개의 수가 0, 2, 4, 6, 8이고, 홀수는 낱개의 수가 1, 3, 5, 7, 9입니다.

확인 2 알맞은 말에 ○표 하세요.

8은 둘씩 짝을 지을 때
(남는 것이 없는 수 , 하나가 남는 수)이므로
(짝수 , 홀수)입니다.

정답 4쪽

1 수를 세어 크기를 비교해 보세요.

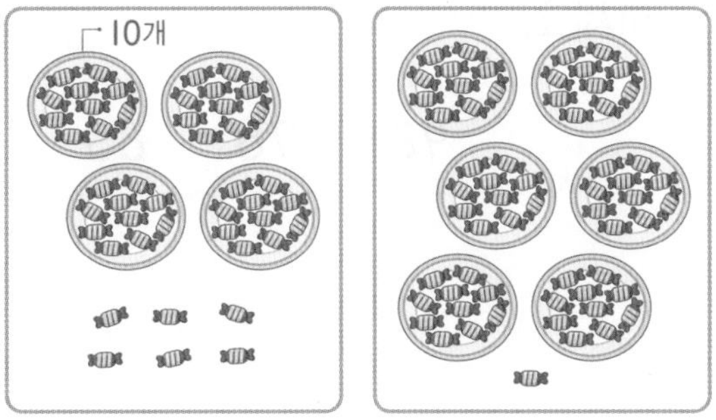

46은 □보다 (큽니다 , 작습니다).

□은 46보다 (큽니다 , 작습니다).

2 알맞은 말에 ○표 하고, ○ 안에 >, <를 알맞게 써넣으세요.

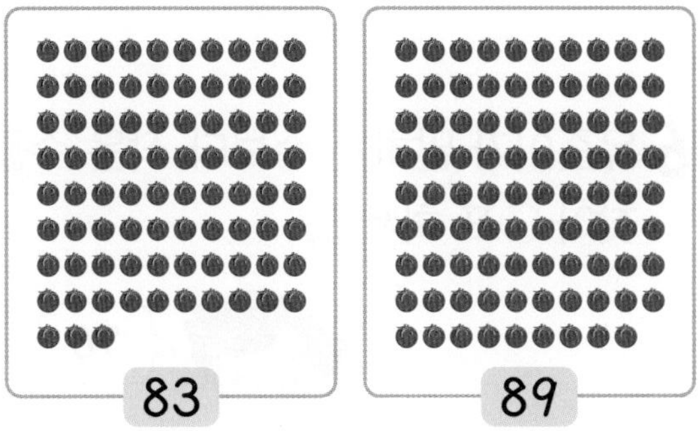

83은 89보다 (큽니다 , 작습니다).

→ 83 ○ 89

3 둘씩 짝을 지어 보고, 짝수인지 홀수인지 ○표 하세요.

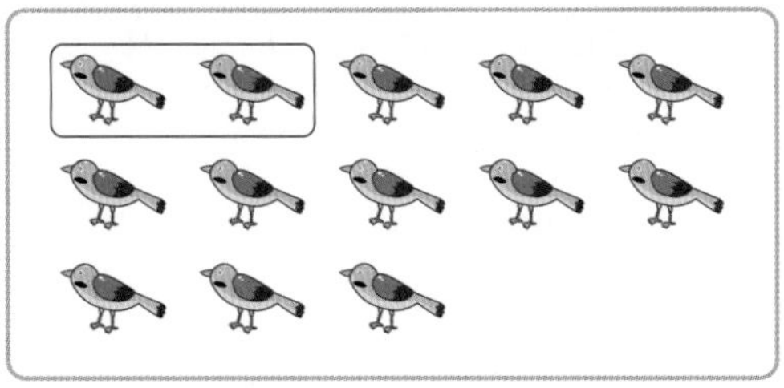

13은 (짝수 , 홀수)입니다.

4 □ 안에 알맞은 수를 써넣고, 더 큰 수에 ○표 하세요.

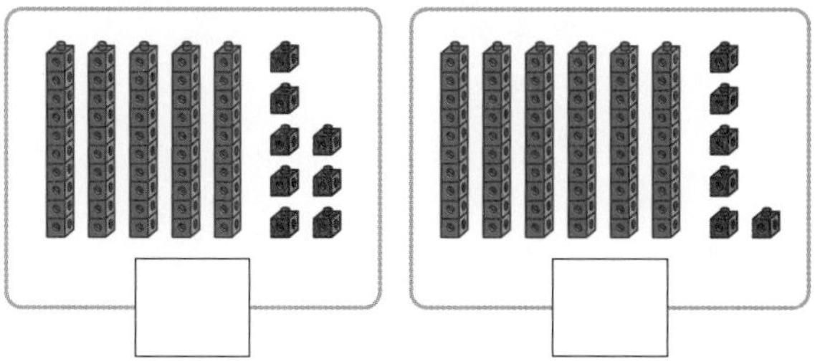

( ) ( )

5 짝수는 빨간색으로, 홀수는 파란색으로 색칠해 보세요.

1	2	3	4	5
6	7	8	9	10
11	12	13	14	15
16	17	18	19	20

6 두 수의 크기를 비교하여 ○ 안에 >, <를 알맞게 써넣으세요.

(1) 60 ○ 70

(2) 88 ○ 81

01 더 큰 수에 ○표 하세요.

73　　91

(　　)　(　　)

02 짝수는 빨간색으로, 홀수는 파란색으로 이어 보세요.

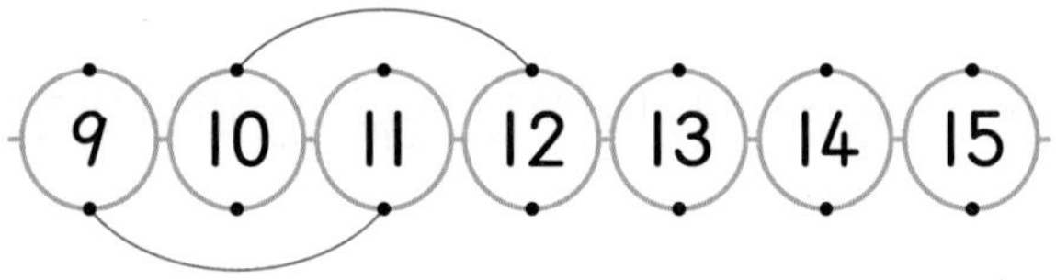

03 짝수는 보라색으로, 홀수는 노란색으로 색칠해 보세요.

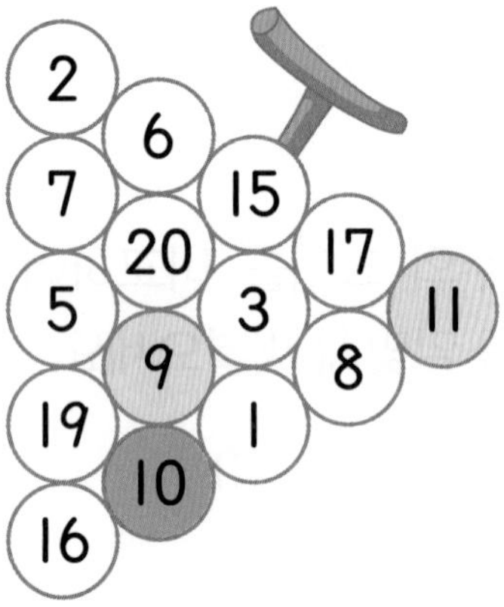

04 가장 큰 수에 ○표, 가장 작은 수에 △표 하세요.

98　76　83

05 홀수만 모여 있는 상자에 ○표 하세요.

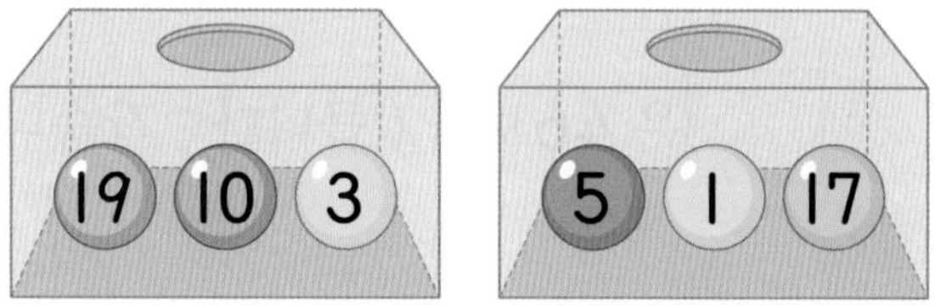

(　　)　(　　)

06 유준이가 말하는 수보다 작은 수를 모두 찾아 ○표 하세요.

67　89　75　90

07 짝수는 모두 몇 개인가요?

18　13　7　4　19

(　　　　)

창의형

08 다음 수 중에서 3개를 골라 색칠해 보고, 고른 세 수의 크기를 비교해 보세요.

90 63 89 72

81 54 62 85

가장 큰 수 (　　　　　　　　)

가장 작은 수 (　　　　　　　　)

09 의자의 수가 짝수인지 홀수인지 ○표 하세요.

(1) 의자의 수는 (짝수 , 홀수)입니다.

(2) 의자를 1개 더 놓으면 의자의 수는 (짝수 , 홀수)입니다.

10 수 카드를 작은 수부터 놓으려고 합니다. 79 를 놓아야 할 곳을 찾아 기호를 써 보세요.

↑㉠ 77 ↑㉡ 83 ↑㉢ 91 ↑㉣

(　　　　　　　　)

서술형 문제

11 딱지를 더 많이 모은 사람은 누구인지 풀이 과정을 쓰고, 답을 구해 보세요.

나는 71장 모았어.　　나는 69장 모았어.

서진

소율

❶ 71과 69의 10개씩 묶음의 수를 비교하면 7 ○ 6이므로 71 ○ 69입니다.

❷ 따라서 딱지를 더 많이 모은 사람은 □ 입니다.

답 ____________

12 종이학을 더 많이 접은 사람은 누구인지 풀이 과정을 쓰고, 답을 구해 보세요.

나는 83개 접었어.　　나는 86개 접었어.

다은

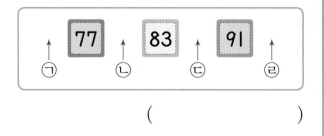

도현

____

____

____

____

답 ____________

학습 결과에 색칠하세요.

1 단원 4회

5회 응용 학습

학습일: 월 일

조건을 모두 만족하는 수 구하기

01 조건 을 모두 만족하는 수를 구해 보세요.

조건
- 8과 11 사이에 있는 수입니다.
- 짝수입니다.

1단계 8과 11 사이에 있는 수 모두 구하기

( )

2단계 1단계에서 구한 수 중 짝수 찾기

( )

문제해결 TIP

8과 11 사이에 있는 수에 8과 11은 포함되지 않아요.

02 조건 을 모두 만족하는 수를 구해 보세요.

조건
- 12와 15 사이에 있는 수입니다.
- 홀수입니다.

( )

03 예나와 시우가 설명하는 수를 구해 보세요.

73과 79 사이에 있는 수야.
낱개의 수가 5보다 작아.
예나
시우

낱개의 수가 5보다 작으면 0, 1, 2, 3, 4 중 하나겠지?

( )

수 카드로 몇십몇 만들기

04 3장의 수 카드 중에서 2장을 골라 한 번씩만 사용하여 몇십몇을 만들려고 합니다. 만들 수 있는 가장 큰 수를 구해 보세요.

5 4 9

1단계 가장 큰 몇십몇을 만드는 방법 알기

10개씩 묶음의 수에 가장 큰 수인 ☐를 놓고,
낱개의 수에 둘째로 큰 수인 ☐를 놓아야 합니다.

2단계 만들 수 있는 가장 큰 수 구하기

( )

문제해결 TIP

가장 큰 몇십몇을 만들려면 가장 큰 수를 10개씩 묶음의 수에 놓고, 둘째로 큰 수를 낱개의 수에 놓아요.

05 3장의 수 카드 중에서 2장을 골라 한 번씩만 사용하여 몇십몇을 만들려고 합니다. 만들 수 있는 가장 작은 수를 구해 보세요.

6 8 7

( )

06 4장의 수 카드 중에서 2장을 골라 한 번씩만 사용하여 몇십몇을 만들려고 합니다. 만들 수 있는 가장 큰 수와 가장 작은 수를 각각 구해 보세요.

9 6 8 5

가장 큰 수 ( )
가장 작은 수 ( )

수 카드가 4장이어도 가장 큰 몇십몇과 가장 작은 몇십몇을 만드는 방법은 같아!

1 단원 5회

>, <가 있는 식에서 □ 안에 들어갈 수 있는 수 구하기

07 0부터 9까지의 수 중에서 □ 안에 들어갈 수 있는 수를 모두 구해 보세요.

7□>76

1단계 □ 안에 들어갈 수 있는 수의 조건 알기

> 7□와 76의 10개씩 묶음의 수가 같으므로 낱개의 수를 비교하면 □ 안에는 6보다 (큰 , 작은) 수가 들어가야 합니다.

2단계 □ 안에 들어갈 수 있는 수를 모두 쓰기

(　　　　　　　　　　)

문제해결 TIP

먼저 10개씩 묶음의 수를 비교하고, 10개씩 묶음의 수가 같으면 낱개의 수를 비교하여 □ 안에 들어갈 수 있는 수를 모두 구해요.

08 0부터 9까지의 수 중에서 □ 안에 들어갈 수 있는 수를 모두 구해 보세요.

55<5□

(　　　　　　　　　　)

09 1부터 9까지의 수 중에서 □ 안에 들어갈 수 있는 수는 모두 몇 개인지 구해 보세요.

□4>78

(　　　　　　　　　　)

어떤 수보다 1만큼 더 큰 수, 1만큼 더 작은 수 구하기

10 어떤 수보다 1만큼 더 작은 수는 56입니다. 어떤 수보다 1만큼 더 큰 수를 구해 보세요.

1만큼 더 작은 수		1만큼 더 큰 수
56	어떤 수	?

1단계 어떤 수 구하기

( )

2단계 어떤 수보다 1만큼 더 큰 수 구하기

( )

문제해결 TIP
먼저 어떤 수를 구한 다음 어떤 수보다 1만큼 더 큰 수를 구해요.

11 어떤 수보다 1만큼 더 큰 수는 72입니다. 어떤 수보다 1만큼 더 작은 수를 구해 보세요.

( )

12 ★에 알맞은 수를 구해 보세요.

- ■보다 1만큼 더 큰 수는 90입니다.
- ■보다 1만큼 더 작은 수는 ★입니다.

( )

■와 90의 관계를 생각하여 먼저 ■에 알맞은 수를 구한 다음 ■를 이용하여 ★에 알맞은 수를 구해!

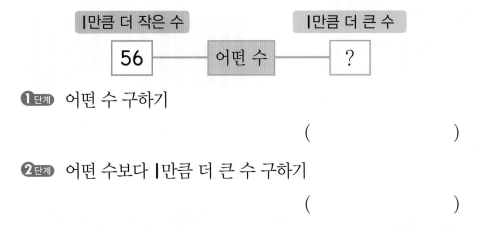

1 단원 5회

학습 결과에 색칠하세요.

6회 마무리 평가

학습일: 월 일

01 □ 안에 알맞은 수를 써넣으세요.

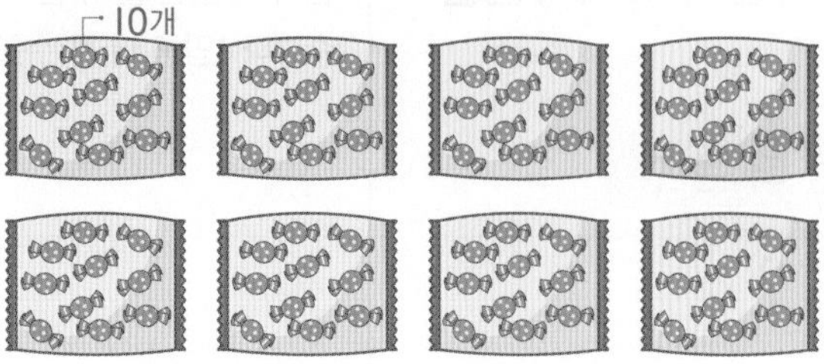

10개씩 묶음 □개 ➔ □

02 □ 안에 알맞은 수를 써넣으세요.

74는 10개씩 묶음 □개와 낱개 □개입니다.

03 수로 나타내 보세요.

아흔여덟

( )

04 수의 순서대로 빈칸에 알맞은 수를 써넣으세요.

57	58			61

05 두 수의 크기를 비교하여 ○ 안에 >, < 를 알맞게 써넣으세요.

65 ○ 72

06 짝수인지 홀수인지 ○표 하세요.

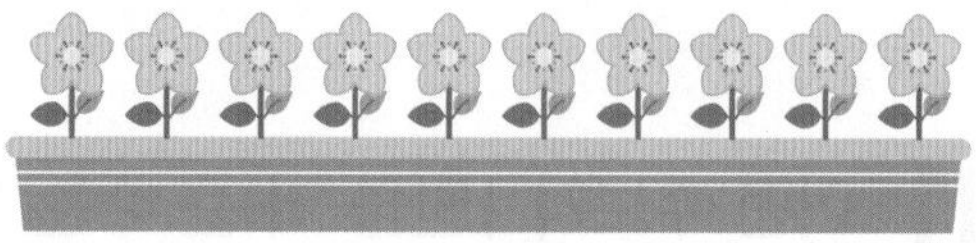

10은 (짝수 , 홀수)입니다.

07 □ 안에 알맞은 수를 써넣고, 바르게 읽은 것을 찾아 ○표 하세요.

10개씩 묶음	낱개
7	0

➔ □

읽기 (예순 , 일흔 , 여든)

08 풍선의 수를 세어 써 보세요.

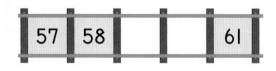

□

정답 6쪽

09 진우는 젤리를 10개씩 8봉지와 낱개 4개를 가지고 있습니다. 진우가 가지고 있는 젤리는 모두 몇 개인가요?

( )

10 수를 넣어 바르게 읽은 것에 ○표 하세요.

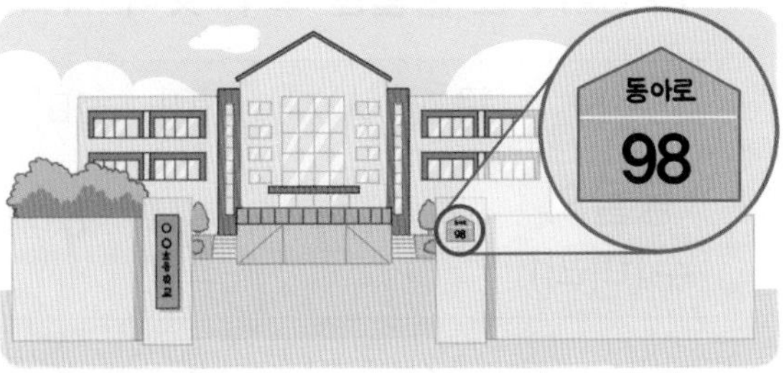

우리 학교의 도로명 주소는
동아로 (구십팔 , 아흔여덟)입니다.

11 수를 넣어 이야기를 바르게 만든 사람의 이름을 써 보세요.

61 57

동화책을 예순하나 쪽까지 읽었어.

내가 좋아하는 야구 선수의 등번호는 오십칠 번이야.

채아

유준

( )

12 수의 순서대로 빈칸에 알맞은 수를 써넣으세요.

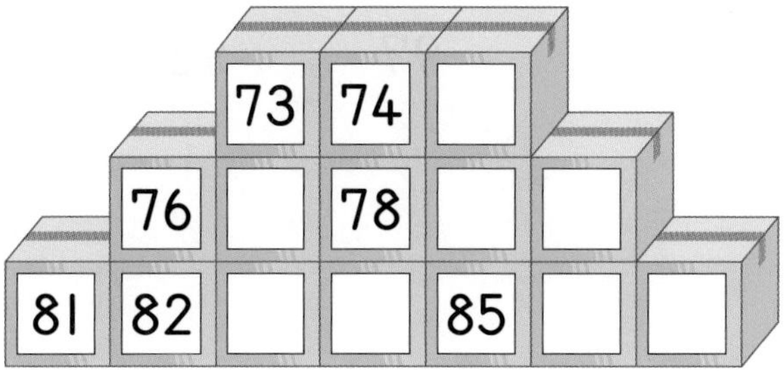

13 알맞게 이어 보세요.

78보다 1만큼 더 큰 수 •	• 89
61보다 1만큼 더 작은 수 •	• 60
90보다 1만큼 더 작은 수 •	• 79

14 77과 81 사이에 있는 수는 모두 몇 개인가요?

( )

1 단원 6회

15 두 수의 크기를 비교하여 ○ 안에 $>$, $<$를 알맞게 써넣으세요.

97 ○ 92

16 가장 큰 수에 ○표, 가장 작은 수에 △표 하세요.

69	57	71
(　　)	(　　)	(　　)

서술형

17 종이비행기를 규상이는 85개 접었고, 경서는 78개 접었습니다. 종이비행기를 더 많이 접은 사람은 누구인지 풀이 과정을 쓰고, 답을 구해 보세요.

답

18 홀수는 모두 몇 개인가요?

4　2　11　15　16　19

(　　　　　　)

19 동물원에 있는 동물의 수입니다. 동물의 수가 짝수인 동물을 모두 찾아 써 보세요.

동물	물개	사자	기린	하마	홍학
동물의 수(마리)	6	7	8	9	15

(　　　　　　)

서술형

20 그림과 같이 사과가 있습니다. 사과가 80개가 되려면 10개씩 묶음 몇 개가 더 있어야 하는지 풀이 과정을 쓰고, 답을 구해 보세요.

답

21 주어진 수를 ◯ 안에 알맞게 써넣으세요.

58　91　72　54

70보다 작은 수　　70보다 큰 수

◯ < ◯　　◯ < ◯

22 딸기 농장에서 딸기를 하율이는 67개, 세진이는 62개 땄습니다. 지훈이는 세진이보다 1개 더 많이 땄습니다. 딸기를 많이 딴 사람부터 차례로 이름을 써 보세요.

☐, ☐, ☐

23 3장의 수 카드 중에서 2장을 골라 한 번씩만 사용하여 몇십몇을 만들려고 합니다. 만들 수 있는 가장 큰 수를 구해 보세요.

3　9　2

(　　　　　　　)

수행 평가

| 24~25 | 민지는 가족과 함께 공연장에 갔습니다. 공연장 의자 번호를 보고 물음에 답하세요.

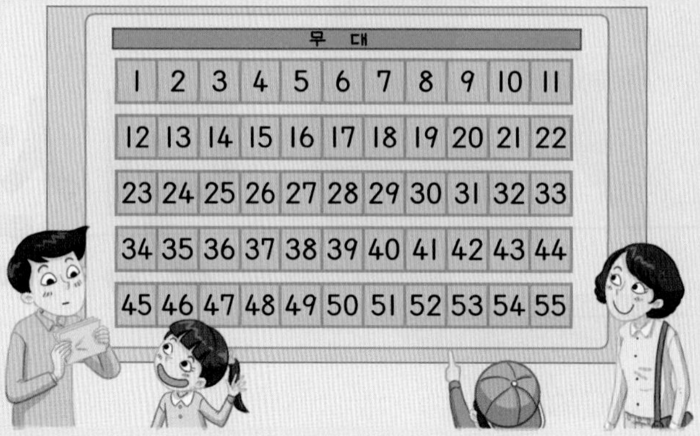

24 민지의 의자 번호를 찾아 써 보세요.

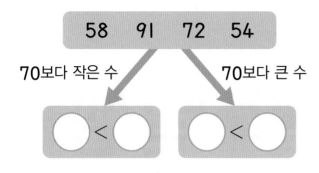

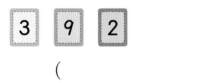

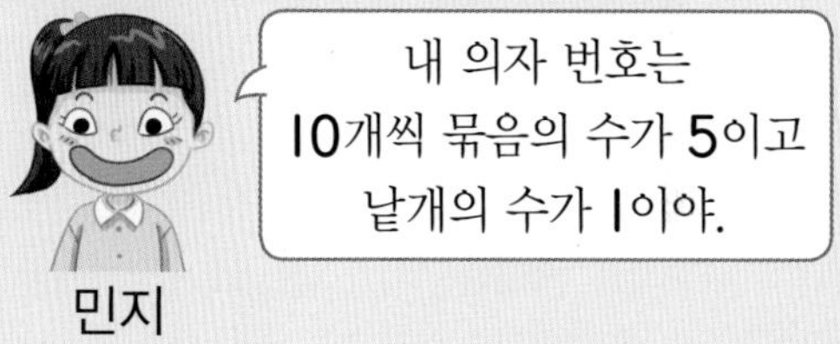

(　　　　　　　)

25 설명을 읽고 민지네 가족의 의자 번호를 찾아 수의 순서대로 쓰려고 합니다. 풀이 과정을 쓰고, 답을 구해 보세요.

- 민지네 가족 4명이 수의 순서대로 나란히 앉습니다.
- 민지네 가족의 의자 번호 중 가장 큰 수는 54입니다.

답 ____________

1 단원 6회

학습 결과에 색칠하세요.

2 덧셈과 뺄셈(1)

이번에 배울 내용

회차	쪽수	학습 내용	학습 주제
1	32~35쪽	개념+문제 학습	세 수의 덧셈 / 세 수의 뺄셈
2	36~39쪽	개념+문제 학습	10이 되는 더하기 / 두 수를 바꾸어 더하기
3	40~43쪽	개념+문제 학습	10에서 빼기 / 10에서 빼는 뺄셈식으로 나타내기
4	44~47쪽	개념+문제 학습	10을 만들어 더하기
5	48~51쪽	응용 학습	
6	52~55쪽	마무리 평가	

문해력을 높이는 **어휘**

덧셈: 몇 개의 수나 식을 합하여 계산하는 것

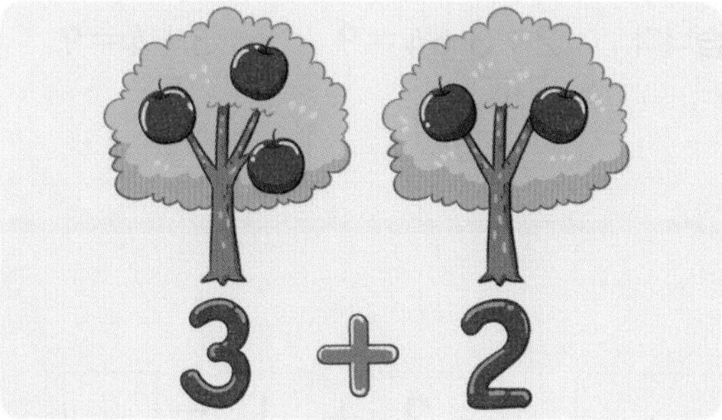

전체 사과는 모두 몇 개인지 구할 때는 덧 셈 을 해요.

뺄셈: 어떤 수나 식에서 다른 수나 식을 빼는 것

먹고 남은 바나나는 몇 개인지 구할 때는 뺄 셈 을 해요.

십 배열판: 10을 나타낼 수 있도록 10칸으로 나누어져 있는 판

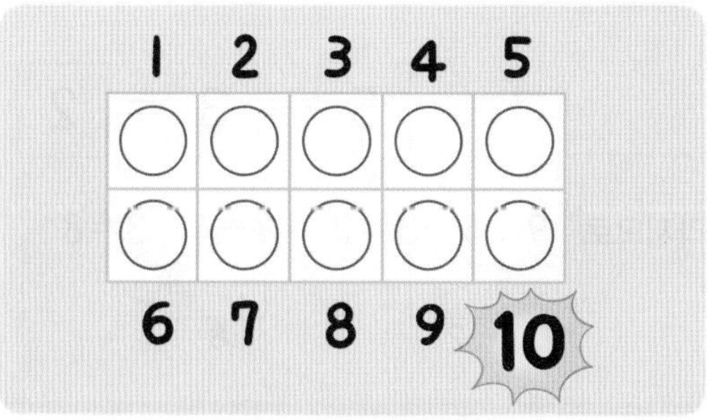

십 배열 판 에 그린 ○는 모두 10개예요.

투호: 일정한 거리에 병을 놓고 그 속에 화살을 던져 넣는 놀이

박물관에서 동생과 투 호 놀이 체험을 했어요.

(43쪽)

학습일: 월 일

개념 1 세 수의 덧셈

앞의 두 수를 먼저 더하고, 더해서 나온 수에 나머지 수를 더합니다.

2+3+4 →

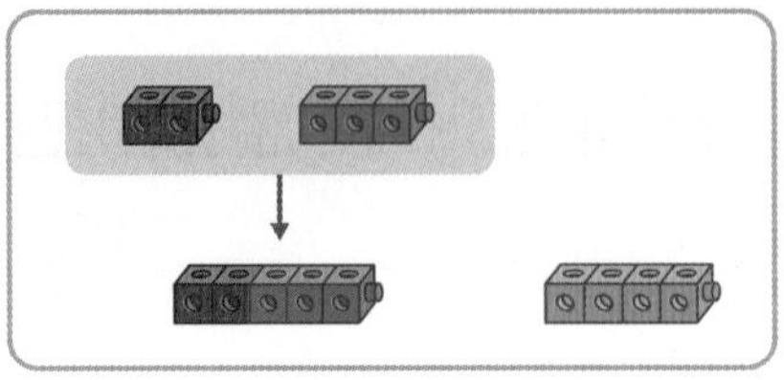

2 + 3 = 5

5 + 4 = 9

참고 세 수의 덧셈은 계산 순서를 바꾸어 더해도 그 결과가 같습니다.

2+3+4=9 (2+3=5, 5+4=9)

2+3+4=9 (3+4=7, 2+7=9)

확인 1 그림을 보고 세 수의 덧셈을 해 보세요.

2+1+5 →

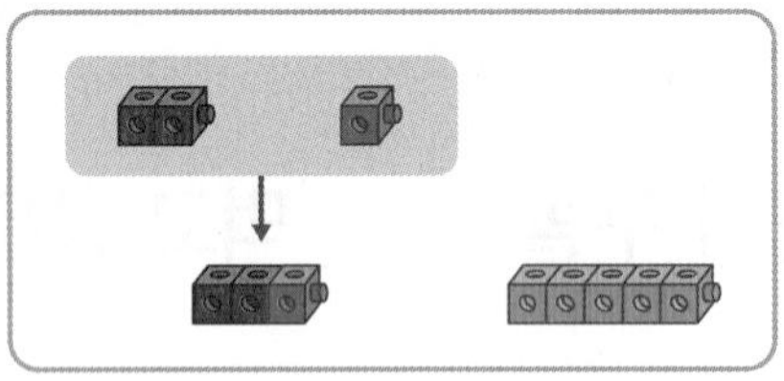

2 + 1 = □

□ + 5 = □

개념 2 세 수의 뺄셈

앞의 두 수의 뺄셈을 먼저 하고, 빼서 나온 수에서 나머지 수를 뺍니다.

9−4−3 →

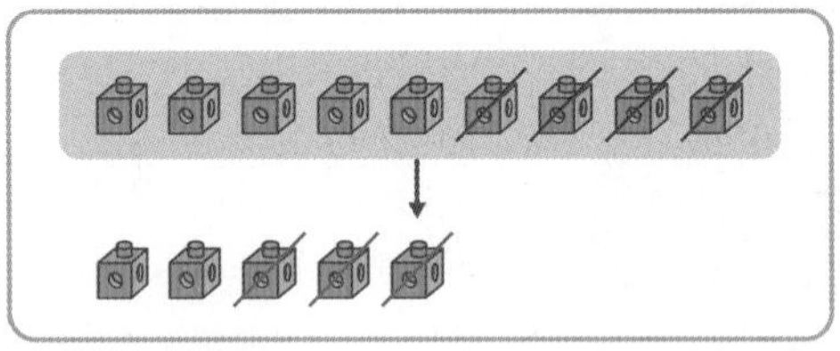

9 − 4 = 5

5 − 3 = 2

주의 세 수의 뺄셈은 계산 순서를 바꾸어 빼면 그 결과가 달라지므로 앞에서부터 차례로 계산해야 합니다.

9−4−3=2 (9−4=5, 5−3=2)

~~9−4−3=8 (4−3=1, 9−1=8)~~

확인 2 그림을 보고 세 수의 뺄셈을 해 보세요.

8−2−2 →

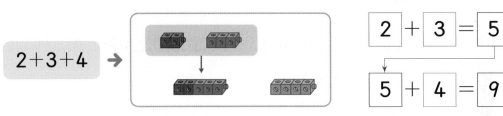

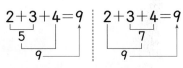

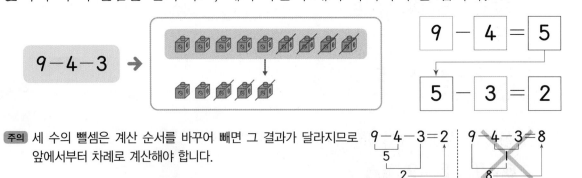

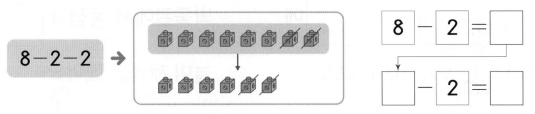

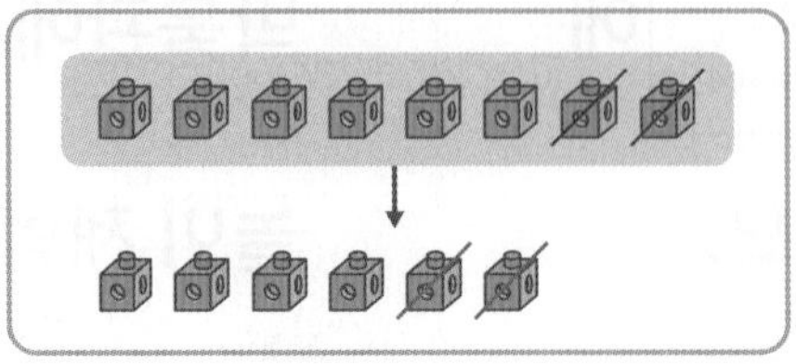

8 − 2 = □

□ − 2 = □

1 그림에 알맞은 덧셈식에 ○표 하세요.

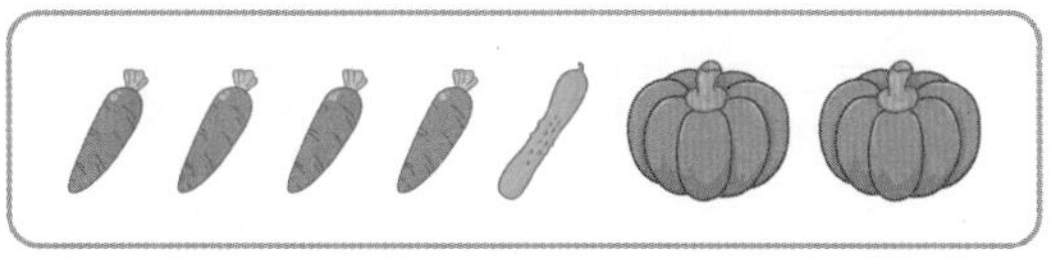

4+3+1=8 ( )

4+1+2=7 ( )

2 그림을 보고 세 수의 뺄셈을 해 보세요.

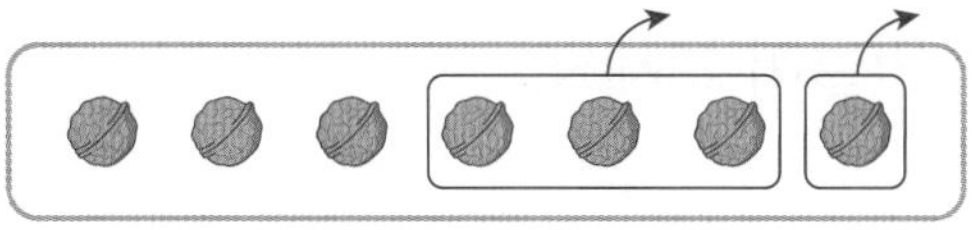

7−1−3=□

3 □ 안에 알맞은 수를 써넣으세요.

(1) 3+4+2=□

3+4=□

□+2=□

(2) 6−2−1=□

6−2=□

□−1=□

4 보기 와 같이 /을 그리고, 뺄셈을 해 보세요.

보기

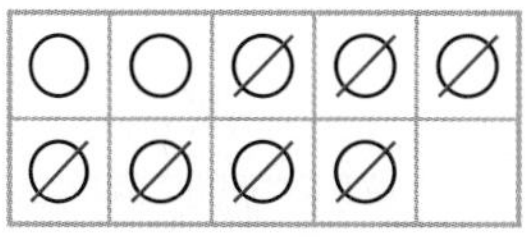

9−3−4=2

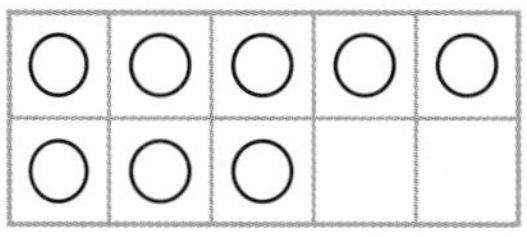

8−3−2=□

5 덧셈과 뺄셈을 해 보세요.

(1) 2+2+4=□

(2) 9−2−5=□

6 알맞은 것을 찾아 이어 보세요.

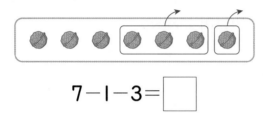

3+1+4   3+2+2

7   8   9

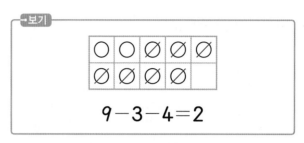

1회 문제 학습

01 그림을 보고 알맞은 뺄셈식을 만들어 보세요.

9 − ☐ − ☐ = ☐

02 덧셈을 해 보세요.

2+5+2 → (　　　　　　)

03 빈 곳에 알맞은 수를 써넣으세요.

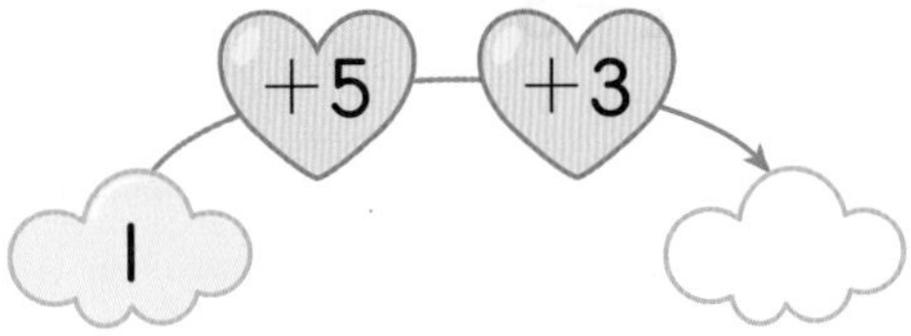

04 차를 구하여 이어 보세요.

8−5−1	7−2−5	6−2−3
0	1	2

05 계산이 틀린 것에 ×표 하세요.

7−5−1=1	8−2−4=1
(　　)	(　　)

창의형

06 세 가지 색으로 팔찌를 색칠하고, 덧셈식을 만들어 보세요.

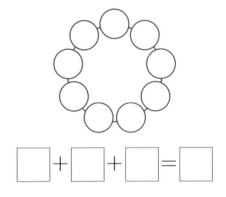

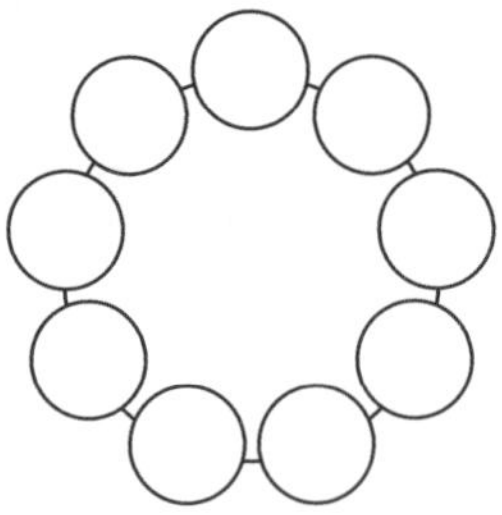

☐ + ☐ + ☐ = ☐

07 승재는 오늘 젤리를 아침에 2개, 점심에 5개, 저녁에 1개 먹었습니다. 승재가 오늘 먹은 젤리는 모두 몇 개인가요?

(　　　　　　)

창의형

08 □ 안에 알맞은 수를 써넣고, 뺄셈식을 만들어 보세요.

내가 □개를 먹고 누나에게 □개를 줘야지. 그럼 붕어빵은 몇 개가 남을까?

9 − □ − □ = □

09 상희는 음악 소리의 크기를 8칸에서 3칸만큼 줄이고, 다시 3칸만큼 더 줄였습니다. 지금 듣고 있는 음악 소리의 크기만큼 칸을 색칠해 보세요.

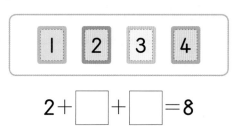

10 수 카드 2장을 골라 덧셈식을 완성해 보세요.

1 2 3 4

2 + □ + □ = 8

서술형 문제

11 합이 더 큰 것의 기호를 쓰려고 합니다. 풀이 과정을 쓰고, 답을 구해 보세요.

㉠ 3+1+1 ㉡ 2+3+1

❶ ㉠ 3+1+1=□+1=□이고,

㉡ 2+3+1=□+1=□입니다.

❷ 따라서 □>□이므로 합이 더 큰 것은 □입니다.

답 ______

12 차가 더 작은 것의 기호를 쓰려고 합니다. 풀이 과정을 쓰고, 답을 구해 보세요.

㉠ 8−1−4 ㉡ 9−4−1

______

______

______

______

답 ______

2 단원 1회

학습 결과에 색칠하세요.

2회 개념 학습

학습일:　　월　　일

개념 1 10이 되는 더하기

이어 세기로 3과 7을 더하면 10이 됩니다.

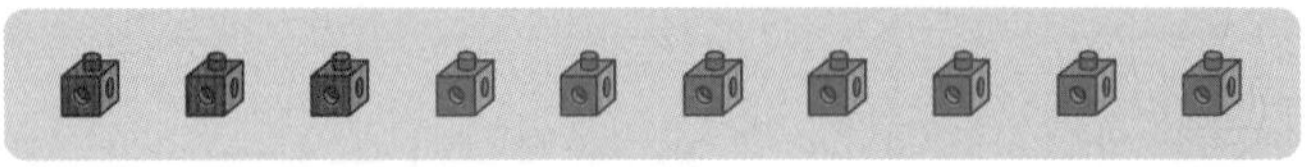

3　4　5　6　7　8　9　**10**

3부터 7만큼 수를 이어 세면 3 하고 4, 5, 6, 7, 8, 9, 10이야.

3+7=**10**

중요 10이 되는 여러 가지 덧셈식

예  1+9=10

 2+8=10

 3+7=10

 4+6=10

 5+5=10

 6+4=10

 7+3=10

 8+2=10

 9+1=10

확인 1 □ 안에 알맞은 수를 써넣으세요.

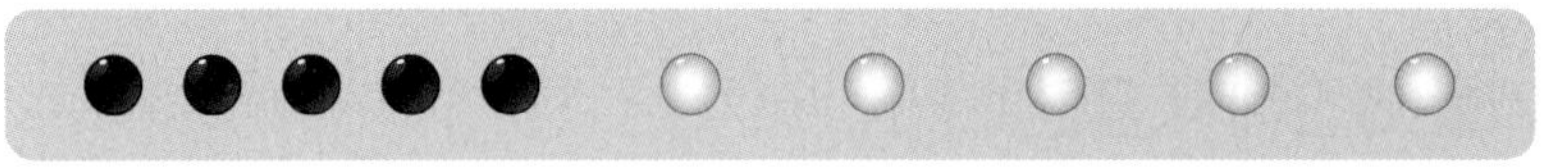

5　6　7　8　□　□

5+5=□

개념 2 두 수를 바꾸어 더하기

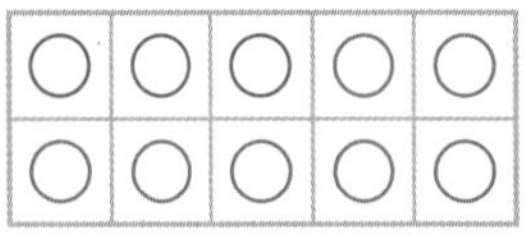

3+7=10

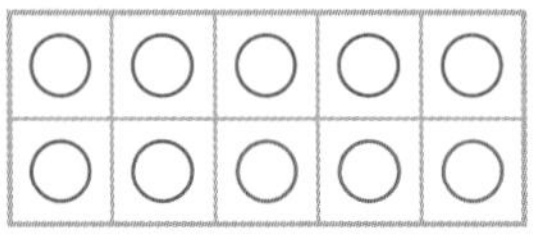

7+3=10

3과 7이 서로 바뀌어도 합은 10으로 같아요.

➔ 두 수를 바꾸어 더해도 합은 같습니다.

확인 2 그림을 보고 두 수를 바꾸어 더해 보세요.

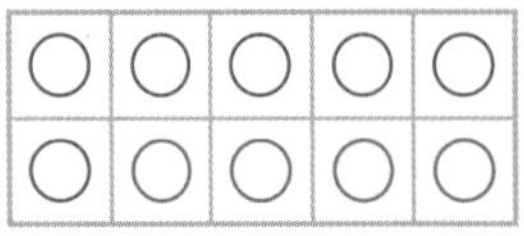

6+4=□

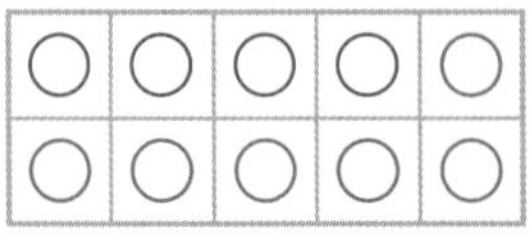

4+6=□

정답 9쪽

1 그림을 보고 알맞은 덧셈식을 만들어 보세요.

9+□=□

2 그림을 보고 두 수를 바꾸어 더해 보세요.

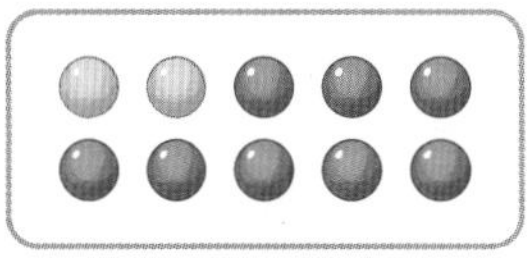

2+8=□

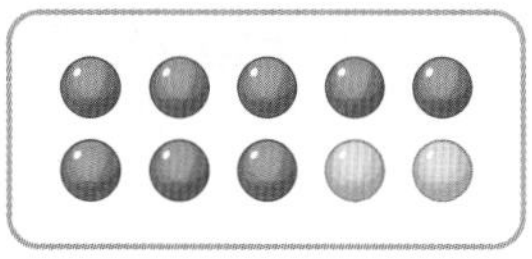

8+2=□

3 그림을 보고 덧셈식으로 나타내 보세요.

(1)

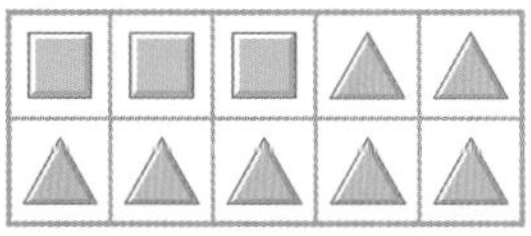

3+□=10

(2)

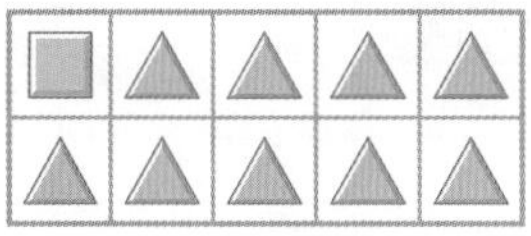

1+□=10

4 빈칸에 알맞은 수를 쓰거나 그림을 그려 보세요.

(1)

4+□=10

(2)

□+5=10

(3)

□+□=10

5 □ 안에 알맞은 수를 써넣으세요.

(1) 1+9=□

(2) □+4=10

6 두 가지 색으로 색칠하고, 덧셈식을 만들어 보세요.

□□□□□□□□□□

□+□=10

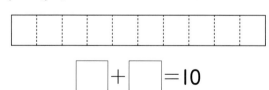

01 그림을 보고 □ 안에 알맞은 수를 써넣으세요.

9+□=10　　1+□=10

02 합이 10이 되는 식을 모두 찾아 ○표 하세요.

5+5	7+2	6+4
(　　)	(　　)	(　　)

03 연결 모형의 수가 10이 되도록 이어 보고, 덧셈식을 써 보세요.

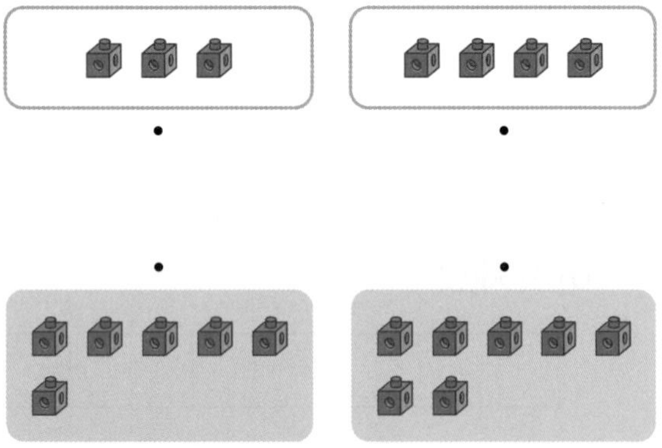

10=□+□　　10=□+□

디지털 문해력

04 광고를 보고 버거 나라에서 햄버거 8개를 사면 햄버거를 모두 몇 개 받을 수 있는지 알맞은 덧셈식을 만들어 보세요.

8+□=□

05 두 수를 더해서 10이 되도록 빈칸에 알맞은 수를 써넣으세요.

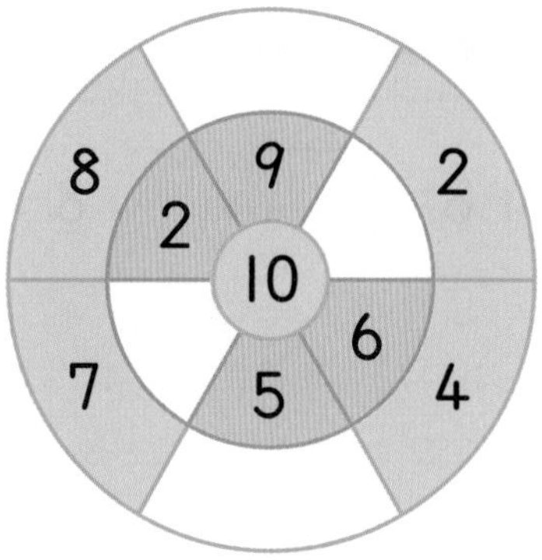

06 그림을 보고 알맞은 덧셈식을 만들어 보세요.

 □+3=10

 □+□=10

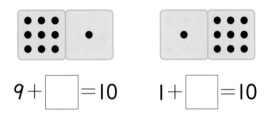

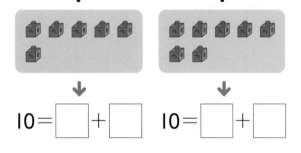

서술형 문제

07 옆으로 또는 위아래로 더해서 10이 되는 두 수를 찾아 ( )로 묶고, 10이 되는 덧셈식을 써 보세요.

1	4	7	5
(2	8)	3	4
9	1	5	6

10=2+8 　　 10=□+□

10=□+□ 　　 10=□+□

창의형

08 ● 모양과 ▲ 모양을 그려 덧셈식을 만들고, 설명해 보세요.

나는 ● 모양 □개와 ▲ 모양 □개로

□+□=10을 만들었어.

09 오렌지주스가 8병, 포도주스가 2병 있습니다. 주스는 모두 몇 병인지 풀이 과정을 쓰고, 답을 구해 보세요.

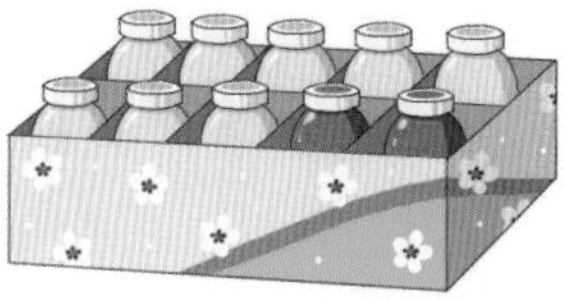

❶ 오렌지주스의 수와 포도주스의 수를 더하면 되므로 8+□을/를 계산합니다.

❷ 8+□=□이므로 주스는 모두 □병입니다.

답 ______

10 소라는 딱지를 1장 모았고, 우재는 딱지를 9장 모았습니다. 소라와 우재가 모은 딱지는 모두 몇 장인지 풀이 과정을 쓰고, 답을 구해 보세요.

______

______

______

______

답 ______

2 단원 2회

학습 결과에 색칠하세요.

3회 개념 학습

학습일: 월 일

개념 1 10에서 빼기

거꾸로 세기로 10에서 4를 빼면 6이 남습니다.

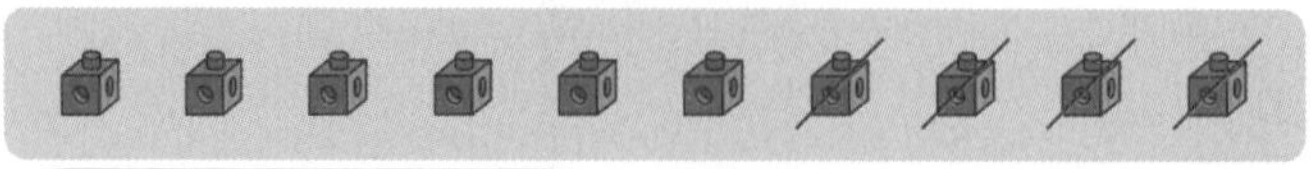

10부터 4만큼 수를 거꾸로 세면 10, 9, 8, 7, 6이야.

6 7 8 9 10

10−4=6

중요 10에서 빼는 여러 가지 뺄셈식

예 10−1=9　10−2=8　10−3=7　10−4=6　10−5=5

10−6=4　10−7=3　10−8=2　10−9=1

확인 1 □ 안에 알맞은 수를 써넣으세요.

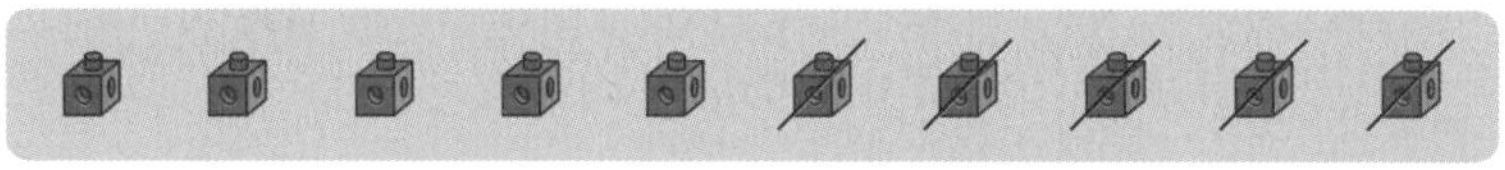

□ □ □ 8 9 10　　10−5=□

개념 2 10에서 빼는 뺄셈식으로 나타내기

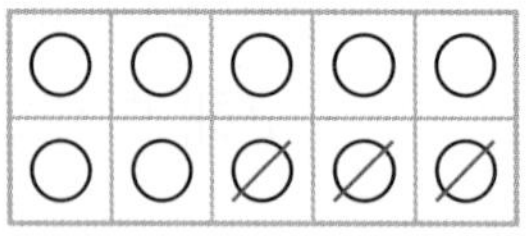

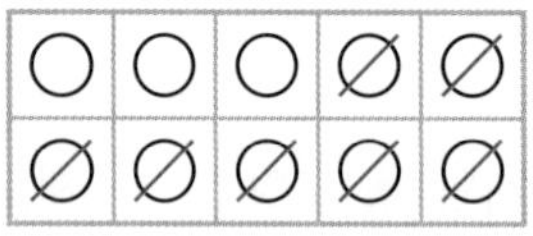

10−3=7　　10−7=3

모두 10에서 빼는 뺄셈식이에요.

➜ 빼는 수가 3이면 뺄셈 결과가 7이고, 빼는 수가 7이면 뺄셈 결과가 3입니다.

확인 2 그림을 보고 10에서 빼는 뺄셈식으로 나타내 보세요.

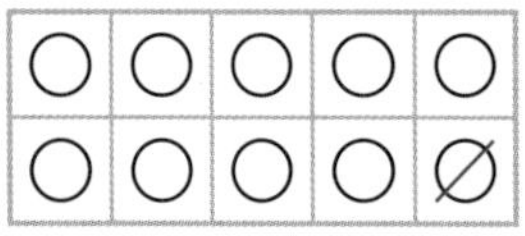

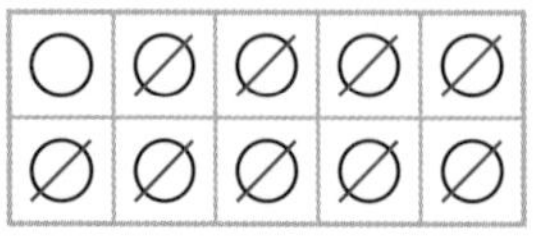

10−□=□　　10−□=□

정답 10쪽

1 그림을 보고 알맞은 뺄셈식을 만들어 보세요.

(1) 

10－3＝□

(2) 

10－□＝□

2 10을 두 수로 가르기하고, □ 안에 알맞은 수를 써넣으세요.

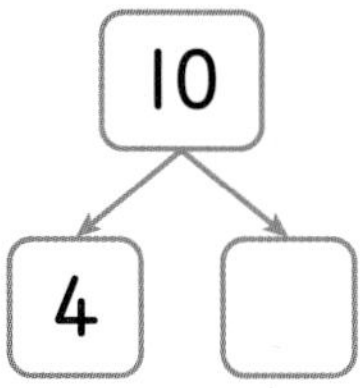

10－4＝□

3 식에 알맞게 /을 그리고, 뺄셈을 해 보세요.

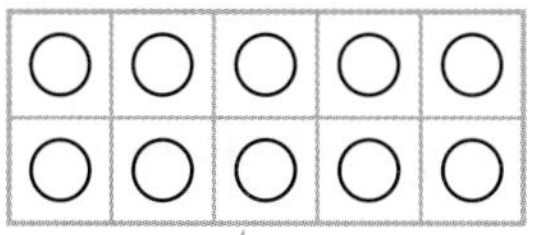

10－8＝□

4 그림을 보고 알맞은 뺄셈식을 만들어 보세요.

(1) 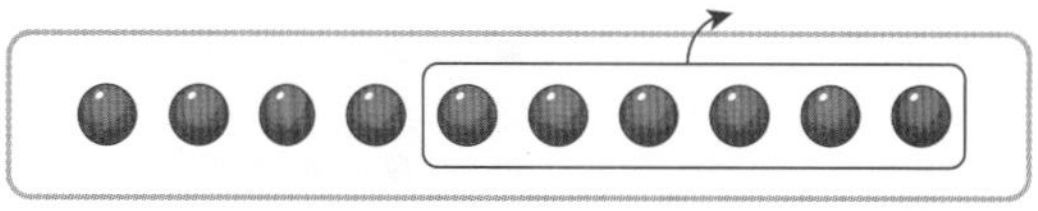

10－6＝□

(2) 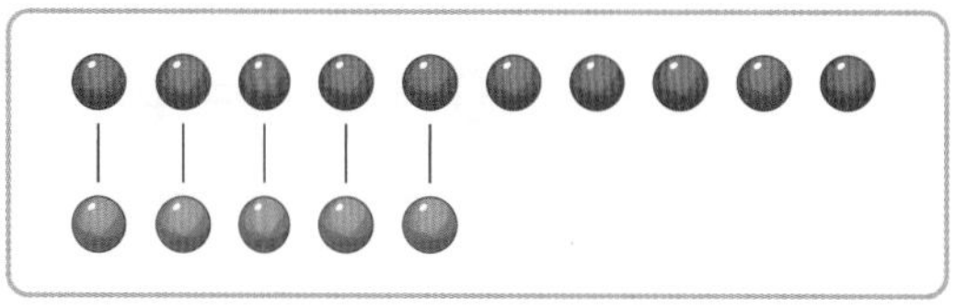

10－□＝□

5 뺄셈을 해 보세요.

(1) 10－1＝□

(2) 10－7＝□

6 우산 10개 중 6개가 남도록 /을 그리고, □ 안에 알맞은 수를 써넣으세요.

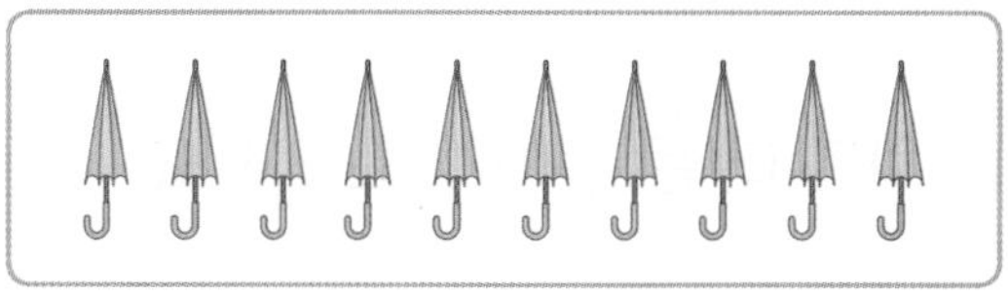

10－□＝6

01 그림을 보고 □ 안에 알맞은 수를 써넣으세요.

10−4=□

10−□=4

02 차를 구하여 이어 보세요.

10−8 •	• 5
10−5 •	• 2

03 두 수의 차를 빈칸에 써넣으세요.

7	10

04 차가 더 큰 것에 ○표 하세요.

10−6 ( )   10−3 ( )

05 □ 안에 공통으로 들어갈 수 있는 수를 구해 보세요.

10−1=□   10−□=1

( )

06 두 수의 차를 구하고, 보기 에서 그 차의 글자를 찾아 써 보세요.

보기

1 피	2 카	3 용
4 꼬	5 부	6 복
7 행	8 해	9 포

10−3=□ → ( )

10−4=□ → ( )

10−2=□ → ( )

창의형

07 /을 그려 뺄셈식을 만들고, 설명해 보세요.

♣ 모양 10개에서 □개를 빼면

10−□=□입니다.

08 투호 놀이에서 화살을 소담이가 10개, 예지가 8개 넣었습니다. 소담이는 예지보다 화살을 몇 개 더 많이 넣었는지 구해 보세요.

(　　　　　　　　)

09 그림에 알맞은 뺄셈식을 만들어 보세요.

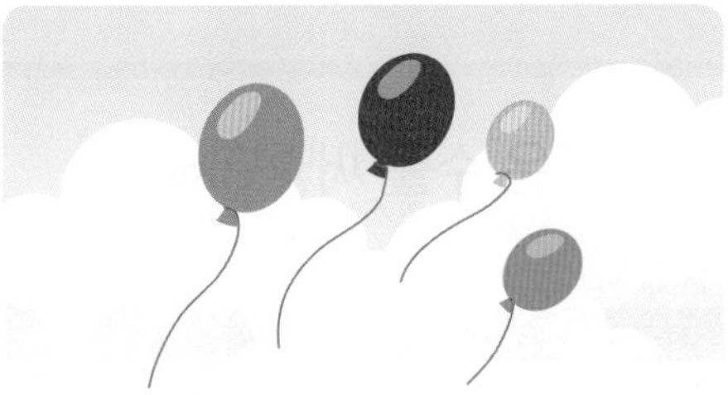

풍선 10개가 있었는데 4개가 날아가 버렸어.
남은 풍선은 몇 개일까?

10 − □ = □

10 □ 안에 들어갈 수가 가장 작은 것을 찾아 기호를 써 보세요.

㉠ 10 − □ = 9
㉡ 10 − 6 = □
㉢ 10 − □ = 5

(　　　　　　　　)

서술형 문제

11 민준이는 바둑돌 10개를 양손으로 나누어 가졌습니다. 민준이의 오른손에는 바둑돌이 몇 개 있는지 풀이 과정을 쓰고, 답을 구해 보세요.

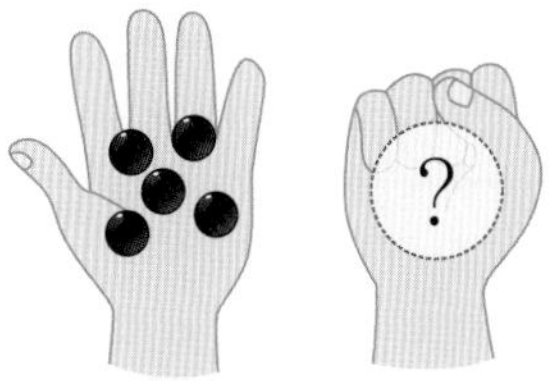

❶ 민준이의 왼손에 있는 바둑돌의 수를 세어 보면 □개입니다.

❷ 따라서 민준이의 오른손에는 바둑돌이 10 − □ = □(개) 있습니다.

답 ______________

12 세주는 동전 10개를 양손으로 나누어 가졌습니다. 세주의 왼손에는 동전이 몇 개 있는지 풀이 과정을 쓰고, 답을 구해 보세요.

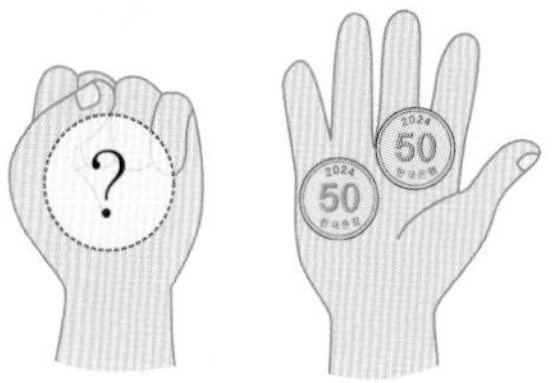

____

____

____

____

답 ______________

2 단원 3회

학습 결과에 색칠하세요.

4회 개념 학습

학습일: 월 일

개념 1 앞의 두 수로 10을 만들어 더하기

앞의 두 수를 먼저 더하여 10을 만들고, 10과 나머지 수를 더합니다.

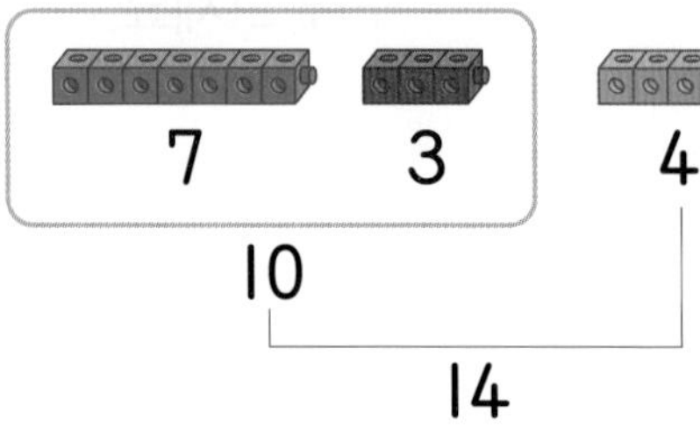

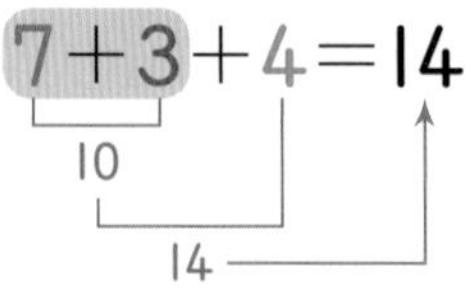

참고 세 수의 덧셈을 할 때 합이 10이 되는 두 수를 먼저 더한 다음, 10에 나머지 수를 더하면 계산이 편리합니다.

확인 1 10을 만들고 남은 수를 더하고 있습니다. □ 안에 알맞은 수를 써넣으세요.

10+□=□

개념 2 뒤의 두 수로 10을 만들어 더하기

뒤의 두 수를 먼저 더하여 10을 만들고, 나머지 수와 10을 더합니다.

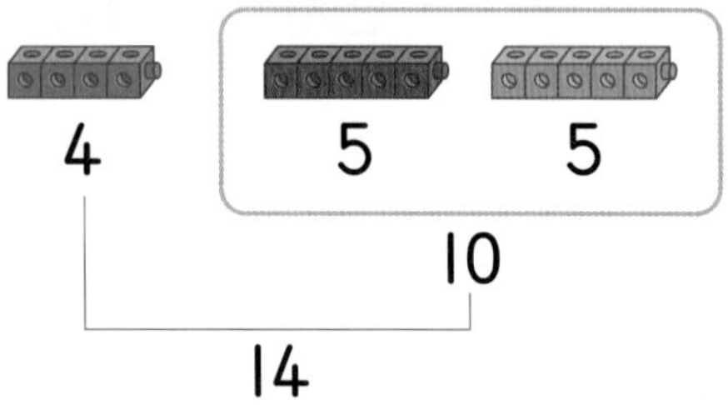

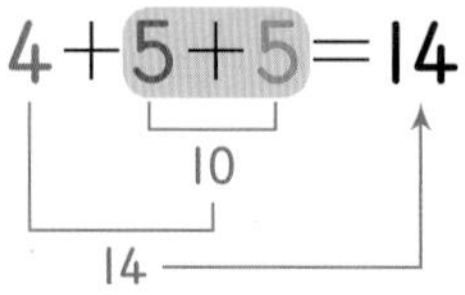

참고 앞에서부터 순서대로 더하는 방법과 10을 만들고 남은 수를 더하는 방법의 계산 결과는 같습니다.

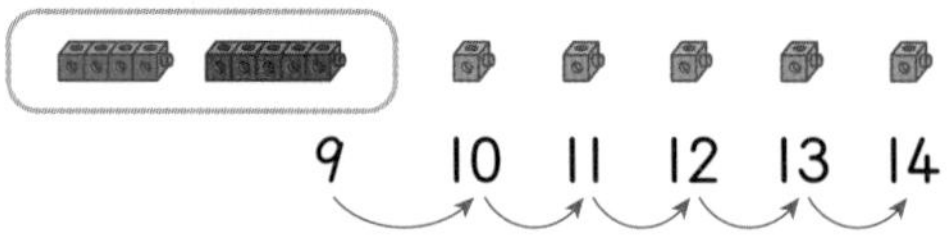

4+5+5=14

└ 앞의 두 수를 먼저 더해도 계산 결과는 14예요.

확인 2 10을 만들고 남은 수를 더하고 있습니다. □ 안에 알맞은 수를 써넣으세요.

□+10=□

1 □ 안에 알맞은 수를 써넣으세요.

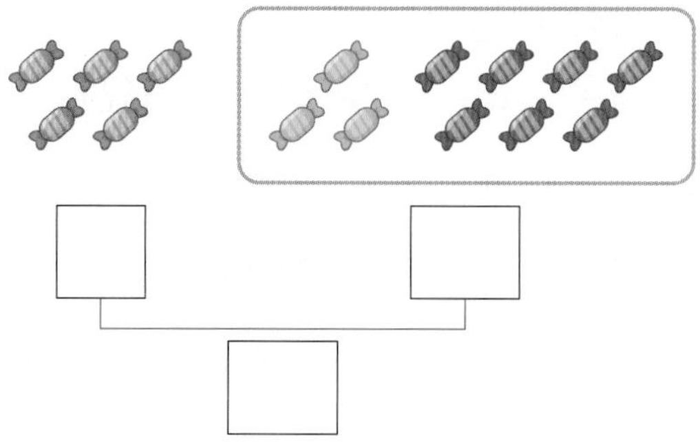

2 그림을 보고 덧셈식을 완성해 보세요.

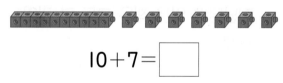

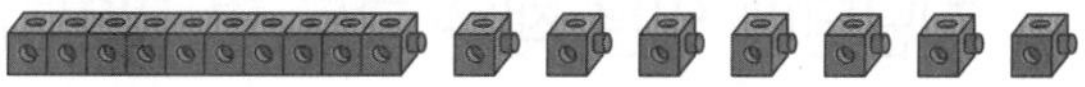

10+7=□

3 컵의 수에 맞게 ○를 그리고, 덧셈식을 완성해 보세요.

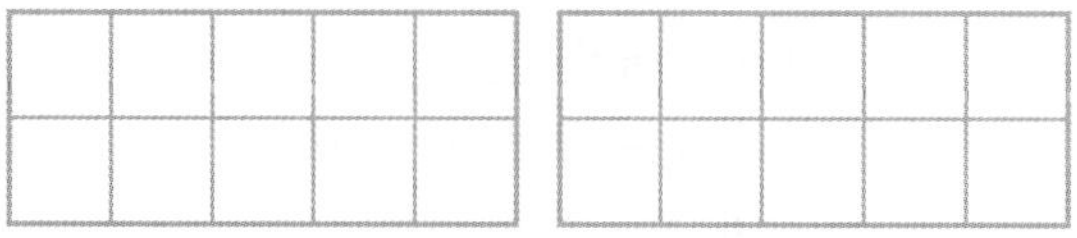

5+5+□=□

4 그림을 보고 □ 안에 알맞은 수를 써넣으세요.

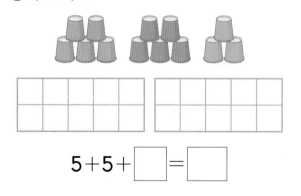

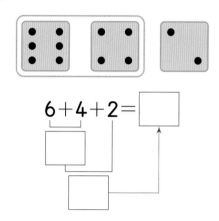

6+4+2=□

5 □ 안에 알맞은 수를 써넣으세요.

(1) 2+8+6=□

(2) 8+4+6=□

6 합이 같은 것끼리 이어 보세요.

1+9+6	2+5+5	6+4+9
10+9	10+6	2+10

01 10을 만들어 더할 수 있는 식을 모두 찾아 ○표 하세요.

7+1+5	4+9+1	4+6+8
(　　)	(　　)	(　　)

02 보기 와 같이 합이 10이 되는 두 수를 ▭로 묶고, 덧셈을 해 보세요.

보기

2　1　9

2+[1+9]=12

5　3　7

5+3+7=□

03 덧셈을 해 보세요.

(1) 5+5+7=□

(2) 9+6+4=□

04 합이 10이 되는 두 수를 ▭로 묶고, □ 안에 세 수의 합을 써넣으세요.

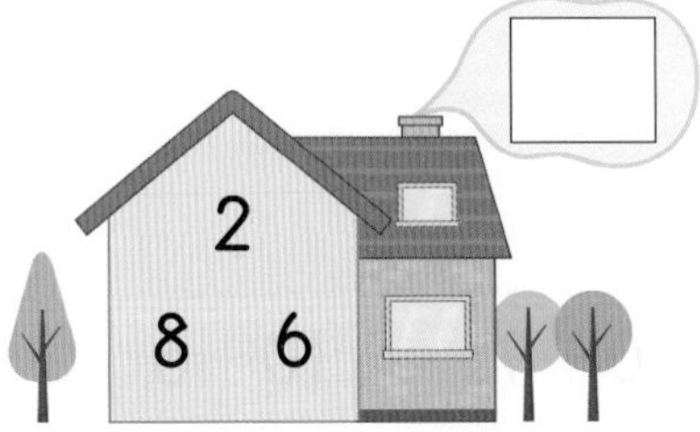

05 수아와 친구들이 고리 던지기 놀이를 하여 각각 다음과 같이 걸었습니다. 세 사람이 걸은 고리는 모두 몇 개인가요?

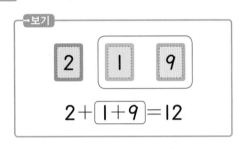

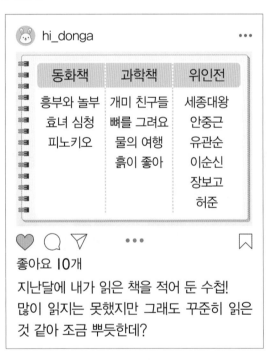

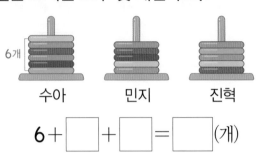

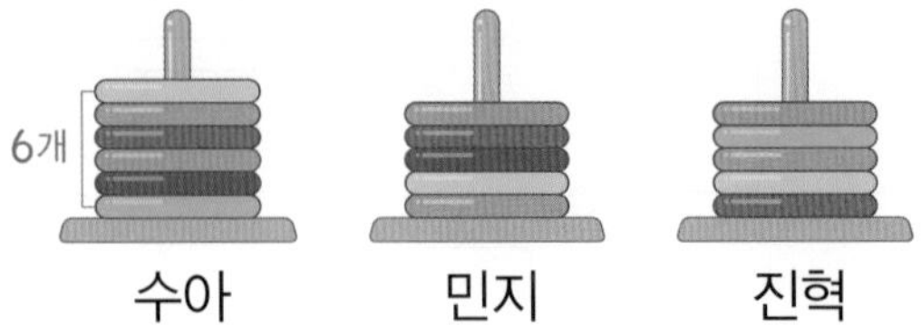

6+□+□=□(개)

디지털 문해력

06 소미가 올린 온라인 게시물입니다. 소미가 지난달에 읽은 책은 모두 몇 권인지 구해 보세요.

hi_donga

동화책	과학책	위인전
흥부와 놀부	개미 친구들	세종대왕
효녀 심청	뼈를 그려요	안중근
피노키오	물의 여행	유관순
	흙이 좋아	이순신
		장보고
		허준

좋아요 10개

지난달에 내가 읽은 책을 적어 둔 수첩!
많이 읽지는 못했지만 그래도 꾸준히 읽은 것 같아 조금 뿌듯한데?

동화책　과학책　위인전

□+□+□=□(권)

07 화살표를 따라갔을 때의 도토리의 수를 구하려고 합니다. □ 안에 알맞은 수를 써넣어 덧셈식을 완성해 보세요.

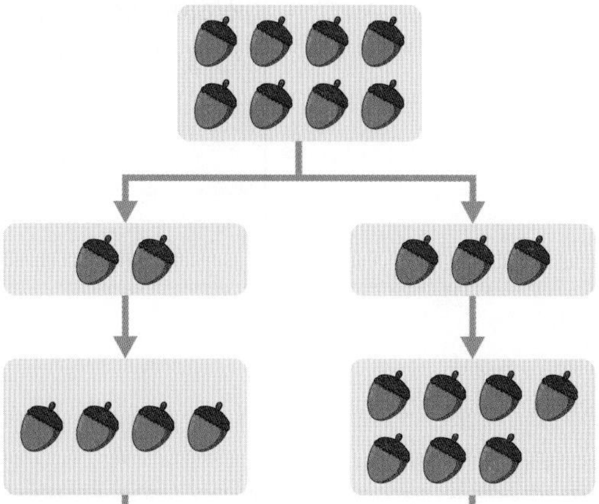

8+□+4 =□

8+□+□ =□

08 밑줄 친 두 수의 합이 10이 되도록 ○ 안에 수를 써넣고, 덧셈을 해 보세요.

(1) ○+9+9=□

(2) 5+7+○=□

창의형

09 수 카드 2장을 골라 덧셈식을 완성해 보세요.

3	6	7	4

1+□+□=11

서술형 문제

10 세 수의 합이 더 큰 것의 기호를 쓰려고 합니다. 풀이 과정을 쓰고, 답을 구해 보세요.

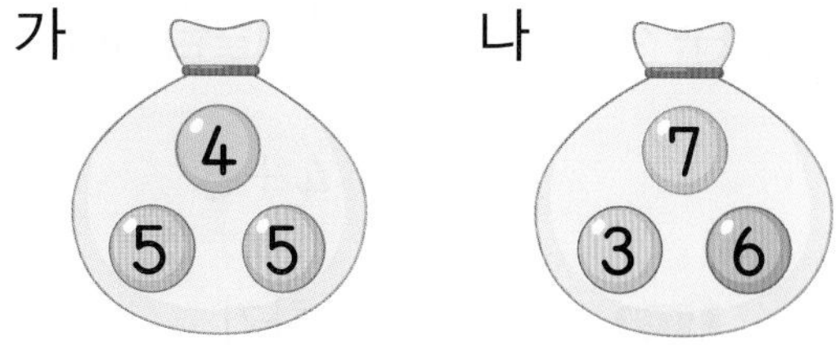

❶ 세 수의 합을 각각 구하면

가는 4+5+□=□이고,

나는 7+3+□=□입니다.

❷ □>□이므로 세 수의 합이 더 큰 것은 (가 , 나)입니다.

답 ____________

11 수 카드의 세 수의 합이 더 작은 사람은 누구인지 풀이 과정을 쓰고, 답을 구해 보세요.

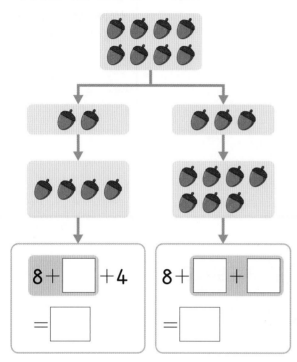

시원　　　규리

____

____

____

____

답 ____________

학습 결과에 색칠하세요.

5회 응용 학습

학습일: 월 일

두 식의 계산 결과가 같을 때 모르는 수 구하기

01 두 식의 계산 결과는 같습니다. ㉠에 알맞은 수를 구해 보세요.

$4+6$ $7+㉠$

1단계 $4+6$ 계산하기

( )

2단계 ㉠에 알맞은 수 구하기

( )

문제해결 TIP

수가 모두 주어진 식을 먼저 계산하여 계산 결과를 구한 다음 ㉠에 알맞은 수를 구해요.

02 두 식의 계산 결과는 같습니다. ㉠에 알맞은 수를 구해 보세요.

$9+1+㉠$ $6+8+2$

( )

03 소희와 민규가 가진 그림 카드에 그려진 점의 수의 합이 서로 같습니다. 빈 곳에 알맞게 점을 그려 넣으세요.

소희가 가진 그림 카드에 그려진 점의 수의 합을 구하면 민규가 가진 그림 카드에 그려진 점의 수의 합을 알 수 있어.

합이 주어진 덧셈식 완성하기

04 식에 맞게 빈 접시에 과자의 수만큼 ○를 그리고, □ 안에 알맞은 수를 써넣으세요.

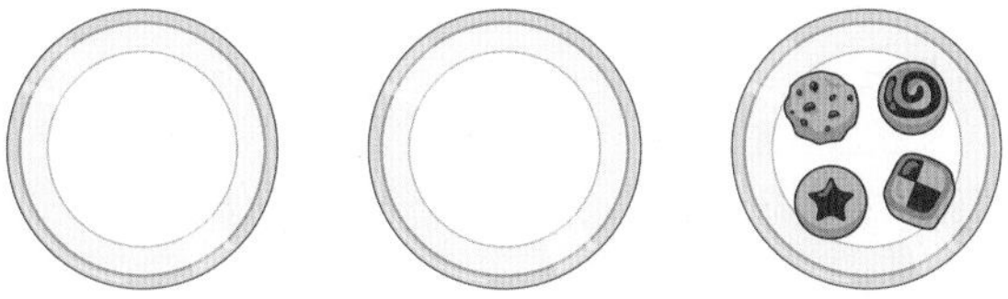

□ + □ + 4 = 14

1단계 빈 접시에 놓아야 할 과자 수의 합 구하기

( )

2단계 빈 접시에 과자의 수만큼 ○를 그리기

3단계 그린 ○의 수만큼 □ 안에 알맞은 수 써넣기

문제해결 TIP

먼저 빈 접시에 놓아야 할 과자 수의 합을 구해요. 구한 합이 되도록 빈 접시에 ○를 자유롭게 그린 다음, 그린 수만큼 덧셈식에 써넣어요.

2 단원 5회

05 식에 맞게 빈 봉지에 사탕의 수만큼 ○를 그리고, □ 안에 알맞은 수를 써넣으세요.

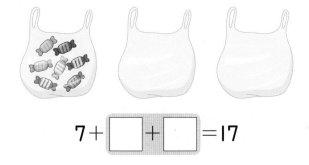

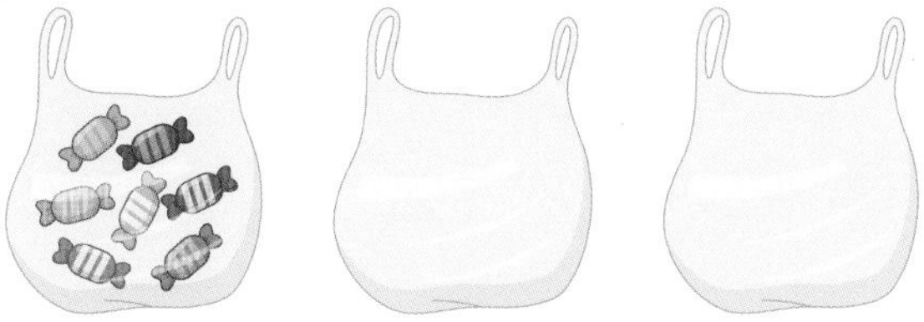

7 + □ + □ = 17

06 □ 안에 들어갈 수 있는 두 수를 짝 지은 것을 모두 찾아 기호를 써 보세요.

□ + □ + 9 = 19

㉠ 3, 7 ㉡ 8, 1 ㉢ 5, 4 ㉣ 1, 9

( )

먼저 □ 안에 들어갈 두 수의 합이 얼마가 되어야 하는지 생각해 봐!

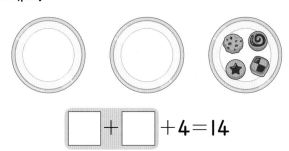

모양에 알맞은 수 구하기

07 같은 모양은 같은 수를 나타냅니다. ▲에 알맞은 수를 구해 보세요.

10－5＝■
■＋3＋1＝▲

1단계 ■에 알맞은 수 구하기

(　　　　　　　)

2단계 ▲에 알맞은 수 구하기

(　　　　　　　)

문제해결 TIP

10－5를 계산하여 ■에 알맞은 수를 먼저 구한 다음 ▲에 알맞은 수를 구해요.

08 같은 모양은 같은 수를 나타냅니다. ★에 알맞은 수를 구해 보세요.

8－2－3＝●
●＋★＝10

(　　　　　　　)

09 같은 모양은 같은 수를 나타냅니다. ◆에 알맞은 수를 구해 보세요.

5＋▲＝10
10－8＝♣
▲＋♣＋2＝◆

(　　　　　　　)

먼저 ▲와 ♣에 알맞은 수를 각각 구한 다음 ◆를 구해!

$>$, $<$가 있는 식에서 □ 안에 들어갈 수 있는 수 구하기

10 1부터 9까지의 수 중에서 □ 안에 들어갈 수 있는 수를 모두 구해 보세요.

$$2+2+3<\square$$

1단계 $2+2+3$ 계산하기

(　　　　　　　　)

2단계 □ 안에 들어갈 수 있는 수를 모두 쓰기

(　　　　　　　　)

문제해결 TIP

먼저 $2+2+3$을 계산한 다음 □ 안에 들어갈 수 있는 수를 모두 구해요.

2 단원 5회

11 1부터 9까지의 수 중에서 □ 안에 들어갈 수 있는 수를 모두 구해 보세요.

$$9-1-4>\square$$

(　　　　　　　　)

12 1부터 9까지의 수 중에서 □ 안에 공통으로 들어갈 수 있는 수를 구해 보세요.

$10-2>\square$　　　　$1+3+2<\square$

(　　　　　　　　)

먼저 두 식에서 □ 안에 들어갈 수 있는 수를 각각 구한 다음 공통으로 있는 수를 찾아봐!

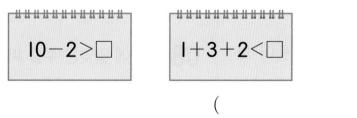

학습 결과에 색칠하세요.

6회 마무리 평가

학습일:　　월　　일

01 그림을 보고 세 수의 덧셈을 해 보세요.

2+2+2=☐

02 ☐ 안에 알맞은 수를 써넣으세요.

9−4−3=☐

9−4=☐

☐−3=☐

03 그림을 보고 알맞은 덧셈식을 만들어 보세요.

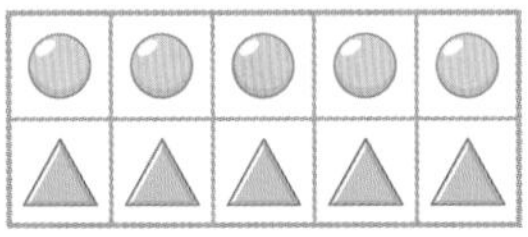

☐+☐=☐

04 그림을 보고 알맞은 뺄셈식을 만들어 보세요.

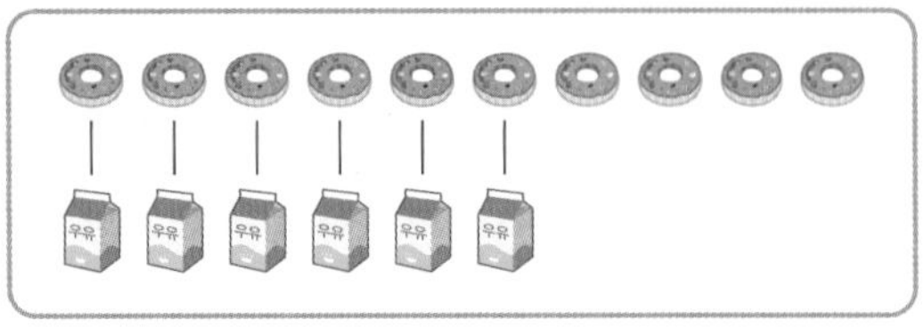

10−☐=☐

05 10을 만들어 더할 수 있는 식을 찾아 ○표 하세요.

4+2+3	(　　)
6+4+7	(　　)
5+3+6	(　　)

06 10을 만들어 덧셈을 해 보세요.

8+7+3=☐

07 세 수의 합을 구해 보세요.

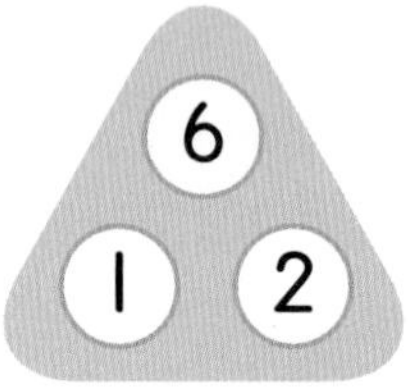

(　　　　　　)

08 빈 곳에 알맞은 수를 써넣으세요.

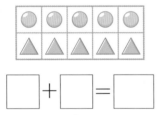

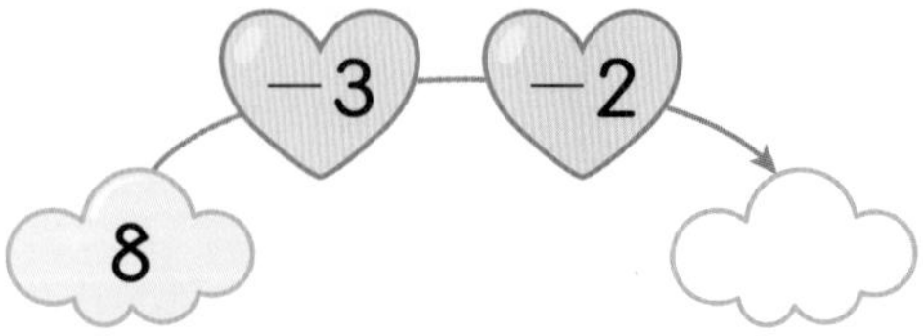

09 차를 구하여 이어 보세요.

9−3−3 •	• 1
5−2−1 •	• 2
6−3−2 •	• 3

10 그림을 보고 두 수를 바꾸어 더해 보세요.

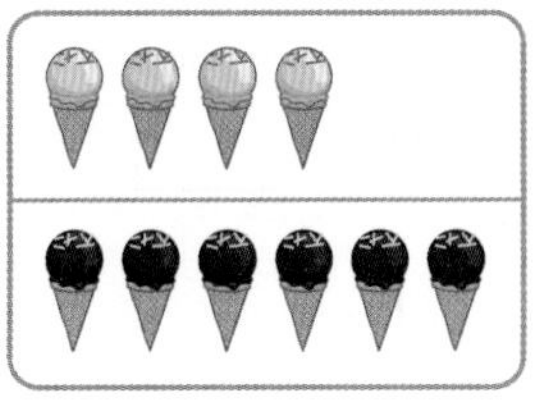

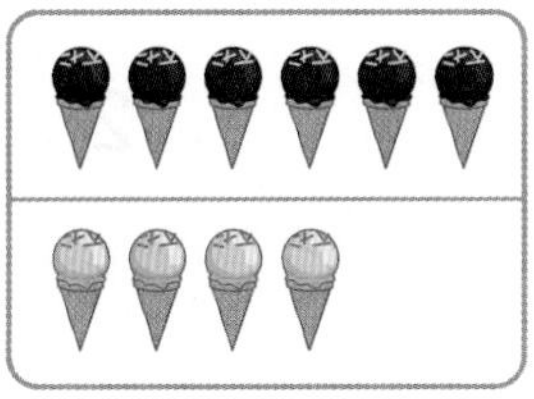

4+6=□　　6+4=□

11 구슬이 10개가 되도록 구슬을 더 그려 넣고, □ 안에 알맞은 수를 써넣으세요.

2+□=10

12 위아래의 두 수를 더해서 10이 되도록 빈칸에 알맞은 수를 써넣으세요.

10	1			6
	9	7	5	

13 차가 2인 것을 찾아 기호를 써 보세요.

㉠ 10−2　㉡ 10−5　㉢ 10−8

(　　　　　)

서술형

14 유미는 사탕 10개를 사서 동생에게 3개를 주었습니다. 유미에게 남은 사탕은 몇 개인지 풀이 과정을 쓰고, 답을 구해 보세요.

답

2 단원 6회

15 □ 안에 공통으로 들어갈 수 있는 수를 구해 보세요.

10−7=□	10−□=7

(　　　　　　　　)

16 합이 같은 것끼리 이어 보세요.

9+1+4 •	• 10+8
4+6+8 •	• 10+4
2+7+3 •	• 2+10

17 합이 10이 되는 두 수를 ◯로 묶고, □ 안에 세 수의 합을 써넣으세요.

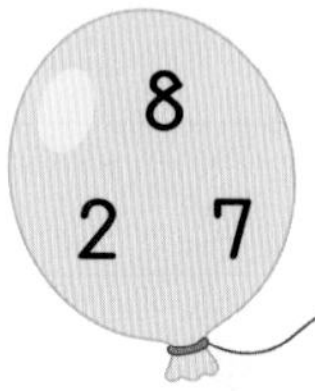

□

18 합이 홀수인 것에 ○표 하세요.

7+5+5	1+9+8
(　　)	(　　)

19 밑줄 친 두 수의 합이 10이 되도록 ○ 안에 수를 써넣고, 덧셈을 해 보세요.

6+3+○=□

2+○+4=□

○+4+1=□

20 수 카드 2장을 골라 뺄셈식을 완성해 보세요.

5	4	3	2

9−□−□=2

21 같은 모양은 같은 수를 나타냅니다. ◆에 알맞은 수를 구해 보세요.

7+3=♥
♥−1=◆

(　　　　　　　)

22 1부터 9까지의 수 중에서 □ 안에 들어갈 수 있는 가장 작은 수를 구해 보세요.

10−4<□

(　　　　　　　)

서술형

23 3+□+□=13에서 □ 안에 들어갈 수 있는 두 수를 보기 에서 찾아 쓰려고 합니다. 풀이 과정을 쓰고, 답을 구해 보세요.

보기
1　4　9　5　3

답

수행 평가

| 24~25 | 현우와 친구들이 풍선 터트리기 놀이를 하고 있습니다. 그림을 보고 물음에 답하세요.

24 현우와 민지가 다트를 각각 3번 던져 나온 점수입니다. 보기 와 같이 점수로 덧셈식을 만들어 점수의 합을 구해 보세요.

	1회	2회	3회	덧셈식
보기	1	2	3	1+2+3=6
현우	3	2	2	
민지	2	3	3	

25 혜주와 선호가 다트를 각각 3번 던져 나온 점수입니다. 점수의 합이 더 높은 사람은 누구인지 풀이 과정을 쓰고, 답을 구해 보세요.

	1회	2회	3회
혜주	2	3	1
선호	1	3	3

답

2 단원 6회

학습 결과에 색칠하세요.

3 모양과 시각

이번에 배울 내용

회차	쪽수	학습 내용	학습 주제
1	58~61쪽	개념+문제 학습	여러 가지 모양 찾기 / 같은 모양끼리 모으기
2	62~65쪽	개념+문제 학습	여러 가지 모양 알기 / 여러 가지 모양으로 꾸미기
3	66~69쪽	개념+문제 학습	몇 시 알기 / 몇 시 나타내기
4	70~73쪽	개념+문제 학습	몇 시 30분 알기 / 몇 시 30분 나타내기
5	74~77쪽	응용 학습	
6	78~81쪽	마무리 평가	

문해력을 높이는 **어휘**

곧다: 한쪽으로 휘거나 비뚤어지지 않고 똑바르다.

자동차들이 곧게 뻗은 도로를 달리고 있어요.

본뜨다: 이미 있는 물건의 틀을 이루는 부분을 그대로 따라 만들다.

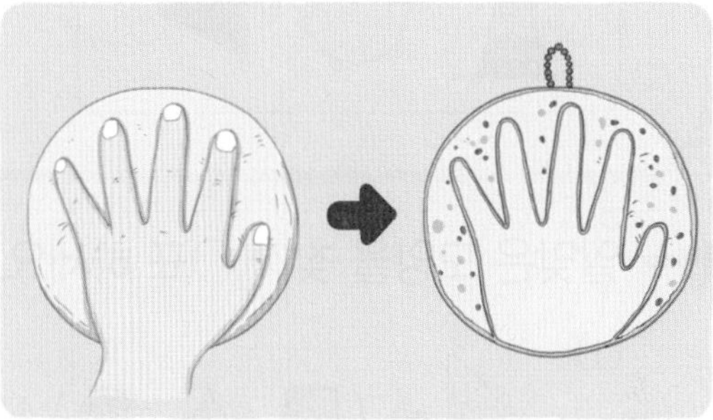

손바닥을 본떠 작품을 만들었어요.

시각: 시간의 어느 한 지점

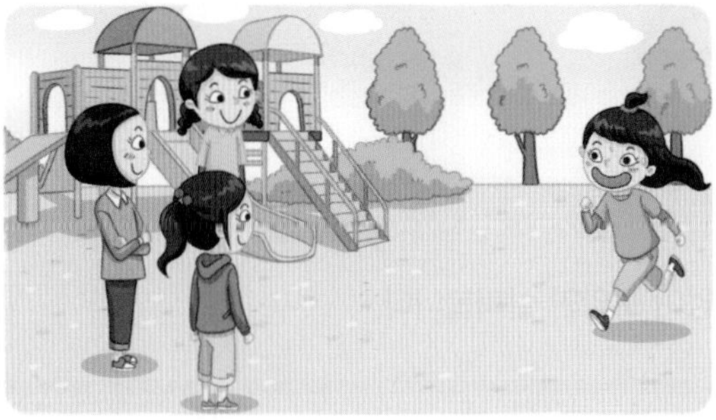

친구들과 약속한 시각에 맞추어 놀이터로 나갔어요.

시곗바늘: 시계에서 눈금을 가리키는 바늘

시곗바늘이 숫자 5와 12를 가리키고 있어요.

1회 개념 학습

학습일: 월 일

개념 1 여러 가지 모양 찾기

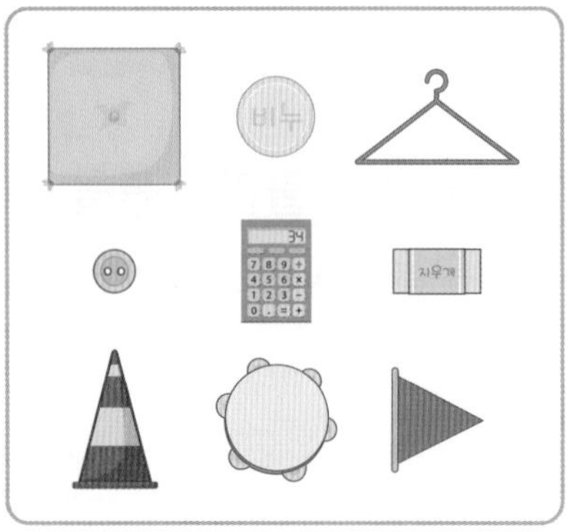

• 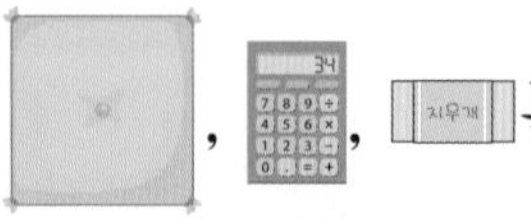 는 □ 모양입니다.

• 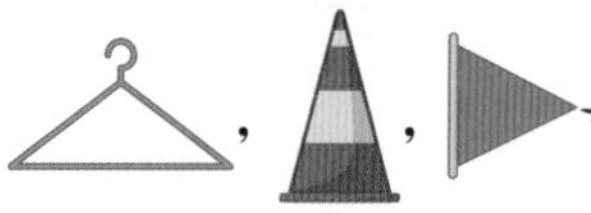 은 △ 모양입니다.

•  은 ○ 모양입니다.

확인 1 알맞은 모양을 찾아 ○표 하세요.

(1)  → (□ , △ , ○) 모양

(2)  → (□ , △ , ○) 모양

개념 2 같은 모양끼리 모으기

□ 모양 ↓

△ 모양 ↓

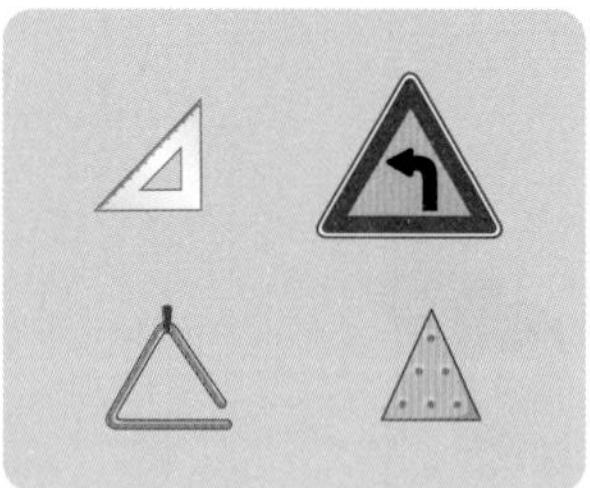

○ 모양 ↓

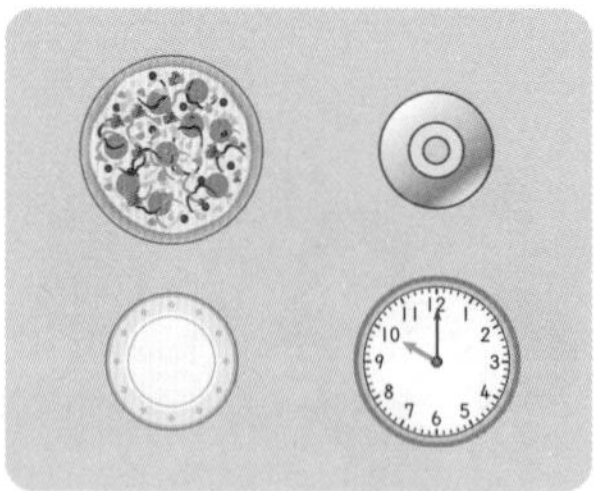

참고 □, △, ○ 모양을 찾고 모을 때는 크기나 색깔에 관계없이 모양만 살펴봅니다.

확인 2 어느 모양끼리 모은 것인지 알맞은 모양을 찾아 ○표 하세요.

(1) 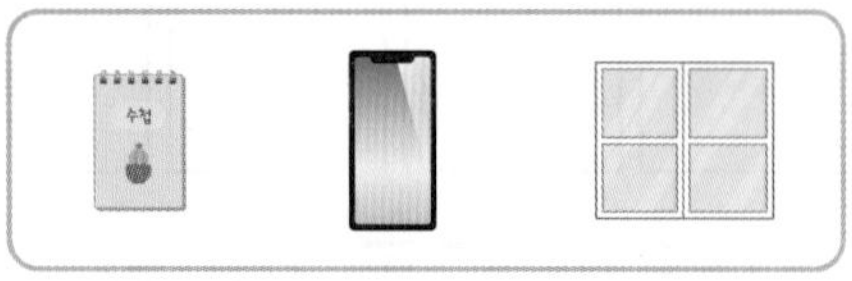

(□ , △ , ○) 모양

(2) 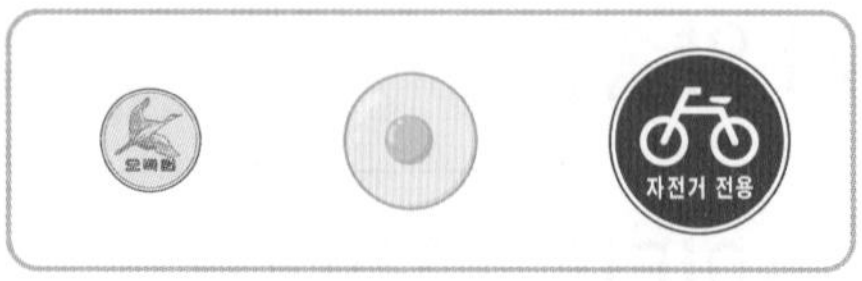

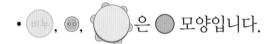

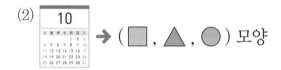

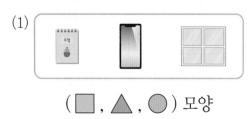

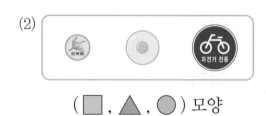

(□ , △ , ○) 모양

1 ■ 모양을 찾아 색연필로 따라 그려 보세요.

2 ▲ 모양을 모두 찾아 색칠해 보세요.

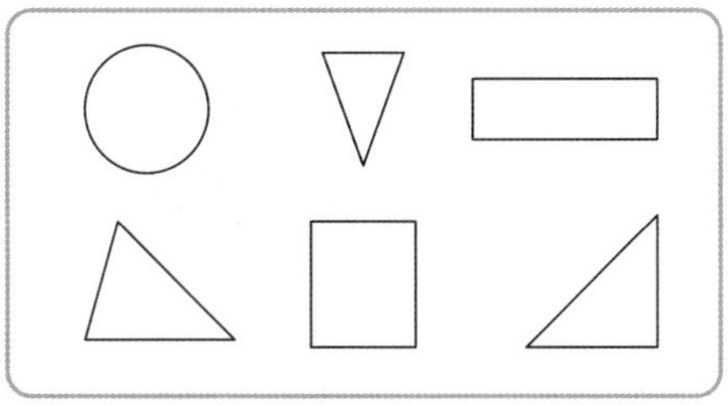

3 왼쪽과 같은 모양을 찾아 ○표 하세요.

(1)

(2)

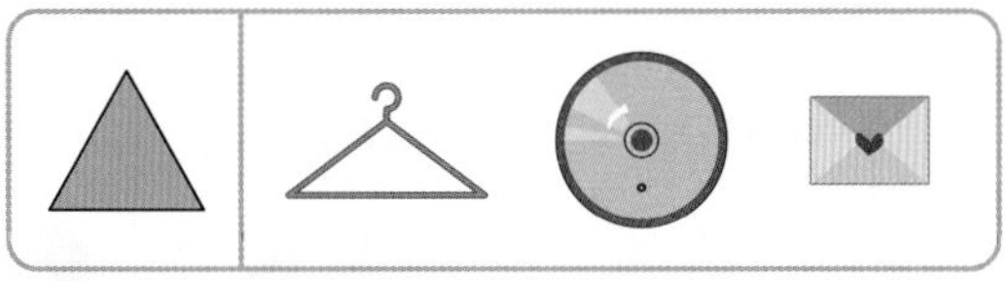

(3)

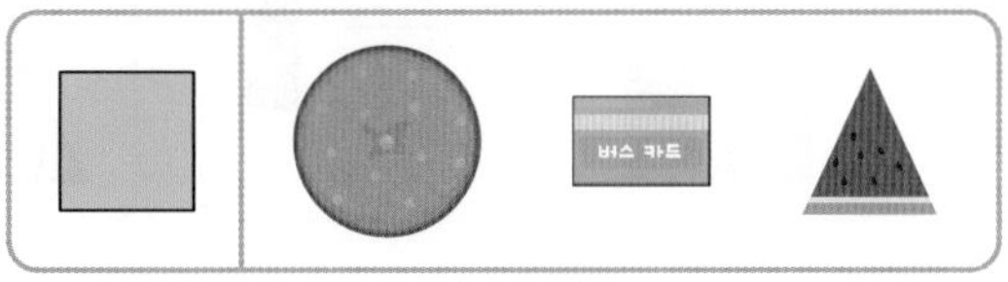

4 블록을 ■ 모양끼리 모으려고 합니다. 잘못 모은 것을 찾아 ×표 하세요.

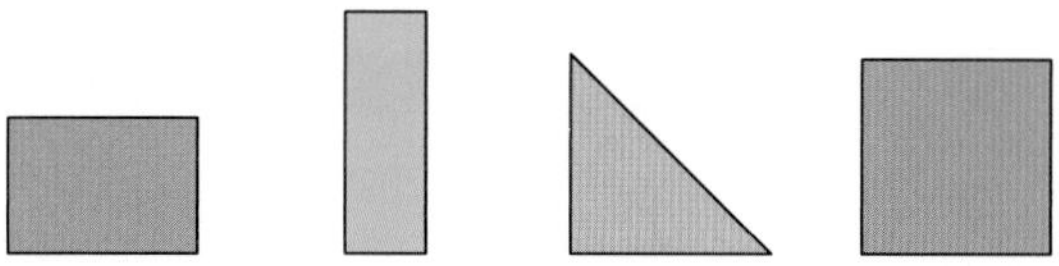

(　　　) (　　　) (　　　) (　　　)

5 ● 모양끼리 바르게 모은 것에 ○표 하세요.

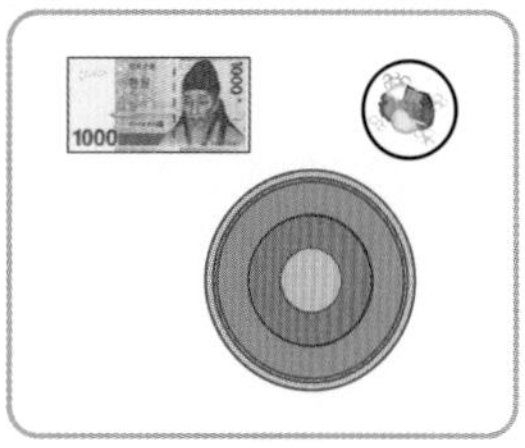

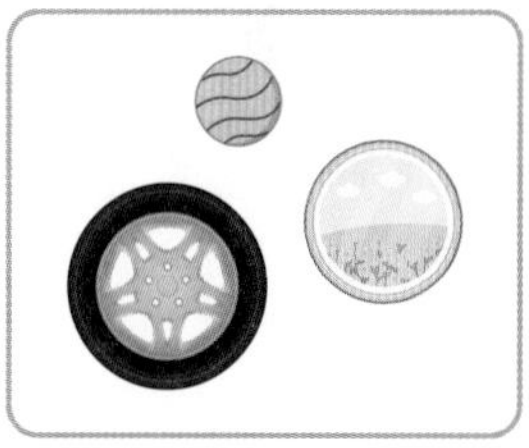

(　　　)　　　(　　　)

6 보기 와 같은 모양의 물건을 찾아 ○표 하세요.

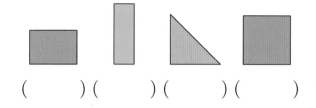

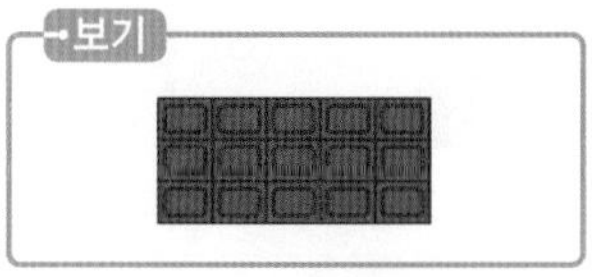

(　　　) (　　　) (　　　)

1회 문제 학습

01 ○ 모양이 아닌 것을 찾아 ×표 하세요.

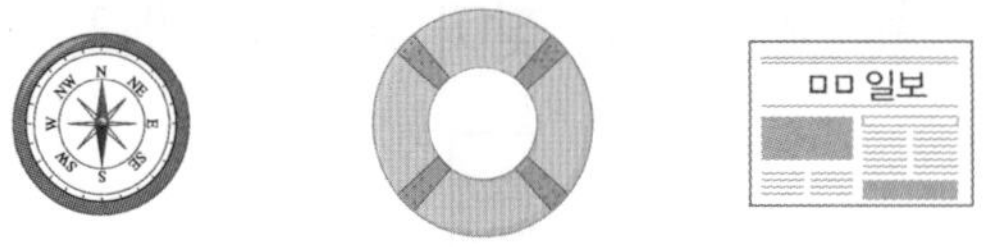

(   ) (   ) (   )

02 □ 모양은 □표, △ 모양은 △표, ○ 모양은 ○표 하세요.

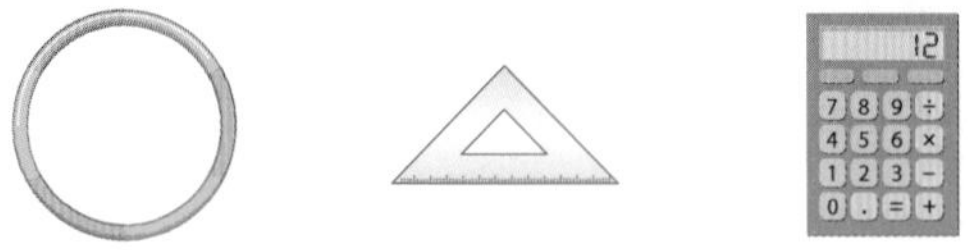

(   ) (   ) (   )

03 모양이 같은 단추끼리 모으려고 합니다. 빈칸에 알맞은 기호를 써넣으세요.

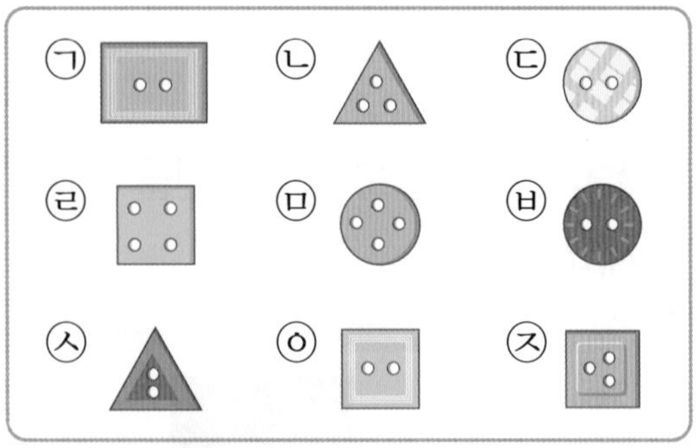

□ 모양	
△ 모양	
○ 모양	

04 같은 모양끼리 이어 보세요.

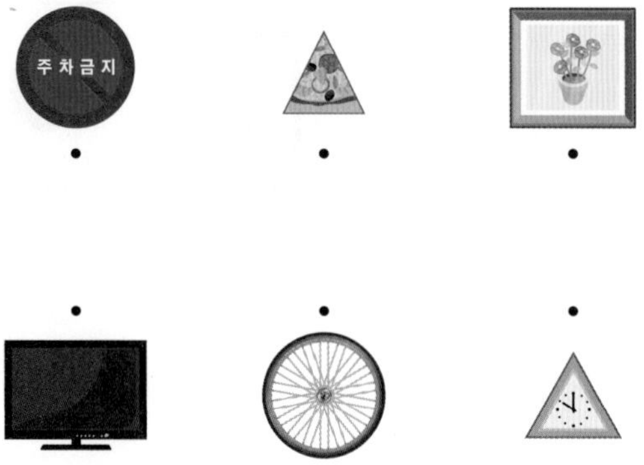

05 □ 모양은 모두 몇 개인가요?

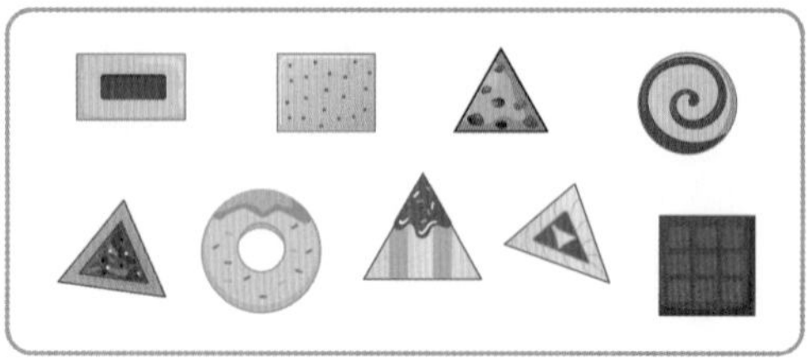

(   )

06 같은 모양끼리 바르게 모은 사람은 누구인가요?

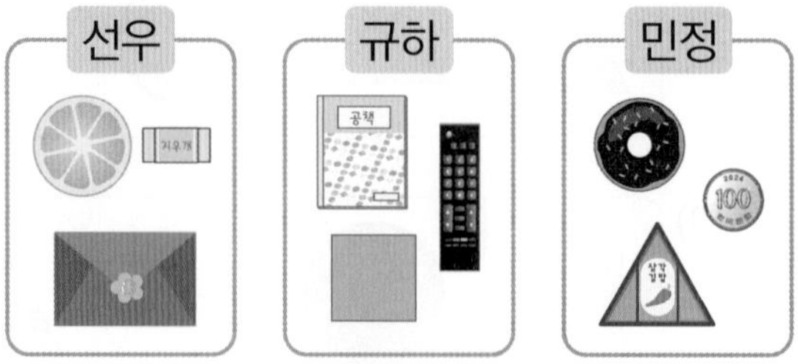

(   )

창의형

07 집에 있는 물건 중 □, △, ○ 모양을 한 가지만 찾아 예나와 같이 말해 보세요.

---

08 그림을 보고 알맞게 이야기한 사람을 찾아 이름을 써 보세요.

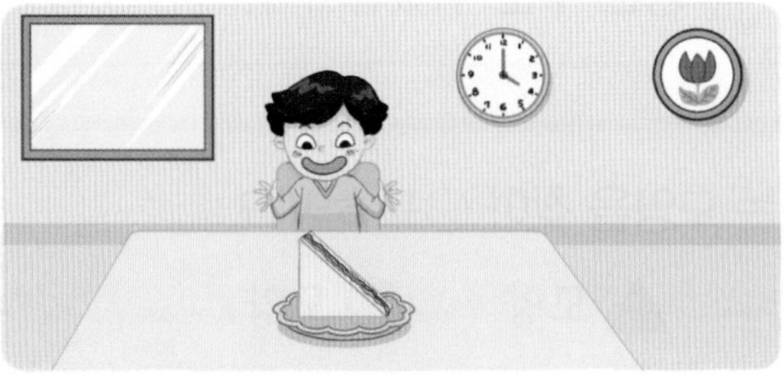

- 지호: ○ 모양이 1개 있어.
- 연우: □ 모양이 없어.
- 소리: △ 모양이 있어.

(   )

09 색종이를 그림과 같이 점선을 따라 모두 자르면 □ 모양과 △ 모양이 각각 몇 개 생길까요?

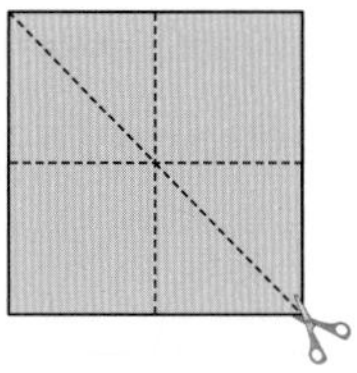

□ 모양 (   )

△ 모양 (   )

서술형 문제

10 모양이 다른 하나를 찾아 기호를 쓰려고 합니다. 풀이 과정을 쓰고, 답을 구해 보세요.

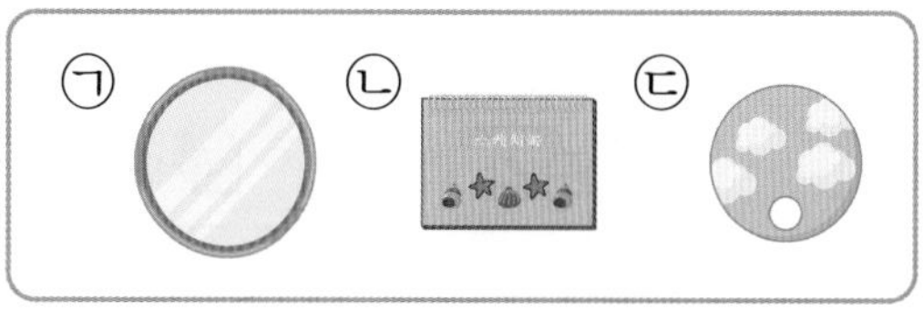

❶ ㉠은 (□ , △ , ○) 모양,

㉡은 (□ , △ , ○) 모양,

㉢은 (□ , △ , ○) 모양입니다.

❷ 따라서 모양이 다른 하나는 [   ] 입니다.

답

11 모양이 다른 하나를 찾아 기호를 쓰려고 합니다. 풀이 과정을 쓰고, 답을 구해 보세요.

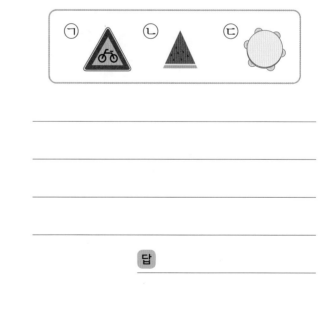

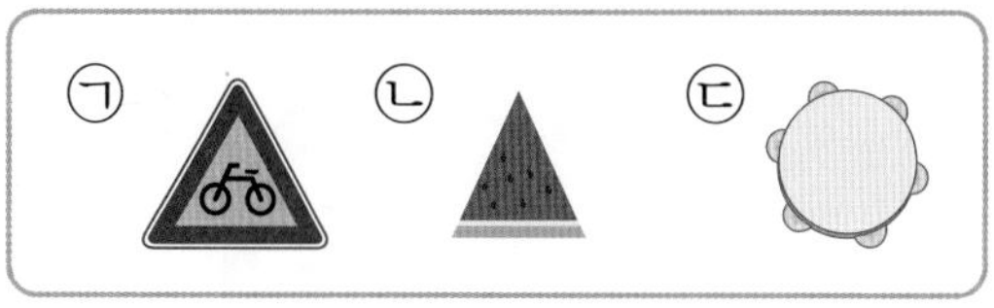

답

2회 개념 학습

학습일: 월 일

개념 1 여러 가지 모양 알기

물건을 본뜨거나 찰흙 위에 찍어 모양을 나타낼 수 있어요.

모양	여러 가지 방법으로 나타내기	특징
□ 모양	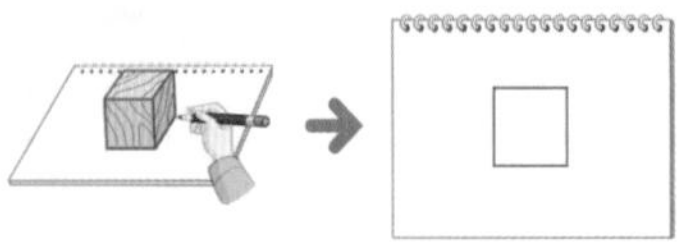	• **곧은 선**이 있습니다. • **뾰족한 부분**이 **4군데** 있습니다.
△ 모양	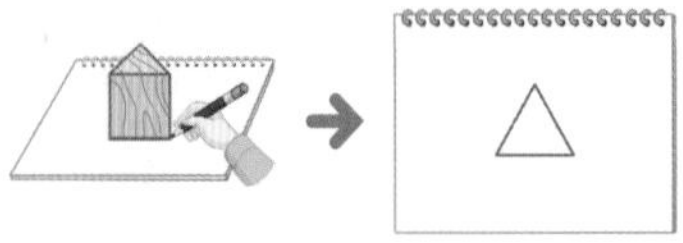	• **곧은 선**이 있습니다. • **뾰족한 부분**이 **3군데** 있습니다.
○ 모양	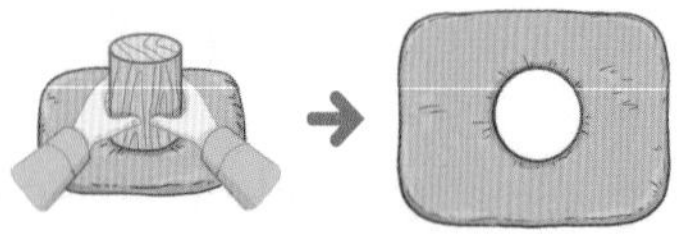	• 곧은 선과 뾰족한 부분이 없습니다. • **둥근 부분**이 있습니다.

확인 1 냄비 뚜껑을 종이 위에 대고 본떴을 때 나오는 모양을 찾아 ○표 하세요.

□ 모양 ( ) △ 모양 ( ) ○ 모양 ( )

개념 2 여러 가지 모양으로 꾸미기

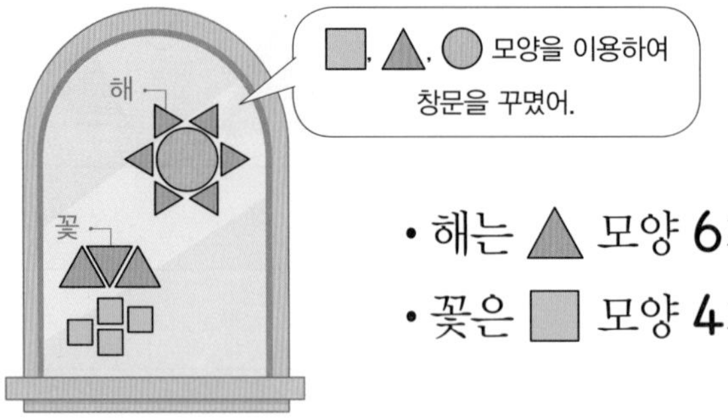

• 해는 △ 모양 6개와 ○ 모양 1개로 꾸몄습니다.
• 꽃은 □ 모양 4개와 △ 모양 3개로 꾸몄습니다.

확인 2 △ 모양만 이용하여 꾸민 가방을 찾아 ○표 하세요.

( ) ( ) ( )

1 본뜬 모양을 찾아 알맞게 이어 보세요.

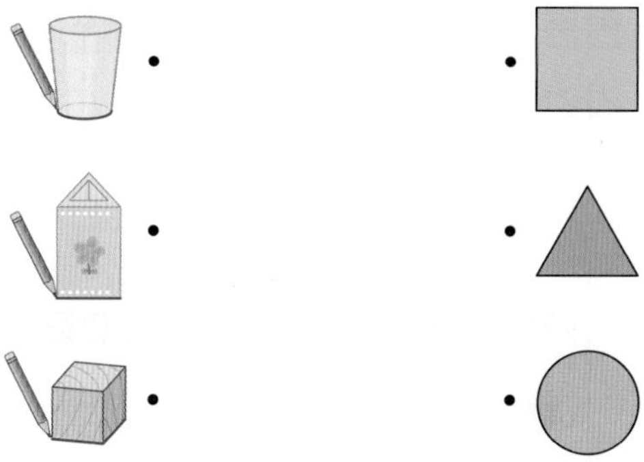

2 필통을 찰흙 위에 찍었을 때 나올 수 있는 모양을 찾아 ○표 하세요.

□ 모양 △ 모양 ○ 모양

( ) ( ) ( )

3 도현이가 설명하는 모양을 찾아 ○표 하세요.

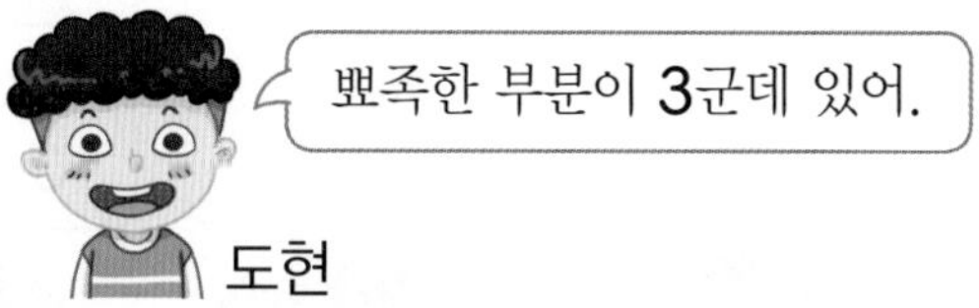

□ 모양 △ 모양 ○ 모양

( ) ( ) ( )

4 컵을 □, △, ○ 모양으로 꾸몄습니다. ○ 모양은 몇 개인지 써 보세요.

( )

5 □, △, ○ 모양으로 우주선을 만들었습니다. □, △, ○ 모양은 각각 몇 개인지 써 보세요.

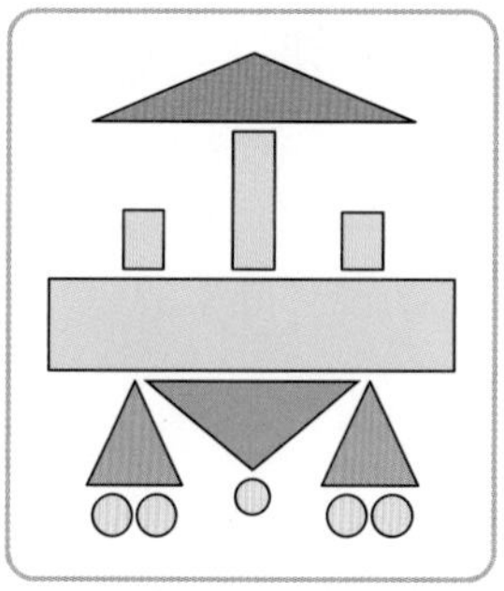

□ 모양: [ ]개

△ 모양: [ ]개

○ 모양: [ ]개

6 □, △, ○ 모양을 이용하여 원숭이의 얼굴을 꾸며 보세요.

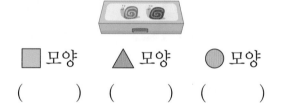

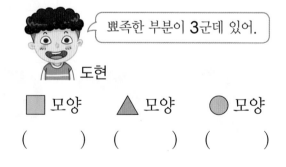

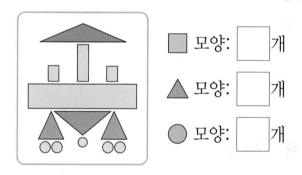

3 단원 2회

2회 문제 학습

01 악어를 만드는 데 이용한 모양을 모두 찾아 ○표 하세요.

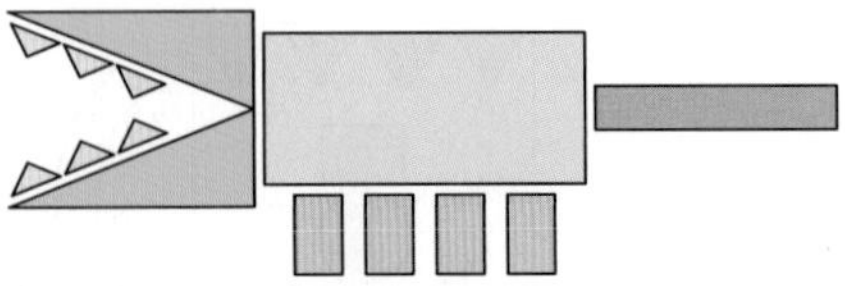

□ 모양 (　　) △ 모양 (　　) ○ 모양 (　　)

02 오른쪽 과자 상자를 종이 위에 대고 본떴을 때 나올 수 없는 모양을 찾아 ×표 하세요.

□ 모양 (　　) △ 모양 (　　) ○ 모양 (　　)

03 몸으로 어떤 모양을 만든 것인지 알맞게 이어 보세요.

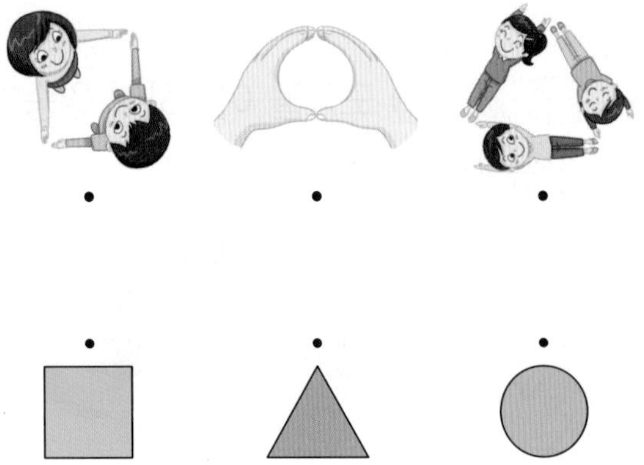

디지털 문해력

04 블로그 게시물에서 □, △, ○ 모양으로 만든 에펠 탑을 보고 □, △, ○ 모양은 각각 몇 개인지 써 보세요.

블로그　여행맨의 블로그

프랑스에서 본 에펠 탑, 나도 만들어 볼까?

여행맨
3시간 전
이웃

프랑스 파리에 있는 에펠 탑은 프랑스의 대표 건축물이지요. 프랑스에 갔을 때 찍어 온 에펠 탑 사진을 보다가 저도 한번 멋진 에펠 탑을 만들어 보았습니다.

모양	□	△	○
수(개)			

05 바르게 말한 사람을 찾아 ○표 하세요.

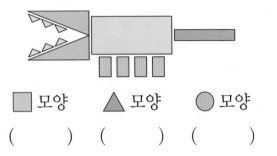

(　　) (　　) (　　)

06 □, △, ○ 모양 중 뾰족한 부분이 없는 모양의 접시는 모두 몇 개인지 세어 써 보세요.

(　　　　　　　　　)

창의형

07 □, △, ○ 모양을 이용하여 베개를 꾸며 보세요.

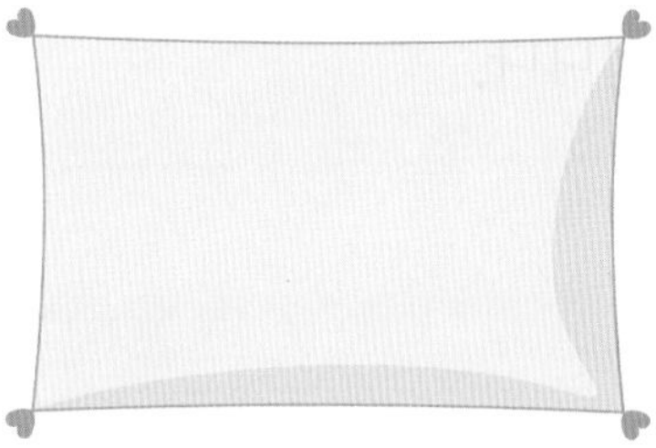

08 □, △, ○ 모양 중 가장 많이 이용한 모양을 찾아 ○표 하세요.

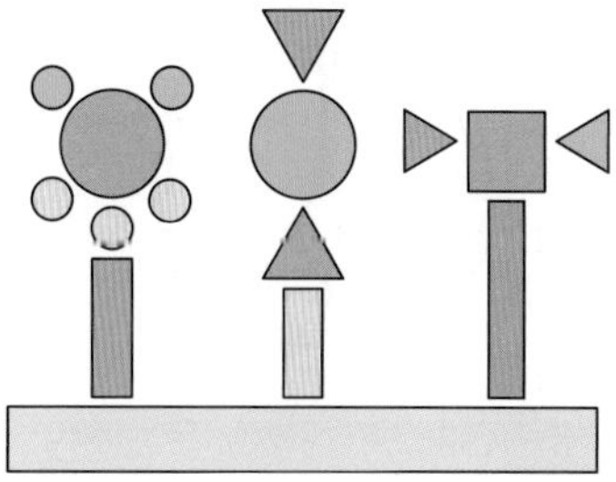

□ 모양　　△ 모양　　○ 모양

(　　　)　(　　　)　(　　　)

서술형 문제

09 시우의 물음에 알맞게 답하세요.

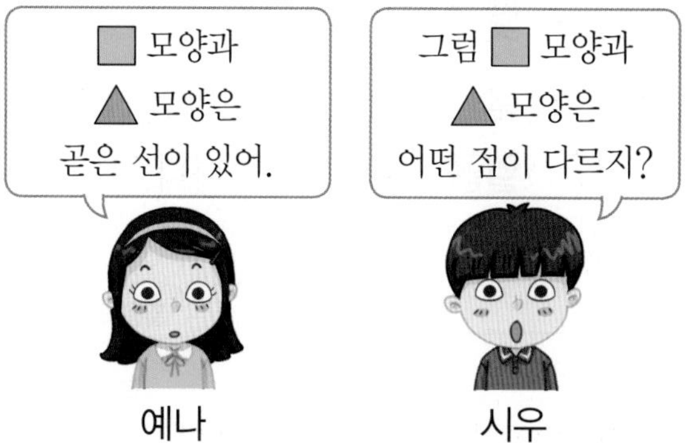

답 □ 모양은 뾰족한 부분이 [　　] 군데 있고, △ 모양은 뾰족한 부분이 [　　] 군데 있습니다.

10 소율이의 물음에 알맞게 답하세요.

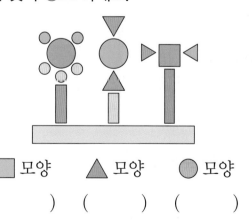

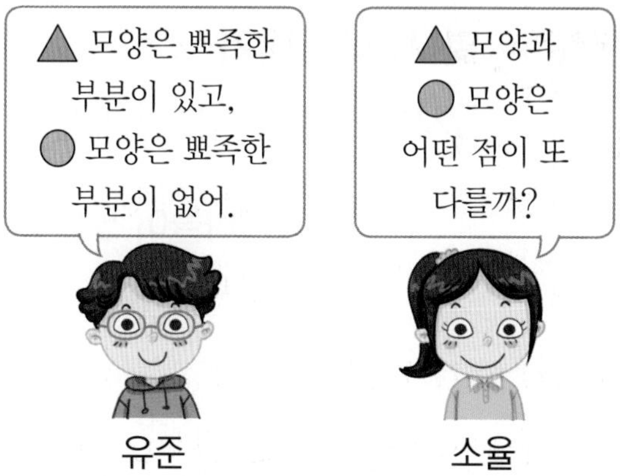

답 ______________________

3 단원 2회

학습 결과에 색칠하세요.

3회 개념 학습

학습일: 월 일

개념 1 몇 시 알기

짧은바늘이 7, 긴바늘이 12를 가리킬 때 시계는 7시를 나타내고,
일곱 시라고 읽습니다.

짧은바늘은 '시'를 나타내고, 긴바늘은 '분'을 나타내.
':' 앞은 '시'를 나타내요.
7:00
':' 뒤는 '분'을 나타내요.

참고 짧은바늘이 ■, 긴바늘이 12를 가리키면 ■시를 나타냅니다.

확인 1 그림을 보고 □ 안에 알맞은 수를 써넣으세요.

짧은바늘이 □, 긴바늘이 □를 가리키므로
시계는 □시를 나타냅니다.

개념 2 몇 시 나타내기

5시를 시계에 나타낼 때는

① **짧은바늘이** 5를 가리키도록 그립니다.

② **긴바늘이** 12를 가리키도록 그립니다.

확인 2 □ 안에 알맞은 수를 써넣고, 시계에 2시를 나타내 보세요.

2시를 시계에 나타낼 때는 짧은바늘이 □,
긴바늘이 □를 가리키도록 그립니다.

1 시계를 보고 설명이 맞으면 ○표, 틀리면 ×표 하세요.

(1) 1부터 12까지의 숫자가 쓰여 있습니다. ☐

(2) 짧은바늘과 긴바늘이 있습니다. ☐

(3) 짧은바늘은 12를 가리킵니다. ☐

2 시계를 보고 몇 시인지 써 보세요.

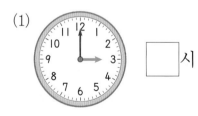

(1)  ☐시

(2)  ☐시

3 시계를 보고 알맞게 이어 보세요.

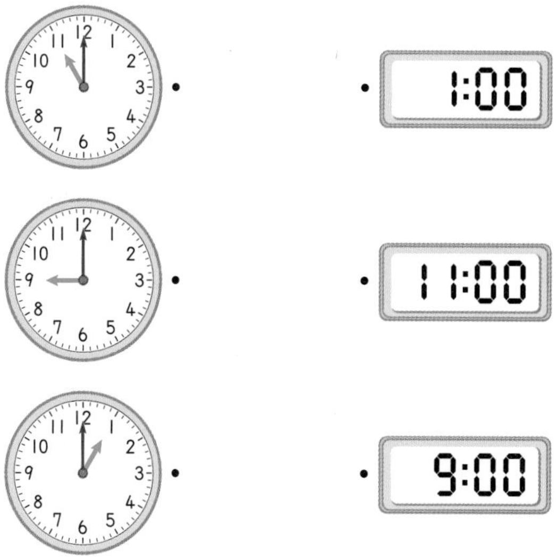

4 시계에 몇 시를 나타내 보세요.

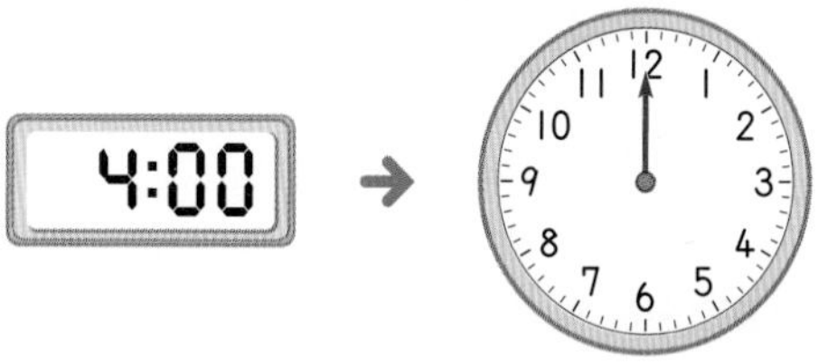

5 시계에 짧은바늘과 긴바늘이 주어진 숫자를 가리키도록 그려 넣고, 몇 시인지 써 보세요.

- 짧은바늘 → 10
- 긴바늘 → 12

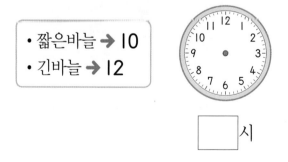

☐시

01 시계가 몇 시를 나타내는지 찾아 기호를 써 보세요.

㉠ 4시　　㉡ 8시　　㉢ 12시

(　　　　　　)

02 9시를 나타내는 시계에 ○표 하세요.

(　　)　　(　　)

디지털 문해력

03 온라인 게시물을 보고 공연이 몇 시에 끝났는지 써 보세요.

hi_donga

좋아요 15개

드디어 보고 싶던 어린이 뮤지컬을 봤다! 공연이 끝나자마자 주인공과 함께 사진을 찍는 행운까지! 오늘은 정말 최고의 날이다.

(　　　　　　)

04 시계에 몇 시를 나타내 보세요.

한 시 ➜

05 그림을 보고 □ 안에 알맞은 수를 써넣으세요.

□시에 공원에서 체조를 했고,

□시에 점심을 먹었습니다.

창의형

06 그림을 보고 □ 안에 알맞은 수를 써넣어 이야기를 완성하고, 시계에 나타내 보세요.

□시에 수영을 시작했습니다.

07 소라는 시계의 짧은바늘이 6을 가리키고, 긴바늘이 12를 가리킬 때 책을 읽습니다. 소라는 몇 시에 책을 읽나요?

(　　　　　　　　)

08 그림을 보고 시계의 짧은바늘을 그려 보세요.

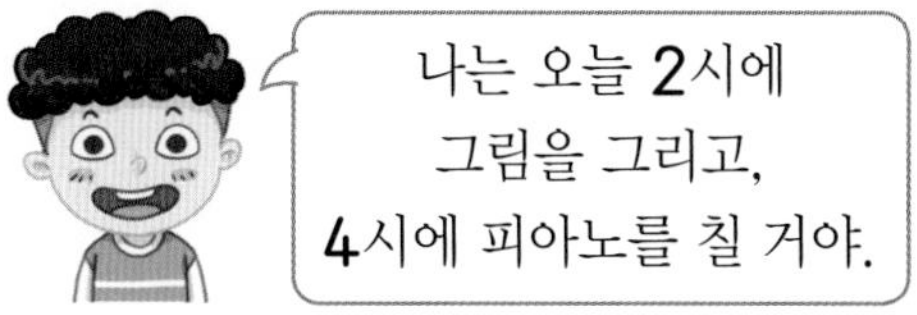
나는 오늘 2시에
그림을 그리고,
4시에 피아노를 칠 거야.

09 시계의 짧은바늘과 긴바늘이 같은 숫자를 가리킬 때는 몇 시인지 찾아 기호를 써 보세요.

㉠ 10시	㉡ 7시	㉢ 12시

(　　　　　　　　)

서술형 문제

10 시계에 11시를 나타내고, 어제 11시에 한 일을 이야기해 보세요.

11시

❶

이야기 ❷ 어제 11시에 [　　　　] 에서 [　　　　] 을/를 했습니다.

11 시계에 5시를 나타내고, 이번 주 토요일 5시에 하고 싶은 일을 이야기해 보세요.

5시

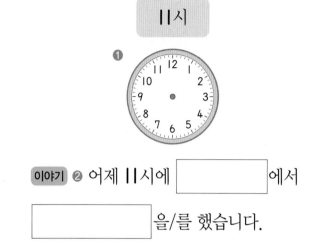

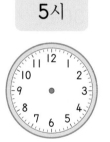

이야기
____

학습 결과에 색칠하세요.

4회 개념 학습

학습일: 월 일

개념 1 몇 시 30분 알기

짧은바늘이 7과 8 사이, 긴바늘이 6을 가리킬 때 시계는 7시 30분을 나타내고, **일곱 시 삼십 분**이라고 읽습니다.

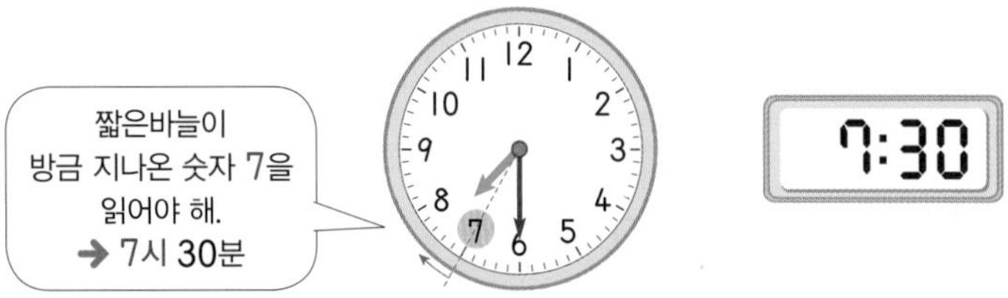
짧은바늘이
방금 지나온 숫자 7을
읽어야 해.
➔ 7시 30분
7:30

참고 7시, 7시 30분 등을 시각이라고 합니다.

확인 1 그림을 보고 □ 안에 알맞은 수를 써넣으세요.

짧은바늘이 □와 5 사이, 긴바늘이 □을 가리키므로 시계는 □시 □분을 나타냅니다.

개념 2 몇 시 30분 나타내기

12시 30분을 시계에 나타낼 때는

① **짧은바늘이 12와 1 사이**를 가리키도록 그립니다.

② **긴바늘이 6**을 가리키도록 그립니다.

확인 2 □ 안에 알맞은 수를 써넣고, 시계에 5시 30분을 나타내 보세요.

5시 30분을 시계에 나타낼 때는 짧은바늘이 □와 6 사이, 긴바늘이 □을 가리키도록 그립니다.

1 시계를 보고 몇 시 30분인지 써 보세요.

(1)

☐시 ☐분

(2)

☐시 ☐분

(3)

☐시 ☐분

2 시계에 시각을 나타내 보세요.

(1) 4시 30분 ➔

(2) 10시 30분 ➔

3 시계를 보고 알맞게 이어 보세요.

• 8:30

• 6:30

• 2:30

4 시계에 시각을 나타내 보세요.

11:30 ➔

5 시계에 긴바늘이 6을 가리키도록 그려 넣고, 시각을 써 보세요.

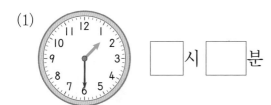

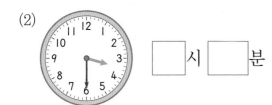

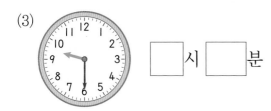

☐시 ☐분

01 11시 30분을 나타내는 시계에 ○표 하세요.

( ) ( )

02 설명하는 시각을 써 보세요.

- 짧은바늘이 1과 2 사이를 가리킵니다.
- 긴바늘이 6을 가리킵니다.

( )

03 시계를 보고 시각을 바르게 말한 사람의 이름을 써 보세요.

- 은서: 5시
- 지영: 6시 30분
- 찬우: 5시 30분

( )

04 이야기에 나오는 시각을 시계에 나타내 보세요.

8시 30분에 학교에 도착했습니다.

05 계획표를 보고 이어 보세요.

	시각
책 읽기	3시 30분
청소하기	4시 30분
TV 보기	6시

06 짧은바늘과 긴바늘이 바르게 그려진 시계를 모두 찾아 ○표 하세요.

( ) ( ) ( )

07 발레 공연의 시작 시각과 마침 시각을 시계에 나타내 보세요.

발레 공연	1:30~2:30

시작 시각 / 마침 시각

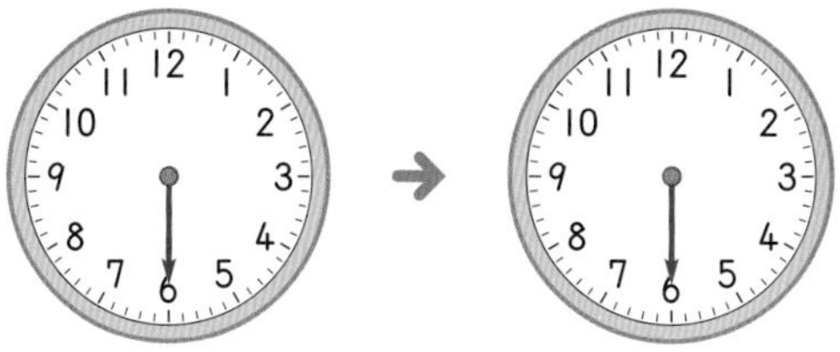

08 하린이는 10시 30분에 잠자리에 들었습니다. 하린이가 잠자리에 든 시각을 시계에 나타내 보세요.

창의형

09 시계가 나타내는 시각을 넣어 내일 그 시각에 할 일을 이야기해 보세요.

____

____

서술형 문제

10 다은이가 12시 30분을 설명한 것입니다. 잘못된 곳을 찾아 바르게 고쳐 보세요.

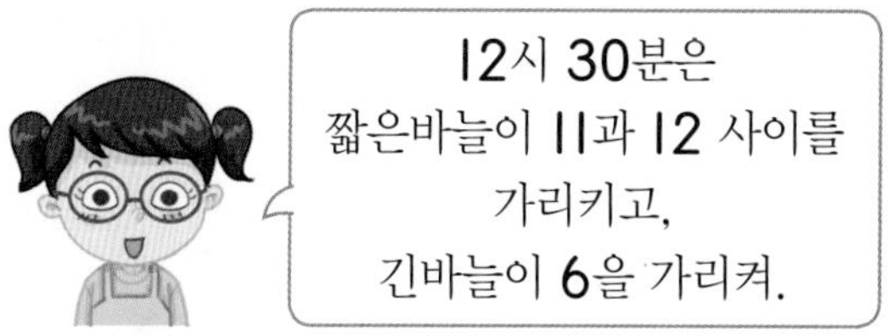
12시 30분은
짧은바늘이 11과 12 사이를
가리키고,
긴바늘이 6을 가리켜.

다은

바르게 고치기 12시 30분은 짧은바늘이 ☐ 와/과 ☐ 사이를 가리키고, 긴바늘이 ☐ 을/를 가리켜.

11 서진이가 9시 30분을 설명한 것입니다. 잘못된 곳을 찾아 바르게 고쳐 보세요.

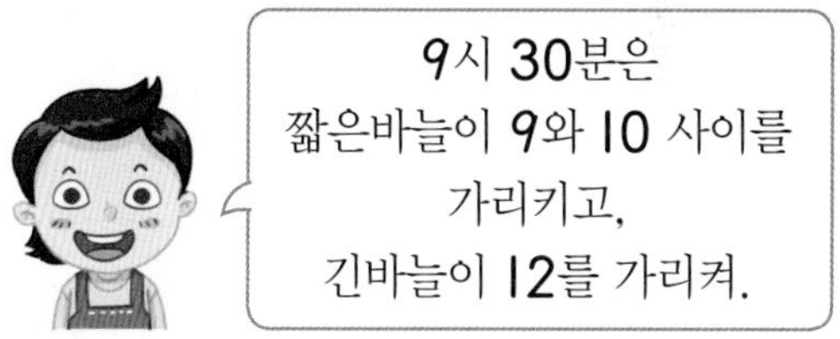
9시 30분은
짧은바늘이 9와 10 사이를
가리키고,
긴바늘이 12를 가리켜.

서진

바르게 고치기

____

____

____

3 단원 4회

학습 결과에 색칠하세요.

5회 응용 학습

학습일: 월 일

각 모양의 개수 비교하기

01 □, △, ○ 모양 중에서 개수가 가장 많은 모양을 찾아보세요.

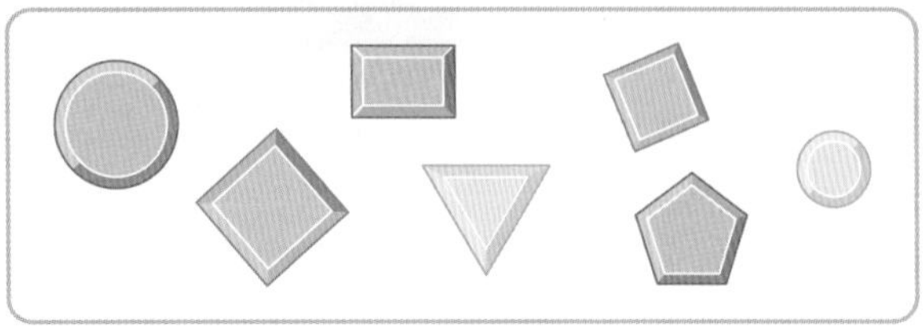

1단계 □, △, ○ 모양이 각각 몇 개인지 세기

□ 모양: □개, △ 모양: □개, ○ 모양: □개

2단계 □, △, ○ 모양 중에서 개수가 가장 많은 모양 찾기

(□ , △ , ○) 모양

문제해결 TIP

□, △, ○ 모양이 각각 몇 개인지 센 다음 개수를 비교하여 개수가 가장 많은 모양을 찾아요.

02 □, △, ○ 모양 중에서 개수가 가장 적은 모양을 찾아 △표 하세요.

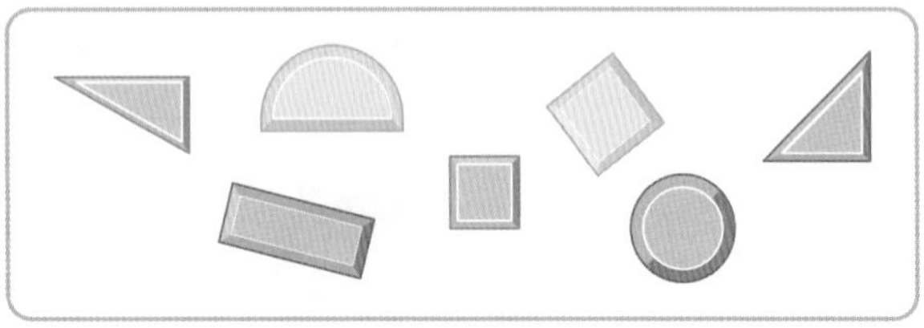

(□ , △ , ○) 모양

03 □, △, ○ 모양 중에서 개수가 많은 모양부터 차례로 그려 보세요.

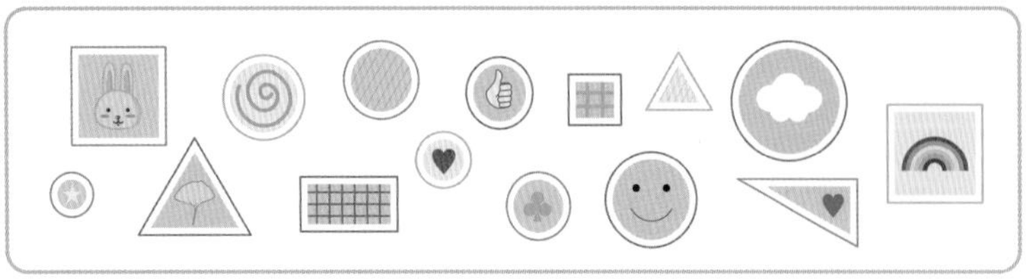

□ 모양 — □ 모양 — □ 모양

□, △, ○ 모양이 각각 몇 개인지 센 다음 개수가 많은 것부터 차례로 모양을 그려 봐.

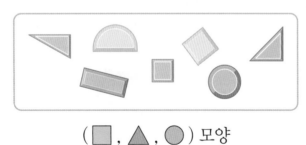

시계가 나타내는 시각에 할 일 찾기

04 시계가 나타내는 시각에 할 일을 계획표에서 찾아 써 보세요.

	시각
자전거 타기	12시 30분
간식 먹기	2시
축구하기	3시

1단계 시계가 나타내는 시각 알아보기 (   )

2단계 시계가 나타내는 시각에 할 일 찾아 쓰기

(   )

문제해결 TIP

먼저 시계가 나타내는 시각을 알아본 다음 그 시각에 할 일을 계획표에서 찾아 써요.

05 시계가 나타내는 시각에 할 일을 계획표에서 찾아 써 보세요.

	시각
저녁 식사	6시 30분
숙제하기	7시
일기 쓰기	8시 30분

(   )

06 오늘은 학교 운동회 날입니다. 시계가 나타내는 시각에 운동회에서 하는 활동은 무엇인지 찾아 써 보세요.

운동회 일정표

- ★ 9시~10시: 바구니 탑 세우기
- ★ 10시~11시: 높이 공 튀기기
- ★ 11시~12시: 개인 달리기
- ★ 12시~1시: 점심시간

(   )

먼저 시계가 나타내는 시각을 알아본 다음 그 시각이 포함되는 일정을 일정표에서 찾아봐!

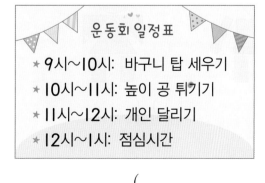

3 단원 5회

5회 응용 학습

몇 개 더 많이(적게) 이용했는지 구하기

07 오른쪽은 □, △, ○ 모양으로 만든 케이크입니다. ○ 모양을 □ 모양보다 몇 개 더 많이 이용했는지 구해 보세요.

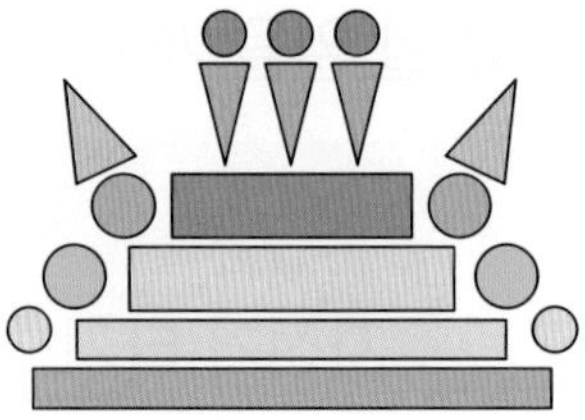

1단계 이용한 ○ 모양의 개수 세기

( )

2단계 이용한 □ 모양의 개수 세기

( )

3단계 ○ 모양을 □ 모양보다 몇 개 더 많이 이용했는지 구하기

( )

문제해결 TIP

○ 모양과 □ 모양을 각각 몇 개씩 이용했는지 알아본 다음 개수의 차를 구해요.

08 오른쪽은 □, △, ○ 모양으로 만든 강아지입니다. △ 모양을 □ 모양보다 몇 개 더 적게 이용했는지 구해 보세요.

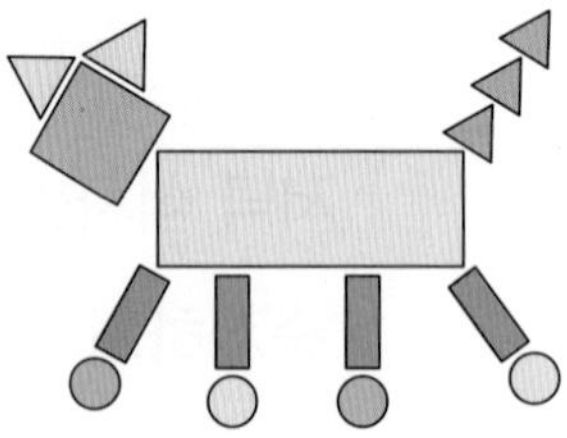

( )

09 은수와 민지가 각각 □, △, ○ 모양으로 사람을 만들었습니다. 누가 △ 모양을 몇 개 더 많이 이용했는지 구해 보세요.

( ), ( )

두 사람이 △ 모양을 각각 몇 개씩 이용했는지 구한 다음 개수의 차를 구해!

시각의 순서 알아보기

10 지효가 어제와 오늘 저녁을 먹은 시각입니다. 더 일찍 저녁을 먹은 날은 언제인지 써 보세요.

어제 오늘

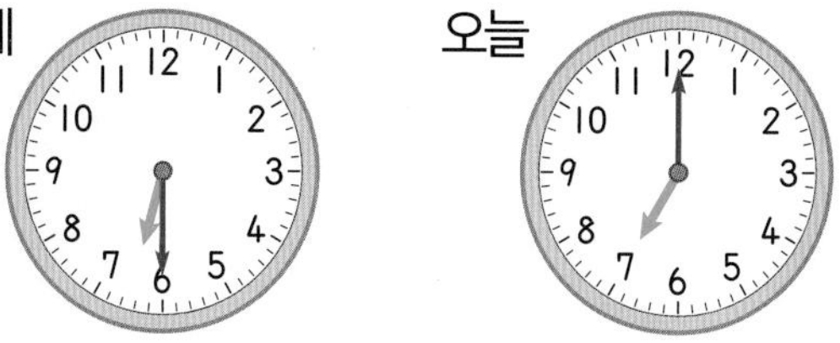

❶단계 지효가 어제와 오늘 저녁을 먹은 시각을 각각 알아보기

어제 (   ), 오늘 (   )

❷단계 어제와 오늘 중에서 더 일찍 저녁을 먹은 날 찾기

(   )

문제해결 TIP

어제 저녁을 먹은 시각과 오늘 저녁을 먹은 시각을 각각 알아본 다음 두 시각을 비교하여 더 빠른 시각을 찾아요.

11 수호와 소민이가 아침에 일어난 시각입니다. 더 늦게 일어난 사람은 누구인지 써 보세요.

수호 소민

(   )

12 규리가 오늘 낮에 한 일과 그 시각을 보고 가장 먼저 한 일은 무엇인지 써 보세요.

심부름하기 수영하기 숙제하기

(   )

세 시계가 나타내는 시각을 각각 알아본 다음 가장 빠른 시각을 찾아!

학습 결과에 색칠하세요.

6회 마무리 평가

학습일: 월 일

01 ● 모양을 모두 찾아 ○표 하세요.

02 어느 모양끼리 모은 것인지 알맞은 모양을 찾아 ○표 하세요.

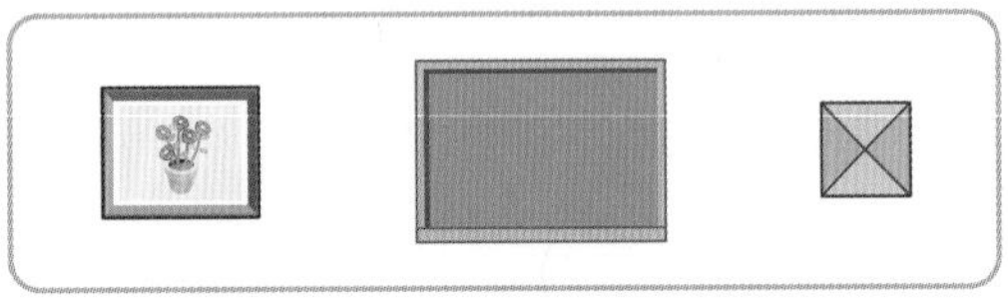

(■ , ▲ , ●) 모양

03 음료수 캔을 종이 위에 대고 본떴을 때 나오는 모양을 찾아 ○표 하세요.

■ 모양	▲ 모양	● 모양
( )	( )	( )

04 마스크를 꾸미는 데 이용한 모양을 찾아 ○표 하세요.

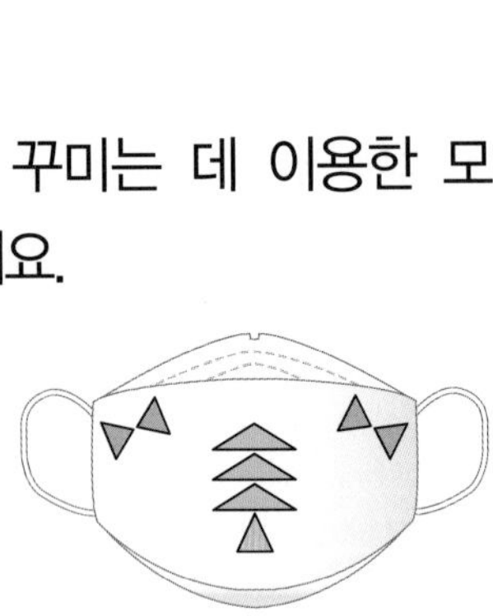

■ 모양	▲ 모양	● 모양
( )	( )	( )

05 시계를 보고 □ 안에 알맞은 수를 써넣으세요.

짧은바늘이 □, 긴바늘이 □를 가리키므로 □시입니다.

06 시계를 보고 시각을 써 보세요.

□시 □분

07 같은 모양끼리 같은 색으로 색칠해 보세요.

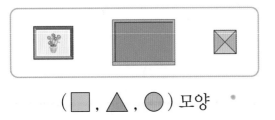

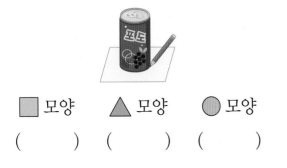

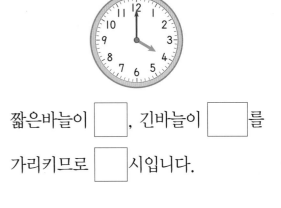

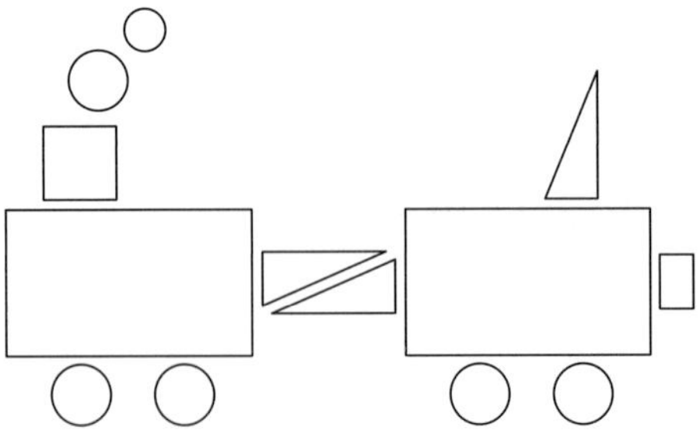

08 같은 모양끼리 바르게 모은 것에 ○표 하세요.

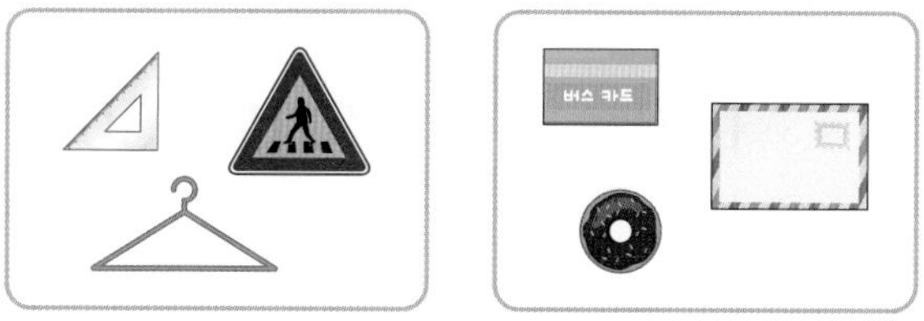

( ) ( )

09 □ 모양을 본뜰 수 있는 물건을 모두 찾아 ○표 하세요.

( ) ( ) ( )

10 설명하는 모양을 찾아 ○표 하세요.

- 곧은 선이 있습니다.
- 뾰족한 부분이 3군데 있습니다.

□ 모양 △ 모양 ○ 모양

( ) ( ) ( )

11 곧은 선이 없는 모양은 모두 몇 개인가요?

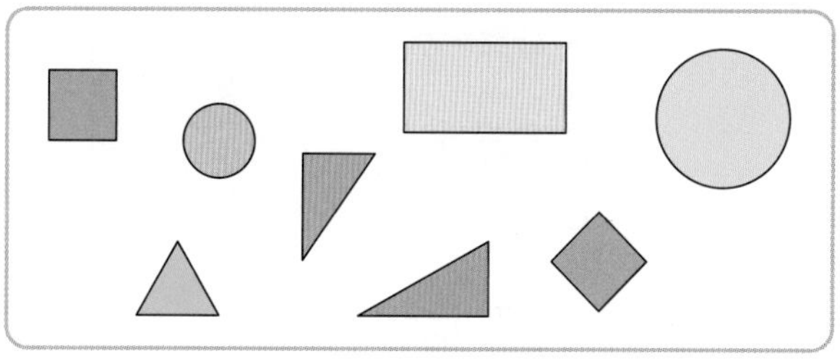

( )

12 □, △, ○ 모양을 모두 이용하여 꾸민 집에 ○표 하세요.

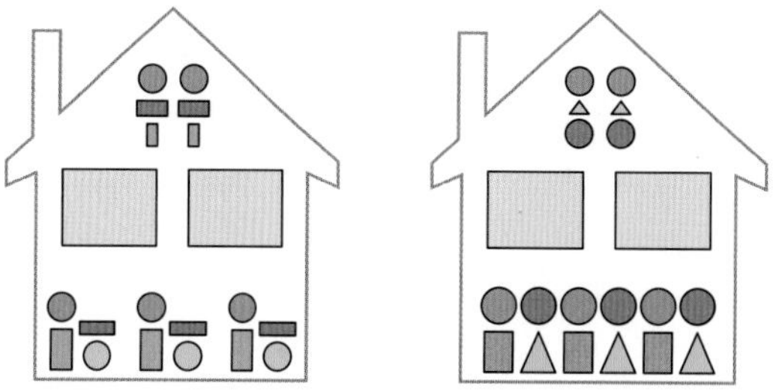

( ) ( )

| 13~14 | □, △, ○ 모양을 이용하여 자동차를 만들었습니다. 그림을 보고 물음에 답하세요.

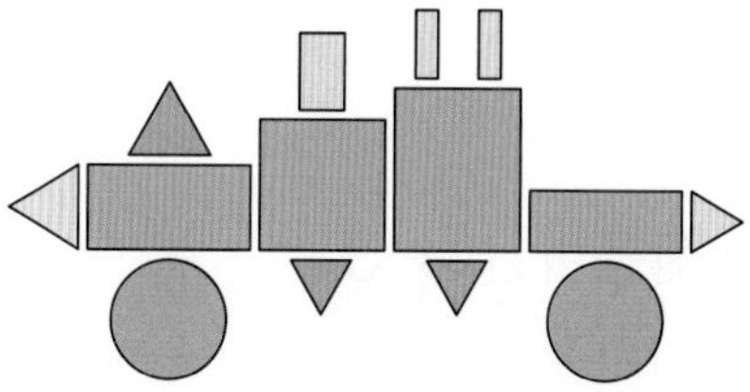

13 □ 모양은 몇 개인지 써 보세요.

( )

서술형

14 △ 모양과 ○ 모양 중에서 더 많이 이용한 모양은 무엇인지 풀이 과정을 쓰고, 답을 구해 보세요.

답

3 단원 6회

15 시계를 보고 알맞게 이어 보세요.

16 시계에 짧은바늘과 긴바늘이 주어진 숫자를 가리키도록 그려 넣고, 몇 시인지 써 보세요.

- 짧은바늘 → 3
- 긴바늘 → 12

( )

17 로운이는 8시 30분에 저녁 운동을 시작했습니다. 로운이가 저녁 운동을 시작한 시각을 시계에 나타내 보세요.

18 시계의 짧은바늘이 12를 가리킬 때의 시각은 어느 것인가요? ( )

① 11시 ② 11시 30분
③ 12시 ④ 12시 30분
⑤ 1시

서술형

19 도경이가 3시 30분을 시계에 나타낸 것입니다. 잘못 나타낸 곳을 찾아 오른쪽 시계에 바르게 나타내고, 잘못된 이유를 써 보세요.

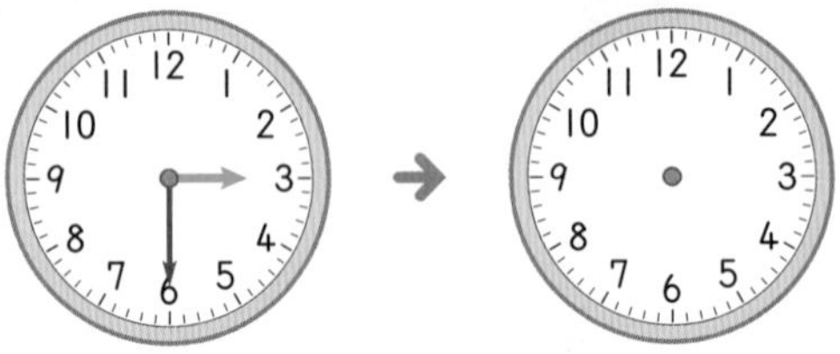

이유

20 종이를 그림과 같이 점선을 따라 모두 자르면 □ 모양과 △ 모양이 각각 몇 개 생길까요?

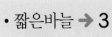

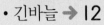

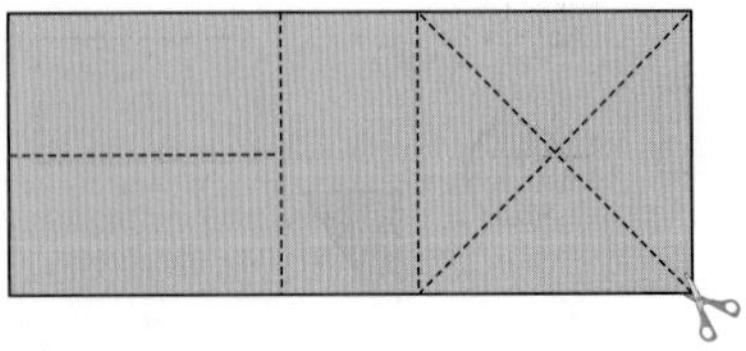

□ 모양 ( )
△ 모양 ( )

21 정우와 지나가 ■, ▲, ● 모양을 이용하여 모양을 만든 것입니다. 정우는 지나보다 ▲ 모양을 몇 개 더 적게 이용했나요?

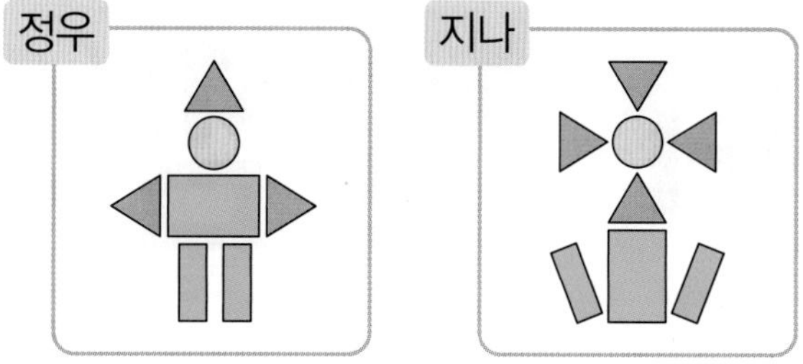

(　　　　　　　　)

22 오른쪽 시계가 나타내는 시각에 할 일을 계획표에서 찾아 써 보세요.

	시각
도서관 가기	10시 30분
농구하기	11시 30분
산책하기	1시 30분

(　　　　　　　　)

23 1시와 4시 사이의 시각이 아닌 것을 찾아 기호를 써 보세요.

(　　　　　　　　)

수행 평가

| 24~25 | 수아는 부모님과 함께 동물원에 갔습니다. 물음에 답하세요.

24 그림을 보고 □ 안에 알맞은 수를 써넣으세요.

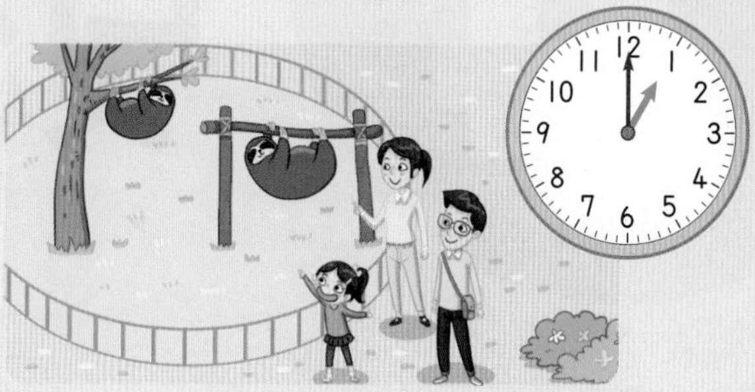

□시에 나무에 매달려 있는 나무늘보를 보았습니다.

25 그림을 보고 시계가 나타내는 시각을 넣어 수아가 한 일을 이야기해 보세요.

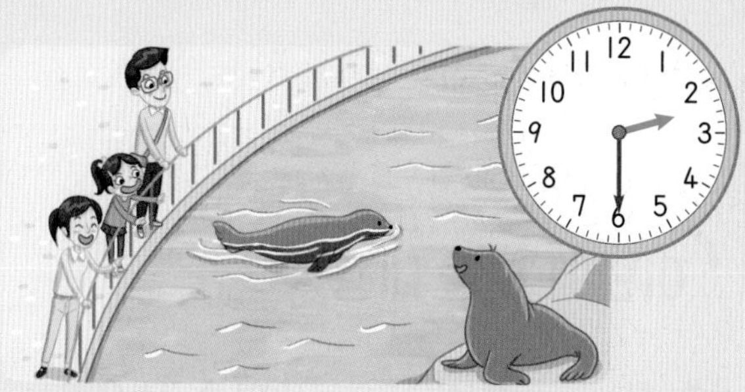

이야기

3 단원 6회

학습 결과에 색칠하세요.

4 덧셈과 뺄셈(2)

이번에 배울 내용

회차	쪽수	학습 내용	학습 주제
1	84~87쪽	개념+문제 학습	덧셈 알기 / 덧셈하기
2	88~91쪽	개념+문제 학습	여러 가지 덧셈하기(1), (2)
3	92~95쪽	개념+문제 학습	뺄셈 알기 / 뺄셈하기
4	96~99쪽	개념+문제 학습	여러 가지 뺄셈하기(1), (2)
5	100~103쪽	응용 학습	
6	104~107쪽	마무리 평가	

문해력을 높이는 **어휘**

더해지는 수: 덧셈에서 '+'의 왼쪽에 있는 수

더 해 지 는 수는 '+'의 왼쪽에 있는 3이에요.

더하는 수: 덧셈에서 '+'의 오른쪽에 있는 수

더 하 는 수는 '+'의 오른쪽에 있는 9예요.

빼지는 수: 뺄셈에서 '−'의 왼쪽에 있는 수

빼 지 는 수는 '−'의 왼쪽에 있는 15예요.

빼는 수: 뺄셈에서 '−'의 오른쪽에 있는 수

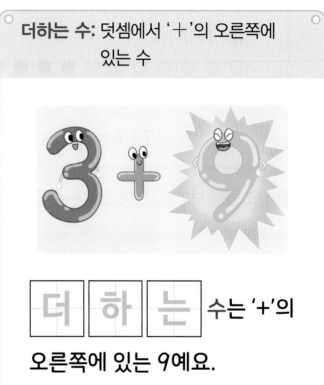

빼 는 수는 '−'의 오른쪽에 있는 8이에요.

1회 개념 학습

학습일: 월 일

개념 1 덧셈 알기

• 이어 세기로 구하기

7에서 4만큼 이어 세면 7 하고 8, 9, 10, 11입니다.

7+4=11

• △를 그려 구하기

○ 7개에 △ 3개를 그려 10을 만들고, △ 1개를 더 그리면 11이 됩니다.

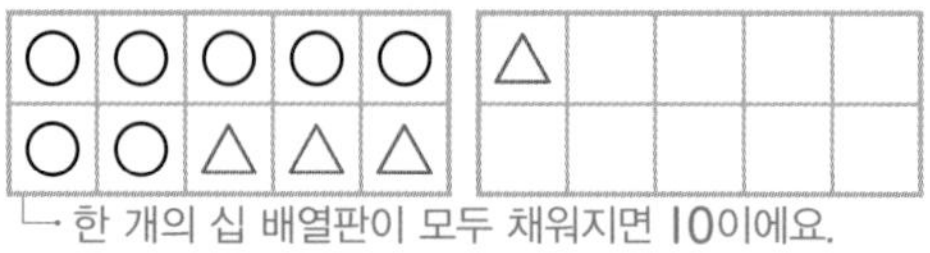

한 개의 십 배열판이 모두 채워지면 10이에요.

7+4=11

확인 1 그림을 보고 □ 안에 알맞은 수를 써넣으세요.

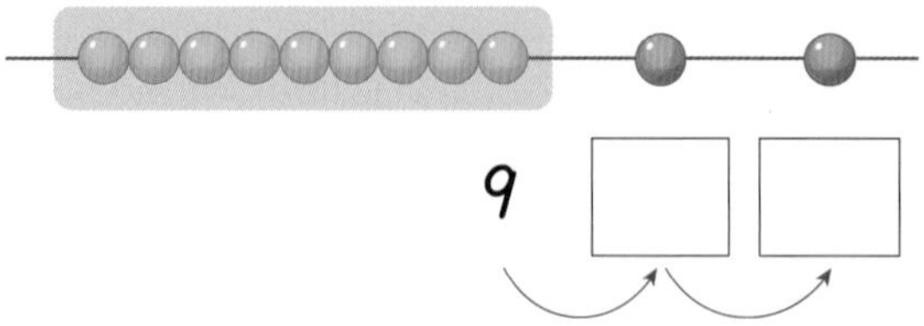

9+2=□

개념 2 덧셈하기 → (몇)+(몇)=(십몇)

6+8을 두 가지 방법으로 계산할 수 있습니다.

방법 1 6과 더하여 10을 만들어 구하기

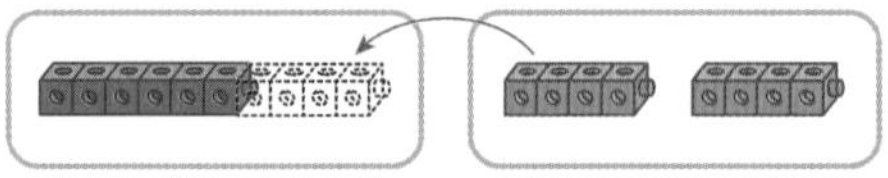

6 + 8

4 4

6에 4를 더해 10을 만들고, 남은 4를 더해.

6+8=14

방법 2 8과 더하여 10을 만들어 구하기

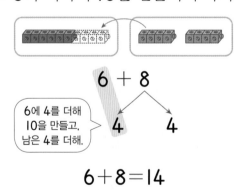

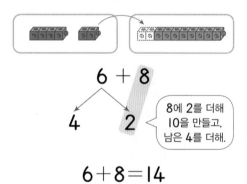

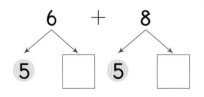

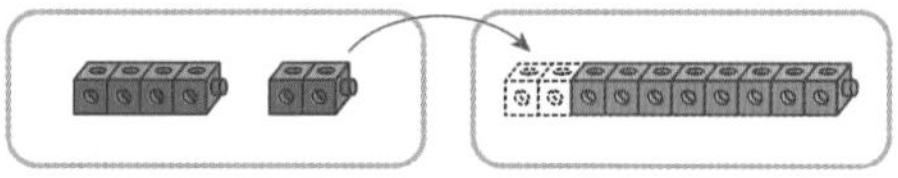

6 + 8

4 2

8에 2를 더해 10을 만들고, 남은 4를 더해.

6+8=14

확인 2 5와 5를 더하여 10을 만들어 구하려고 합니다. □ 안에 알맞은 수를 써넣으세요.

6 + 8

5 □ 5 □

6+8=□

1 구슬을 옮겨 7＋6을 알아보려고 합니다. □ 안에 알맞은 수를 써넣으세요.

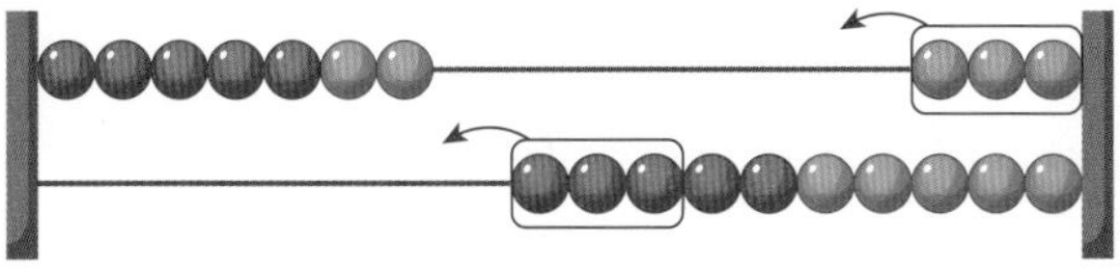

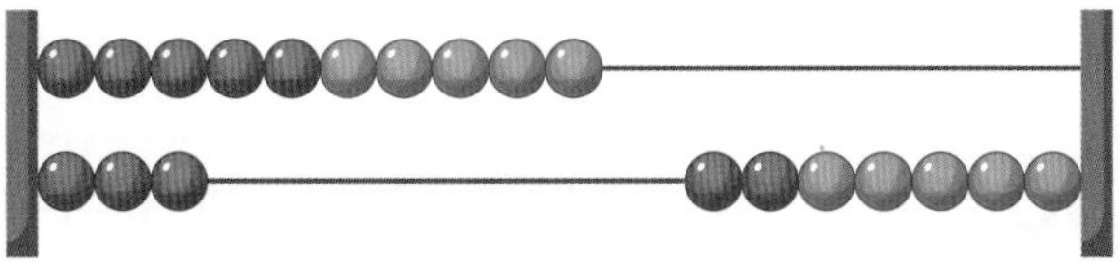

구슬 7개에 3개를 옮겨 □을 만들고,

남은 3개를 옮겼더니 □이 되었습니다.

→ 7＋6＝□

2 더하는 수만큼 △를 그리고, □ 안에 알맞은 수를 써넣으세요.

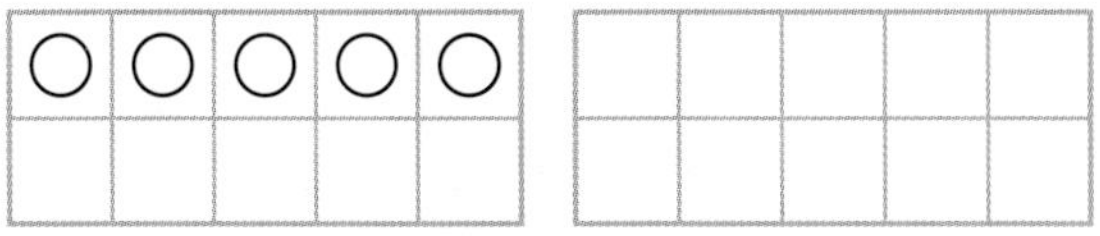

5＋8＝□

3 과자는 모두 몇 개인지 구해 보세요.

과자는 모두 □개입니다.

4 6＋9를 두 가지 방법으로 계산해 보세요.

(1) 6과 더하여 10을 만들어 구해 보세요.

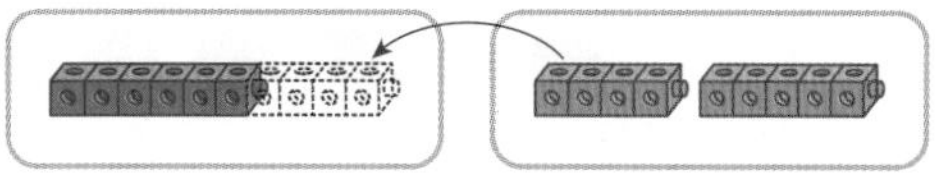

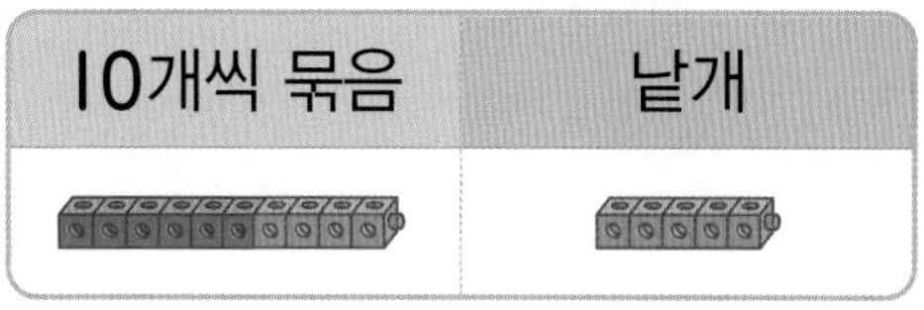

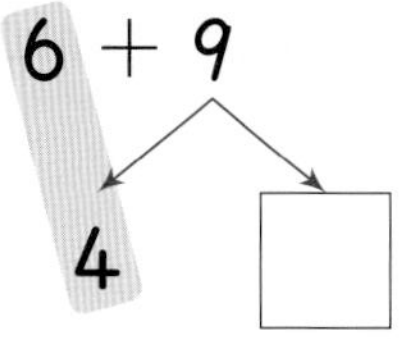

6＋9＝□

(2) 9와 더하여 10을 만들어 구해 보세요.

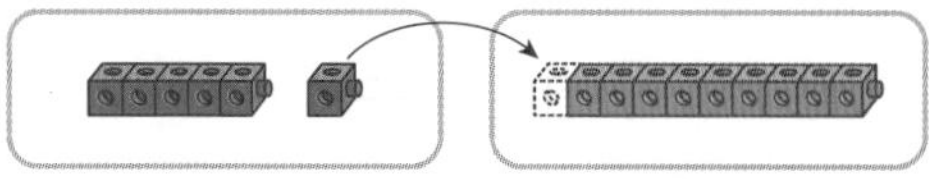

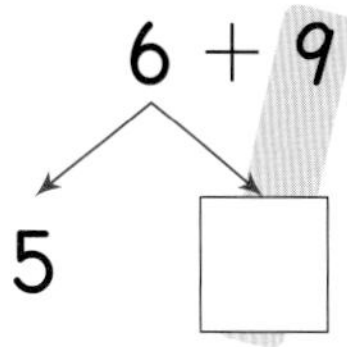

6＋9＝□

5 □ 안에 알맞은 수를 써넣으세요.

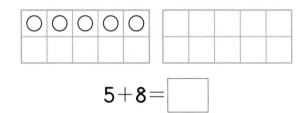

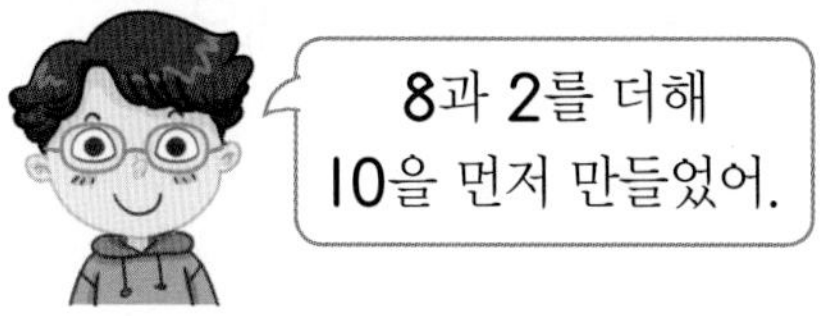

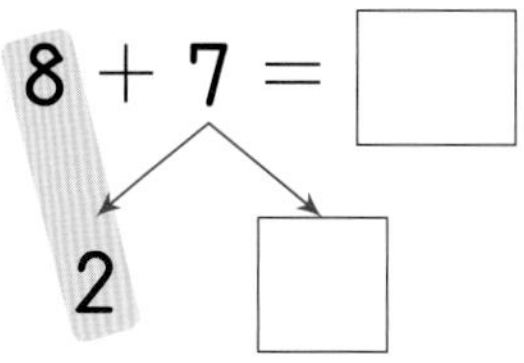

4 단원 1회

01 모자는 모두 몇 개인지 구해 보세요.

모자는 모두 □개입니다.

02 □ 안에 알맞은 수를 써넣으세요.

(1) 6 + 6 = □
4 □

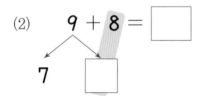

(2) 9 + 8 = □
7 □

03 덧셈을 해 보세요.

(1) 8+8=□

(2) 5+9=□

04 합을 구하여 이어 보세요.

3+8 •	• 12
9+4 •	• 11
5+7 •	• 13

05 합이 14인 식을 찾아 ○표 하세요.

5+6	7+8	9+5
(　　)	(　　)	(　　)

디지털 문해력

06 온라인 뉴스 기사를 보고 현재 우리나라가 획득한 메달은 모두 몇 개인지 덧셈식을 써 보세요.

○○신문

[올림픽] 대한민국, 오늘 메달 5개 획득

20XX-XX-XX

☆☆ 올림픽에서 우리나라 대표팀이 메달 추가 획득에 성공했다. 어제까지 전체 메달 개수가 8개였는데 오늘 메달 5개를 더 획득하여 종합 순위가 한 단계 올랐다.

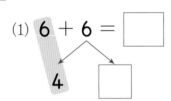

8+□=□

07 상자에 유리구슬 7개, 쇠구슬 7개를 넣었습니다. 상자에 넣은 구슬은 모두 몇 개인지 식을 쓰고, 답을 구해 보세요.

식

답

창의형

08 같은 색 공에서 수를 골라 덧셈식을 완성해 보세요.

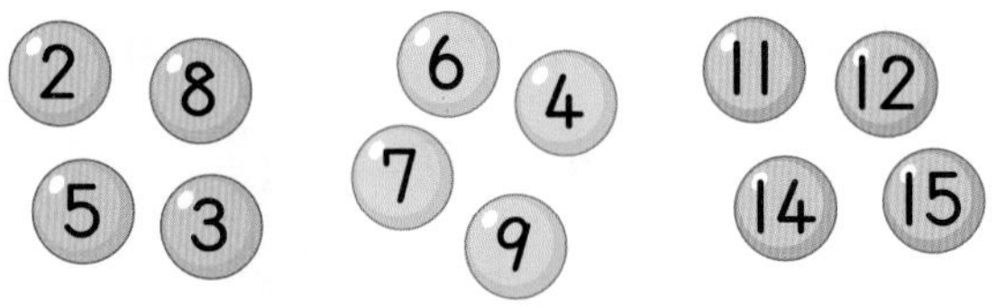

3 + 9 = 12

□ + □ = □

□ + □ = □

09 빨간색 도미노와 파란색 도미노의 점의 수의 합이 같도록 빈칸에 점을 그리고, □ 안에 알맞은 수를 써넣으세요.

4+7=□　　6+□=□

창의형

10 수수깡 12개로 만들 수 있는 것을 고르고, 덧셈식을 완성해 보세요.

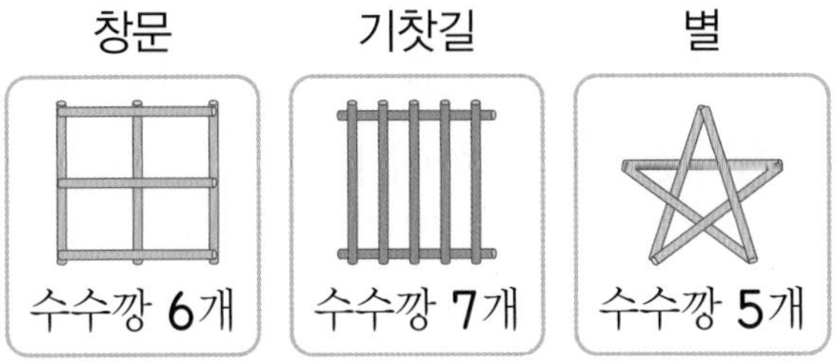

수수깡 12개로 (창문 , 기찻길 , 별)과
(창문 , 기찻길 , 별)을 만들 수 있어.

□+□=□

서술형 문제

11 가장 큰 수와 가장 작은 수의 합은 얼마인지 풀이 과정을 쓰고, 답을 구해 보세요.

❶ 가장 큰 수는 □, 가장 작은 수는 □입니다.

❷ 따라서 가장 큰 수와 가장 작은 수의 합은 9+□=□입니다.

답 ____________

12 가장 큰 수와 가장 작은 수의 합은 얼마인지 풀이 과정을 쓰고, 답을 구해 보세요.

답 ____________

4 단원 1회

학습 결과에 색칠하세요.

2회 개념 학습

학습일: 월 일

개념 1 여러 가지 덧셈하기(1) → 덧셈 규칙 알기

• 더하는 수가 1씩 커지는 규칙

6 + 5 = 11
6 + 6 = 12
6 + 7 = 13

→ 같은 수에 1씩 커지는 수를 더하면 합도 1씩 커집니다.

• 더해지는 수가 1씩 커지는 규칙

4 + 7 = 11
5 + 7 = 12
6 + 7 = 13

→ 1씩 커지는 수에 같은 수를 더하면 합도 1씩 커집니다.

참고 더하는 수 또는 더해지는 수가 ■씩 커지면 합도 ■씩 커지고, ■씩 작아지면 합도 ■씩 작아집니다.

확인 1 덧셈을 해 보세요.

(1) 8 + 3 = 11
8 + 4 = □
8 + 5 = □

(2) 3 + 9 = 12
4 + 9 = □
5 + 9 = □

개념 2 여러 가지 덧셈하기(2) → 합이 같은 덧셈식

7+4			
7+5	6+5		
7+6	6+6	5+6	
7+7	6+7	5+7	4+7

• 6+5=11입니다.
→ 7+4, 5+6, 4+7과 합이 같습니다.

• 6+6=12입니다.
→ 7+5, 5+7과 합이 같습니다.

• 7+6과 6+7은 합이 13으로 같습니다.
└ 두 수의 순서를 바꾸어 더해도 합은 같아요.

참고 더하는 두 수 중 한 수가 ■씩 커지고 다른 수가 ■씩 작아지면 합은 같습니다.

확인 2 덧셈을 해 보세요.

(1) 2+9=11
9+2=□

(2) 6+8=14
(+1) (−1)
7+7=□

1 그림을 보고 덧셈을 해 보세요.

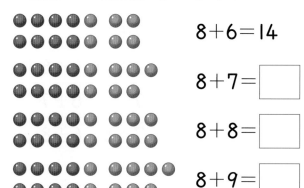

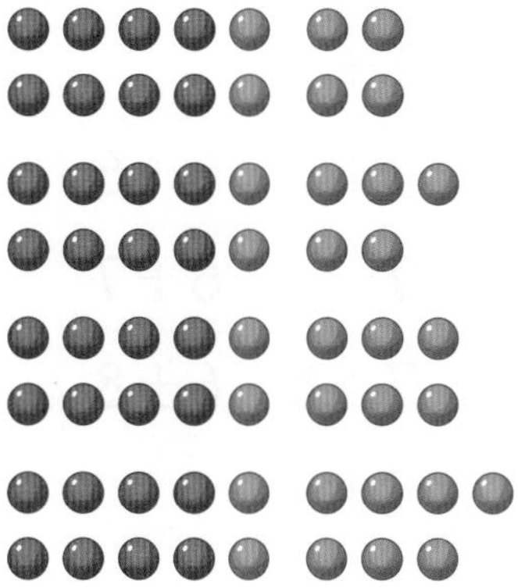

8+6=14

8+7=□

8+8=□

8+9=□

2 덧셈을 해 보세요.

5+6=11

6+6=□

7+6=□

8+6=□

3 □ 안에 알맞은 수를 써넣고, 알맞은 말에 ○표 하세요.

9+5=□

5+9=□

두 수의 순서를 바꾸어 더해도 합은 (같습니다 , 다릅니다).

| 4~5 | 덧셈표를 보고 물음에 답하세요.

9+6	8+6	7+6	6+6
9+7	8+7	7+7	6+7
9+8	8+8	7+8	6+8
9+9	8+9	7+9	6+9

4 ▒에 있는 식을 계산해 보고, 알게 된 점을 완성해 보세요.

9+7=□

8+8=□

7+9=□

□씩 작아지는 수에 □씩 커지는 수를 더하면 합은 (같습니다 , 다릅니다).

5 소율이가 말한 덧셈식과 합이 같은 식을 위의 덧셈표에서 모두 찾아 써 보세요.

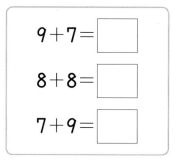

(   )

4 단원 2회

01 빈칸에 알맞은 수를 써넣으세요.

6	7	8	9
13			

+7

02 합의 크기를 비교하여 ○ 안에 >, =, <를 알맞게 써넣으세요.

(1) $8+9$ ○ $9+8$

(2) $4+7$ ○ $4+6$

03 □ 안에 알맞은 수를 써넣으세요.

$3+8=\square$

$8+\square=11$

창의형

04 □ 안에 알맞은 수를 써넣어 덧셈식을 완성해 보세요.

$6+8=14$

$\square+\square=15$

05 합이 16인 식을 모두 찾아 색칠해 보세요.

	7+5	
8+6	7+6	6+6
8+7	7+7	6+7
8+8	7+8	6+8
	7+9	

06 글을 읽고 바르게 말한 사람을 찾아 이름을 써 보세요.

원숭이는 딸기를 아침에 8개, 저녁에 5개 먹었어요.

너구리는 딸기를 아침에 5개, 저녁에 8개 먹었어요.

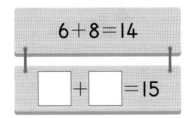

원숭이가 딸기를 더 많이 먹었어.
너구리가 딸기를 더 많이 먹었어.
원숭이와 너구리가 먹은 딸기의 수는 같아.
예나
시우
도현

(　　　　　　)

07 7+5와 합이 다른 식을 찾아 ○표 하세요.

6+6	5+7	9+2
( )	( )	( )

08 □ 안에 알맞은 수를 써넣고, 합이 작은 식부터 순서대로 이어 보세요.

시작

9+6=15 •

9+9=□ • • 9+8=□

• 9+7=□

09 합이 같은 식을 찾아 보기 와 같이 ⬭, △, ▭표 하세요.

보기

(8+6) △4+7 [3+9]

7+4	6+8	9+5
4+8	9+2	6+6
6+5	5+9	9+3

서술형 문제

10 색칠된 칸의 덧셈식과 합이 같은 식 2개를 주어진 표에서 찾아 쓰려고 합니다. 풀이 과정을 쓰고, 답을 구해 보세요.

9+4	8+4	7+4
9+5	8+5	7+5
9+6	8+6	7+6

❶ 더해지는 수가 1씩 작아지고 더하는 수가 1씩 커지면 합은 (같습니다 , 다릅니다).

❷ 따라서 색칠된 칸의 덧셈식과 합이 같은 식 2개를 표에서 찾으면 8+□와/과 □+□입니다.

답

11 색칠된 칸의 덧셈식과 합이 같은 식 2개를 주어진 표에서 찾아 쓰려고 합니다. 풀이 과정을 쓰고, 답을 구해 보세요.

6+7	5+7	4+7
6+8	5+8	4+8
6+9	5+9	4+9

답

4 단원 2회

학습 결과에 색칠하세요.

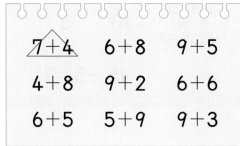

3회 개념 학습

학습일: 월 일

개념 1 뺄셈 알기

• 거꾸로 세기로 구하기

12에서 4만큼 거꾸로 세면 12 하고 11, 10, 9, 8입니다.

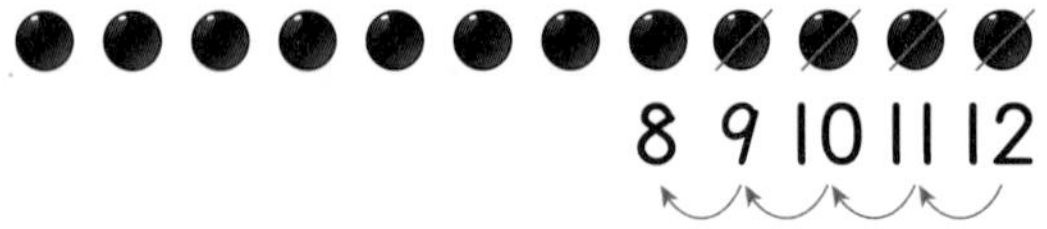

12－4＝8

• 하나씩 짝 지어 구하기

바둑돌 12개와 4개를 하나씩 짝 지어 보면 검은색 바둑돌이 8개 더 많습니다.

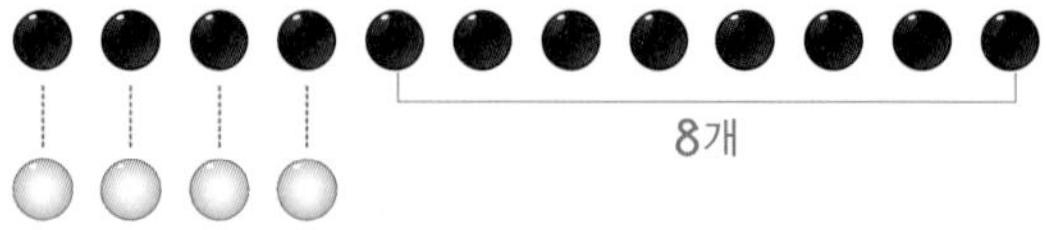

12－4＝8

확인 1 그림을 보고 □ 안에 알맞은 수를 써넣으세요.

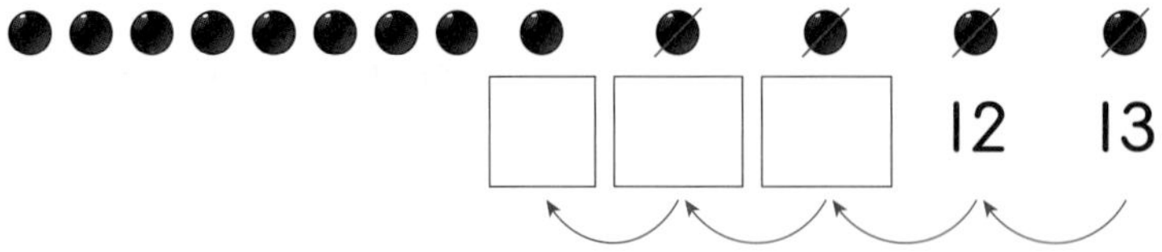

13－4＝□

개념 2 뺄셈하기 → (십몇)－(몇)＝(십), (십몇)－(몇)＝(몇)

15－8을 두 가지 방법으로 계산할 수 있습니다.

방법 1 낱개 5개를 먼저 빼고 10개씩 묶음에서 더 빼서 구하기

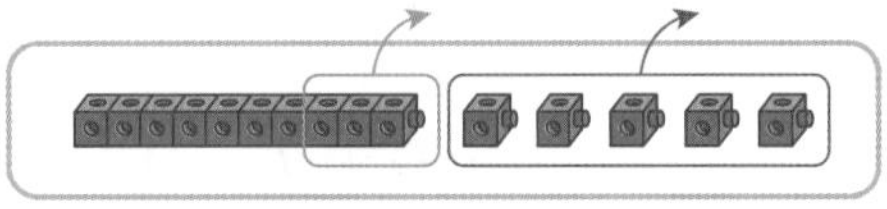

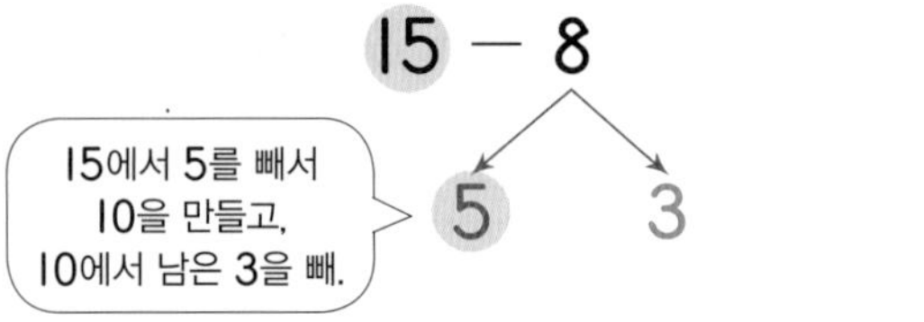

15 － 8
5 3
15에서 5를 빼서 10을 만들고, 10에서 남은 3을 빼.

15－8＝7

방법 2 10개씩 묶음에서 한 번에 빼서 구하기

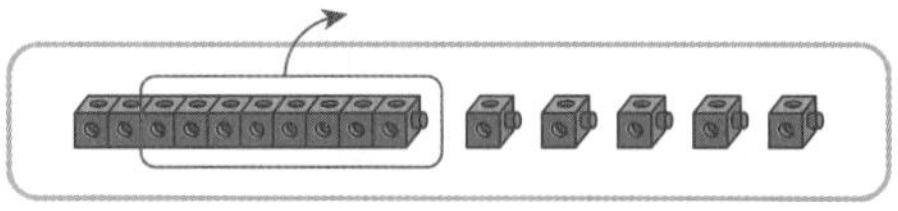

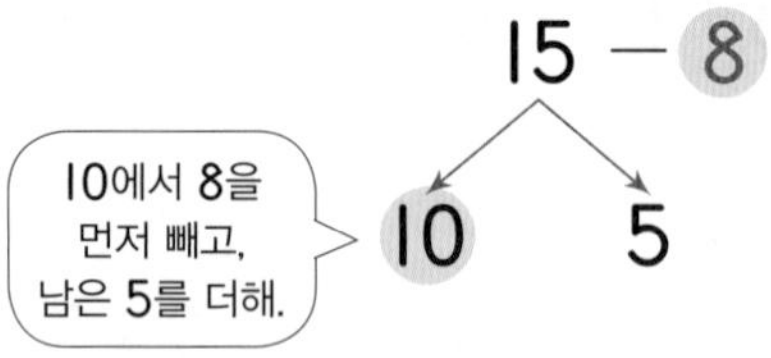

15 － 8
10 5
10에서 8을 먼저 빼고, 남은 5를 더해.

15－8＝7

확인 2 그림을 보고 □ 안에 알맞은 수를 써넣으세요.

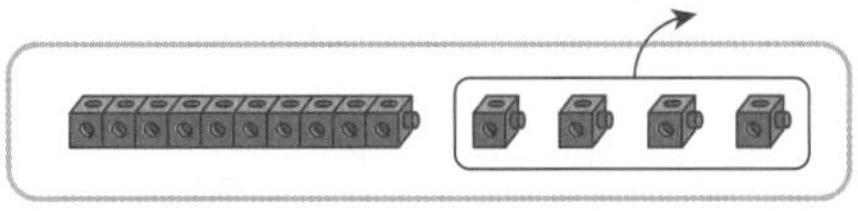

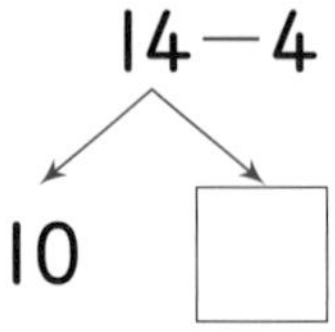

14－4＝□

1 구슬을 옮겨 12－6을 알아보려고 합니다. □ 안에 알맞은 수를 써넣으세요.

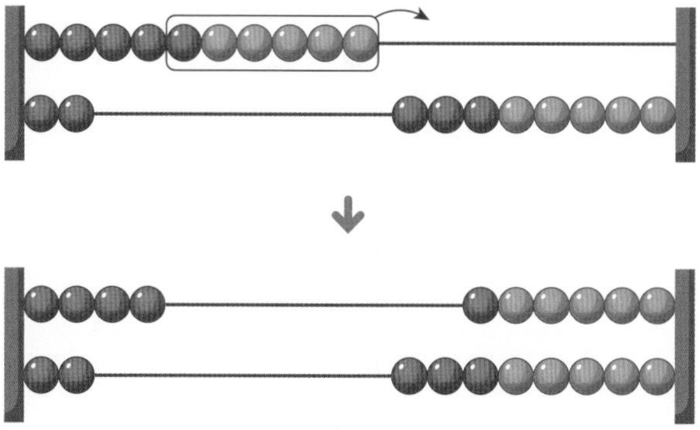

왼쪽의 구슬 12개 중 10개가 있는 줄에서 □개를 오른쪽으로 옮기면 왼쪽에 남는 구슬은 □개입니다.

→ 12－6＝□

2 남는 달걀은 몇 개인지 구해 보세요.

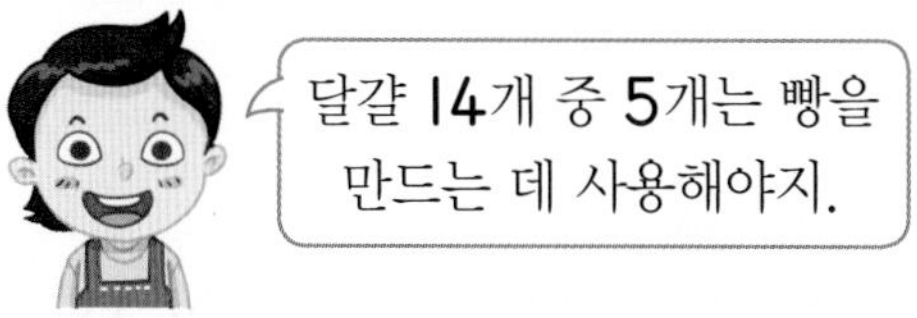

달걀 14개 중 5개는 빵을 만드는 데 사용해야지.

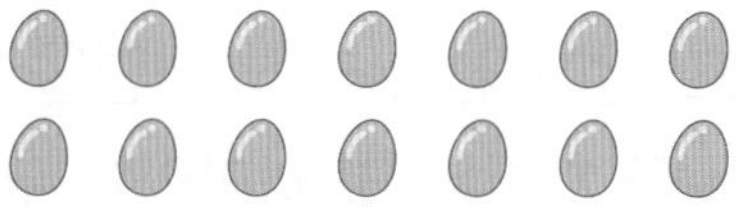

남는 달걀은 □개입니다.

3 뺄셈을 해 보세요.

(1) 13－3＝□

(2) 17－7＝□

4 11－9를 두 가지 방법으로 계산해 보세요.

(1) 낱개 1개를 먼저 빼서 구해 보세요.

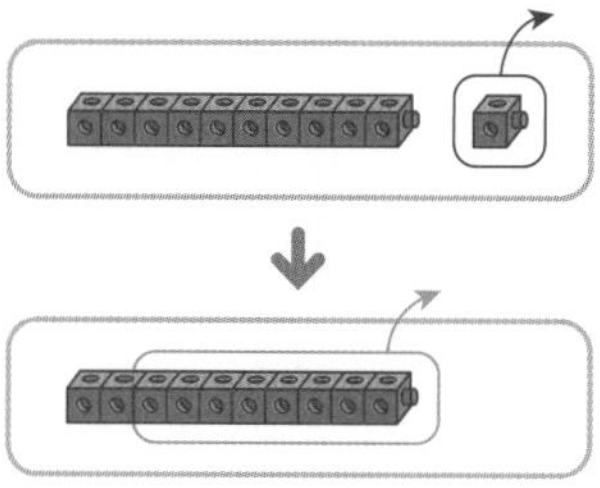

11 － 9 (9 → 1, □)

11－9＝□

(2) 10개씩 묶음에서 한 번에 빼서 구해 보세요.

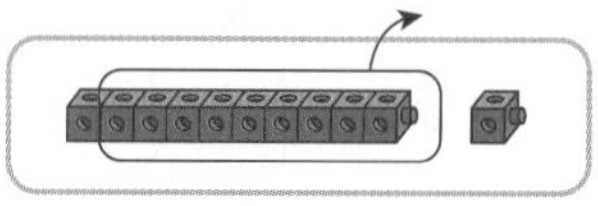

11 － 9 (11 → 10, □)

11－9＝□

5 □ 안에 알맞은 수를 써넣으세요.

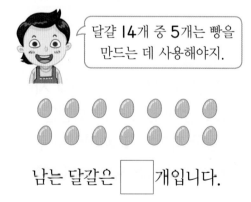

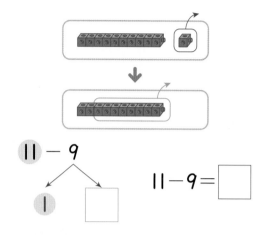

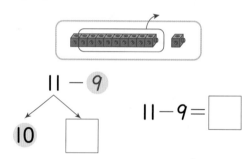

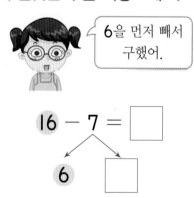

6을 먼저 빼서 구했어.

16 － 7 ＝ □ (7 → 6, □)

01 어느 것이 몇 개 더 많은지 구해 보세요.

(숟가락 , 포크)이/가 □개 더 많습니다.

02 □ 안에 알맞은 수를 써넣으세요.

14 − 7 = □

10 □

03 뺄셈을 해 보세요.

(1) 15−9=□

(2) 11−2=□

04 차를 구하여 이어 보세요.

19−9	13−4	16−8
•	•	•
•	•	•
8	9	10

05 계산을 잘못한 것에 ×표 하세요.

14−6=14−4−2
=10−2
=8
(   )

12−5=12−2−5
=10−5
=5
(   )

06 당근이 호박보다 몇 개 더 많은지 식을 쓰고, 답을 구해 보세요.

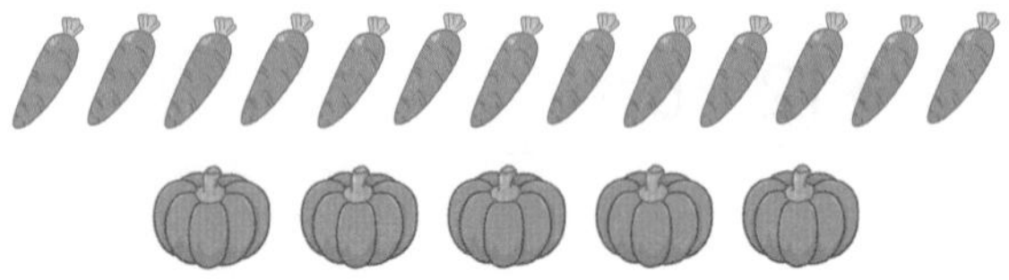

식 ______

답 ______

디지털 문해력

07 캠핑장 누리집에서 캠핑할 자리를 예약하려고 합니다. 누리집 화면을 보고 예약이 가능한 자리는 몇 자리인지 구해 보세요.

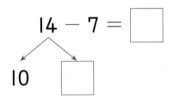

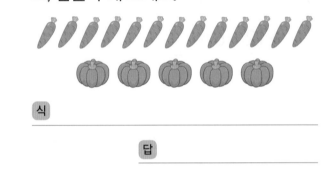

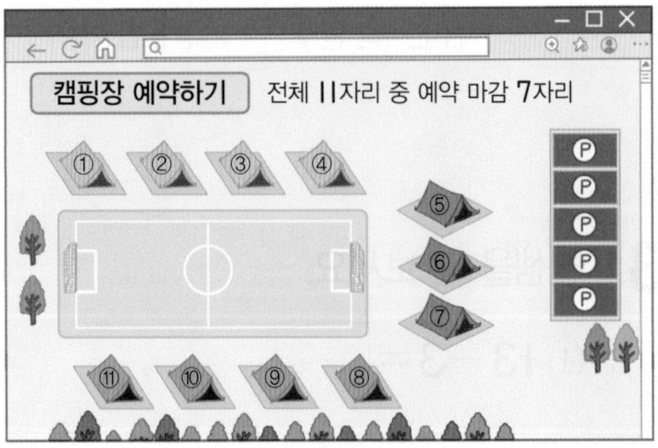

(   )

08 소담이가 음료수 7병을 더 샀더니 음료수가 모두 15병이 되었습니다. 처음에 가지고 있던 음료수는 몇 병이었는지 구해 보세요.

(   )

창의형

09 같은 색 쟁반에서 수를 골라 뺄셈식을 완성해 보세요.

쟁반 1	쟁반 2	쟁반 3
13, 14, 15, 16	6, 7, 8, 9	4, 5, 7, 9

13 − 6 = 7

□ − □ = □

□ − □ = □

10 소율이가 사용한 색종이는 몇 장인지 구해 보세요.

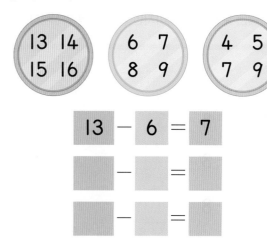

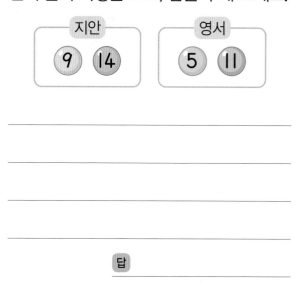

색종이 17장 중 9장을 종이접기 하는 네 사용했어.
나는 11장을 가지고 있었는데 사용하고 남은 색종이의 수가 너와 같아.
유준
소율

(   )

서술형 문제

11 카드에 적힌 두 수의 차가 큰 사람이 이기는 놀이를 하였습니다. 이긴 사람은 누구인지 풀이 과정을 쓰고, 답을 구해 보세요.

은호	주하
14, 8	11, 6

❶ 은호가 가진 카드에 적힌 두 수의 차는

14 − □ = □ 이고,

주하가 가진 카드에 적힌 두 수의 차는

11 − □ = □ 입니다.

❷ 차를 비교하면 □ > □ 이므로 이긴 사람은 □ 입니다.

답 ______

12 공에 적힌 두 수의 차가 작은 사람이 이기는 놀이를 하였습니다. 이긴 사람은 누구인지 풀이 과정을 쓰고, 답을 구해 보세요.

지안	영서
9, 14	5, 11

답 ______

4 단원 3회

학습 결과에 색칠하세요.

4회 개념 학습

학습일: 월 일

개념1 여러 가지 뺄셈하기(1) → 뺄셈 규칙 알기

• 빼는 수가 1씩 커지는 규칙

11 − 5 = 6
11 − 6 = 5
11 − 7 = 4

→ 같은 수에서 1씩 커지는 수를 빼면 차는 1씩 작아집니다.

• 빼지는 수가 1씩 커지는 규칙

14 − 8 = 6
15 − 8 = 7
16 − 8 = 8

→ 1씩 커지는 수에서 같은 수를 빼면 차도 1씩 커집니다.

참고 같은 수에서 빼는 수가 ■씩 커지면 차는 ■씩 작아지고, 빼는 수가 ■씩 작아지면 차는 ■씩 커집니다.

확인1 뺄셈을 해 보세요.

(1) 12 − 3 = 9
12 − 4 = □
12 − 5 = □

(2) 11 − 8 = 3
12 − 8 = □
13 − 8 = □

개념2 여러 가지 뺄셈하기(2) → 차가 같은 뺄셈식

11−4	11−5	11−6	11−7
	12−5	12−6	12−7
		13−6	13−7
			14−7

• 11 − 6 = 5
(+1) (+1)
12 − 7 = 5

→ 왼쪽 수와 오른쪽 수가 1씩 커지면 차가 같습니다. (빼지는 수, 빼는 수)

• 13 − 6 = 7입니다.
→ 11 − 4, 12 − 5, 14 − 7과 차가 같습니다.

확인2 뺄셈을 해 보세요.

(1) 11 − 8 = 3
(+1) (+1)
12 − 9 = □

(2) 16 − 7 = 9
(+1) (+1)
17 − 8 = □

1 그림을 보고 뺄셈을 해 보세요.

14−5=9

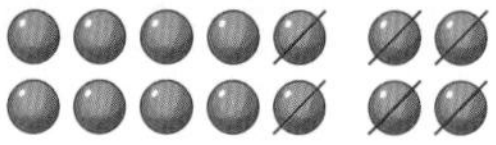
14−6=□

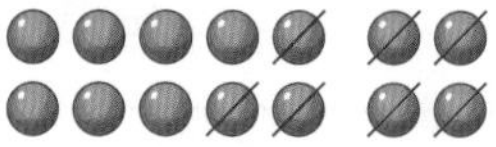
14−7=□

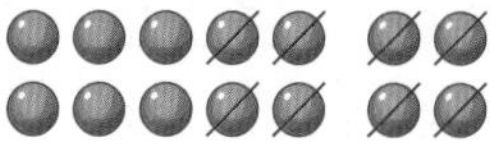
14−8=□

2 뺄셈을 해 보세요.

11−9=2
12−9=□
13−9=□
14−9=□

3 □ 안에 알맞은 수를 써넣고, 알맞은 말에 ○표 하세요.

13−4=9
13−5=□
13−6=□

같은 수에서 1씩 커지는 수를 빼면 차는 1씩 (커집니다 , 작아집니다).

| 4~5 | 뺄셈표를 보고 물음에 답하세요.

12−6	12−7	12−8	12−9
13−6	13−7	13−8	13−9
14−6	14−7	14−8	14−9

4 (색칠한 칸)에 있는 식을 계산해 보고, 알게 된 점을 완성해 보세요.

12−6=□
13−7=□
14−8=□

왼쪽 수와 오른쪽 수가 □씩 커지면 차가 (같습니다 , 다릅니다).

5 시우가 말한 뺄셈식과 차가 같은 식을 위의 뺄셈표에서 모두 찾아 써 보세요.

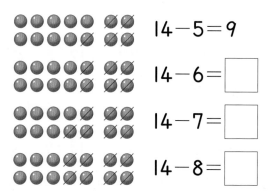

(   )

6 □ 안에 알맞은 수를 써넣으세요.

17−8=□
18−9=□

01 뺄셈을 해 보세요.

15－6＝9	
14－6＝□	15－7＝□
13－6＝□	15－8＝□
12－6＝□	15－9＝□

02 □ 안에 뺄셈식의 차를 써넣으세요.

11－2 9	11－3 □	11－4 □	11－5 □
	12－3 9	12－4 8	12－5 7
		13－4 9	13－5 □
			14－5 □

03 차가 더 작은 식에 △표 하세요.

17－9 ( )　　18－9 ( )

04 차가 4인 식을 말한 사람을 모두 찾아 써 보세요.

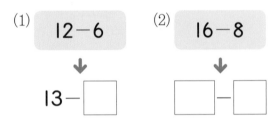

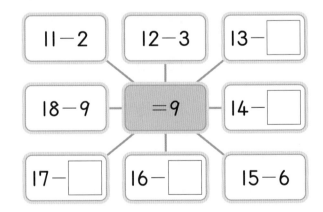

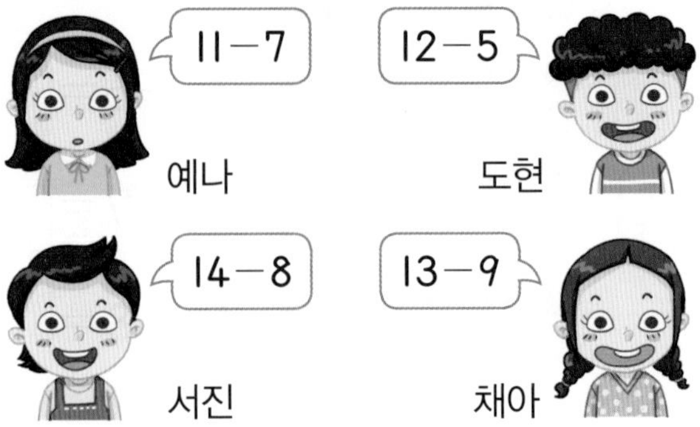

( )

창의형

05 주어진 뺄셈식과 차가 같은 식을 1개만 써 보세요.

(1) 12－6 → 13－□

(2) 16－8 → □－□

06 차가 9가 되도록 □ 안에 알맞은 수를 써넣으세요.

＝9

11－2　12－3　13－□

18－9　14－□

17－□　16－□　15－6

07 수 카드 3장으로 서로 다른 뺄셈식을 만들어 보세요.

5 | 14 | 9

□ − 5 = □

□ − □ = □

08 □ 안에 알맞은 수를 써넣고, 차가 작은 식부터 순서대로 이어 보세요.

12 − 8 = □

14 − 8 = □

15 − 8 = □

시작

11 − 8 = 3

13 − 8 = □

09 차가 같은 식을 찾아 보기 와 같이 색칠해 보세요.

보기

12 − 7	11 − 3	16 − 9

11 − 4	12 − 4	11 − 6
16 − 8	14 − 9	15 − 7
14 − 7	13 − 6	17 − 9

서술형 문제

10 13 − 4와 차가 같은 식을 찾아 기호를 쓰려고 합니다. 풀이 과정을 쓰고, 답을 구해 보세요.

㉠ 14 − 6 ㉡ 15 − 6 ㉢ 11 − 5

❶ 왼쪽 수와 오른쪽 수가 똑같이 ■씩 커지거나 작아지면 차가
(같습니다 , 다릅니다).

❷ 따라서 13 − 4와 차가 같은 식은 왼쪽 수와 오른쪽 수가 똑같이 □씩 커진 □입니다.

답

11 15 − 9와 차가 같은 식을 찾아 기호를 쓰려고 합니다. 풀이 과정을 쓰고, 답을 구해 보세요.

㉠ 12 − 3 ㉡ 14 − 9 ㉢ 13 − 7

답

4 단원 4회

학습 결과에 색칠하세요.

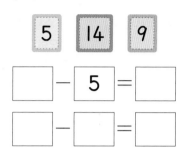

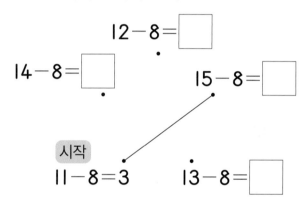

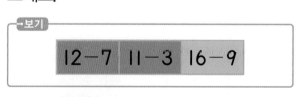

5회 응용 학습

학습일: 월 일

수 카드로 조건에 맞는 식 만들기

01 5장의 수 카드 중에서 2장을 골라 한 번씩만 사용하여 합이 가장 큰 덧셈식을 만들고, 합을 구해 보세요.

2 7 8 3 9

1단계 합이 가장 큰 덧셈식 만드는 방법 알기

합이 가장 크려면 가장 (큰 , 작은) 수와
둘째로 (큰 , 작은) 수를 더해야 합니다.

2단계 합이 가장 큰 덧셈식 만들고, 합 구하기

$\square + \square = \square$

문제해결 TIP

두 수를 더하여 합을 구하는 것이므로 큰 수끼리 더할수록 합이 큰 덧셈식을 만들 수 있어요.

02 5장의 수 카드 중에서 2장을 골라 한 번씩만 사용하여 합이 가장 작은 덧셈식을 만들고, 합을 구해 보세요.

8 7 5 6 9

$\square + \square = \square$

03 색이 다른 수 카드를 한 장씩 골라 차가 가장 큰 뺄셈식을 만들고, 차를 구해 보세요.

12 15 6 9

$\square - \square = \square$

빼지는 수가 클수록,
빼는 수가 작을수록
두 수의 차가 커져!

□에 알맞은 수 구하기

04 □에 알맞은 수를 구해 보세요.

$$4+9=5+\square$$

1단계 4+9를 계산하기

(   )

2단계 □에 알맞은 수 구하기

(   )

문제해결 TIP

4+9와 5+□는 합이 같으므로 두 수가 모두 주어진 4+9부터 계산하여 합을 구한 다음 □에 알맞은 수를 구해요.

05 □에 알맞은 수를 구해 보세요.

$$16-7=12-\square$$

(   )

06 지원이와 유진이가 스케치북에 쓴 뺄셈식의 차는 같습니다. □에 알맞은 수를 구해 보세요.

(   )

두 수가 모두 주어진 지원이가 쓴 뺄셈식부터 계산하여 차를 구해!

꺼내야 하는 공 찾기

07 꺼낸 공에 적힌 두 수의 합이 더 큰 사람이 이기는 놀이를 하고 있습니다. 민주가 이기려면 어떤 수가 적힌 공을 꺼내야 할까요?

1단계 현재가 꺼낸 공에 적힌 두 수의 합 구하기

(　　　　　　　　)

2단계 민주는 어떤 수가 적힌 공을 꺼내야 하는지 쓰기

(　　　　　　　　)

문제해결 TIP

먼저 현재가 꺼낸 공에 적힌 두 수의 합을 구한 다음 그 수보다 합이 더 크게 되도록 민주가 꺼내야 할 공을 찾아요.

08 꺼낸 공에 적힌 두 수의 차가 더 작은 사람이 이기는 놀이를 하고 있습니다. 지훈이가 이기려면 어떤 수가 적힌 공을 꺼내야 할까요?

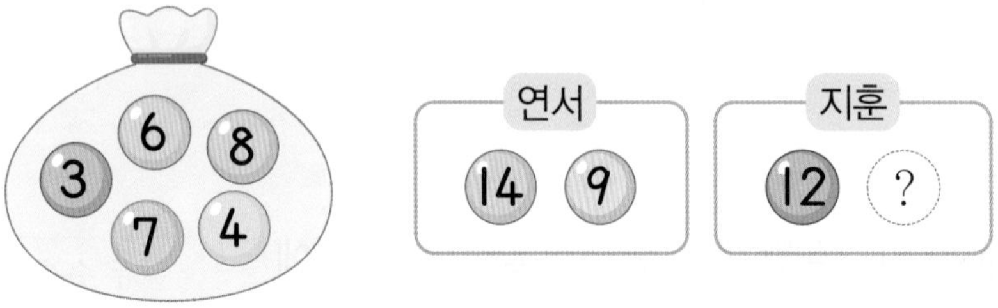

(　　　　　　　　)

09 꺼낸 공에 적힌 두 수의 합이 더 큰 사람이 이기는 놀이를 하고 있습니다. 소리가 이기려면 어떤 수가 적힌 2개의 공을 꺼내야 할까요?

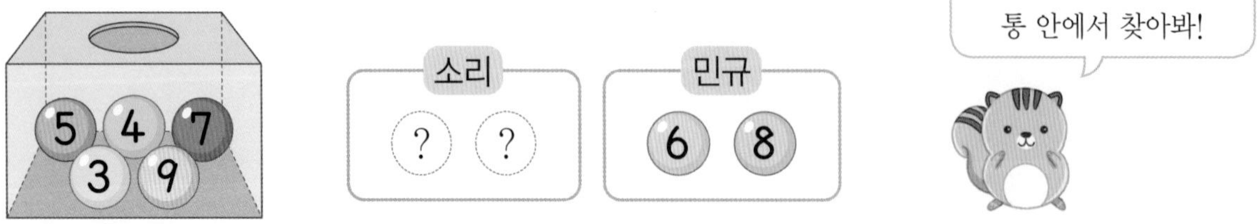

(　　　　　　　　)

두 번 계산하여 결과 구하기

10 주호의 나이는 몇 살인지 구해 보세요.

- 현중이는 8살입니다.
- 진수는 현중이보다 5살 더 많습니다.
- 주호는 진수보다 4살 더 적습니다.

1단계 진수의 나이 구하기

( )

2단계 주호의 나이 구하기

( )

문제해결 TIP

현중이의 나이를 이용하여 진수의 나이를 구하고, 진수의 나이를 이용하여 주호의 나이를 구해요. 이때 '~보다 많은'이면 덧셈을, '~보다 적은'이면 뺄셈을 해요.

11 튤립은 몇 송이인지 구해 보세요.

- 장미는 9송이입니다.
- 백합은 장미보다 3송이 더 많습니다.
- 튤립은 백합보다 6송이 더 적습니다.

( )

12 대화를 읽고 소율이는 붙임딱지를 몇 장 받았는지 구해 보세요.

나는 붙임딱지를 8장 받았어.
나는 붙임딱지를 다은이보다 7장 더 많이 받았어.
나는 붙임딱지를 유준이보다 6장 더 적게 받았어.
다은
유준
소율

먼저 유준이가 받은 붙임딱지의 수를 구한 다음 소율이가 받은 붙임딱지의 수를 구해!

( )

4 단원 5회

학습 결과에 색칠하세요.

6회 마무리 평가

학습일: 월 일

01 사과는 모두 몇 개인지 구해 보세요.

사과는 모두 □개입니다.

02 □ 안에 알맞은 수를 써넣으세요.

5+8=□

03 덧셈을 해 보세요.

9+7=16
8+7=□
7+7=□
6+7=□

04 그림을 보고 □ 안에 알맞은 수를 써넣으세요.

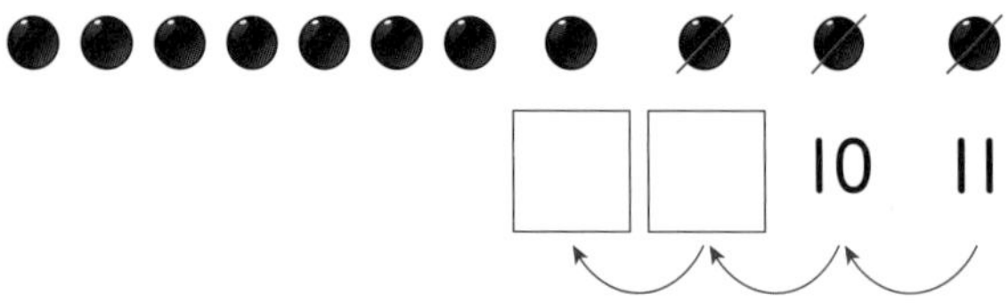

□ □ 10 11

11−3=□

05 □ 안에 알맞은 수를 써넣으세요.

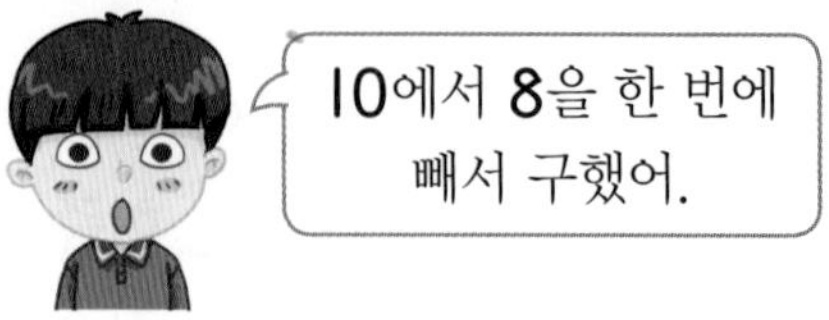

10에서 8을 한 번에 빼서 구했어.

16 − 8 = □

10 □

06 뺄셈을 해 보세요.

14−6=8

(+1) (+1)

15−7=□

07 빈칸에 알맞은 수를 써넣으세요.

4 →(+9)→ □

08 도현이와 예나가 모은 구슬은 모두 몇 개인지 구해 보세요.

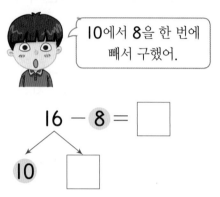

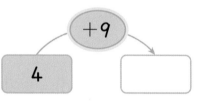

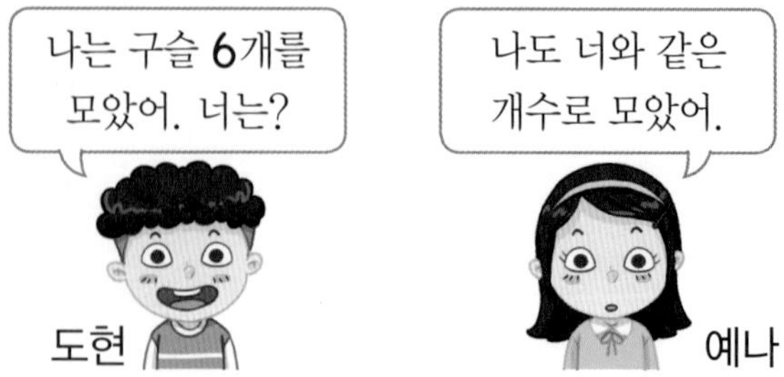

나는 구슬 6개를 모았어. 너는?
나도 너와 같은 개수로 모았어.
도현
예나

( )

| 09~10 | 그림을 보고 물음에 답하세요.

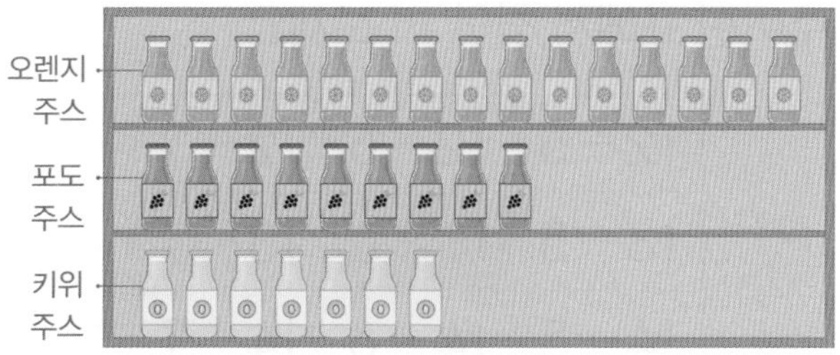

09 포도주스와 키위주스는 모두 몇 병인지 식으로 나타내 보세요.

□+□=□

10 오렌지주스는 포도주스보다 몇 병 더 많은지 식으로 나타내 보세요.

□−□=□

서술형

11 딱지가 5장 있었는데 7장을 더 만들었습니다. 딱지는 모두 몇 장인지 풀이 과정을 쓰고, 답을 구해 보세요.

답

12 빈칸에 알맞은 수를 써넣으세요.

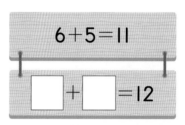

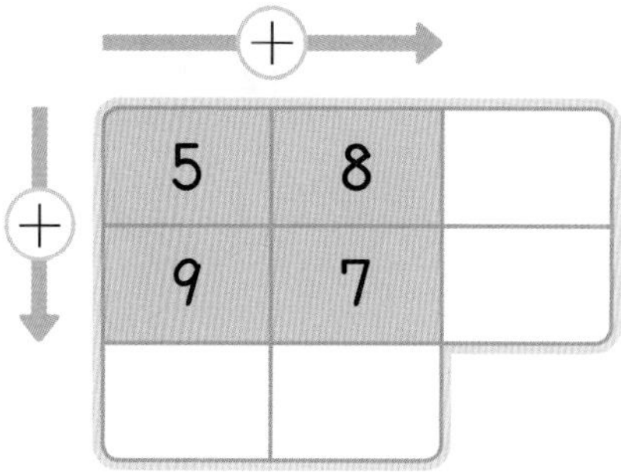

13 □ 안에 알맞은 수를 써넣어 덧셈식을 완성해 보세요.

6+5=11

□+□=12

14 수 카드 3장으로 서로 다른 덧셈식을 만들어 보세요.

12 8 4

□+4=□

□+□=□

15 차가 6인 식을 모두 찾아 ○표 하세요.

14－8	12－7	15－9
(　　)	(　　)	(　　)

16 남는 우유갑은 몇 개일지 구해 보세요.

우유갑이 모두
15개 있어.
만들기 시간에
8개를 사용할 거야.

(　　　　　　)

서술형

17 뺄셈을 해 보고, 알게 된 점을 써 보세요.

14－9=□

15－9=□

16－9=□

17－9=□

알게 된 점

18 색칠된 칸의 뺄셈식과 차가 같은 식 2개를 주어진 표에서 찾아 써 보세요.

12－5	12－6	12－7
13－5	13－6	13－7
14－5	14－6	14－7

□－□, □－□

19 □ 안에 알맞은 수를 써넣고, 차가 큰 식부터 순서대로 이어 보세요.

시작

13－5=8 • —— • 13－9=□

13－6=□ •　　• 13－8=□

• 13－7=□

20 현우와 지아가 어제와 오늘 읽은 책의 쪽수입니다. 어제와 오늘 책을 더 많이 읽은 사람은 누구인가요?

	어제	오늘
현우	9쪽	7쪽
지아	6쪽	8쪽

(　　　　　　)

21 색이 다른 수 카드를 한 장씩 골라 차가 가장 작은 뺄셈식을 만들고, 차를 구해 보세요.

14 11 5 8

□ − □ = □

22 같은 모양은 같은 수를 나타냅니다. ★에 알맞은 수를 구해 보세요.

5+7=●
●−9=★

( )

23 진서네 반에서 안경을 쓴 남학생은 8명이고, 안경을 쓴 여학생은 안경을 쓴 남학생보다 1명 더 많습니다. 진서네 반에서 안경을 쓴 학생은 모두 몇 명인지 구해 보세요.

( )

수행 평가

24~25 지호네 학교 알뜰 시장에서 칭찬 붙임딱지로 가격을 정해 물건을 팔고 있습니다. 그림을 보고 물음에 답하세요.

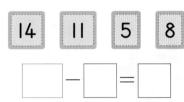

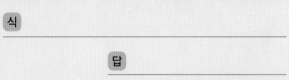

24 동화책은 수첩보다 칭찬 붙임딱지 몇 장이 더 필요한지 식을 쓰고, 답을 구해 보세요.

식

답

25 지호는 칭찬 붙임딱지를 12장 가지고 있습니다. ㉠과 ㉡ 중 지호가 살 수 있는 물건은 어느 것인지 풀이 과정을 쓰고, 답을 구해 보세요.

㉠ 인형과 수첩 ㉡ 연필과 로봇

답

4 단원 6회

학습 결과에 색칠하세요.

5 규칙 찾기

이번에 배울 내용

회차	쪽수	학습 내용	학습 주제
1	110~113쪽	개념+문제 학습	규칙 찾기 / 규칙 만들기(1)
2	114~117쪽	개념+문제 학습	규칙 만들기(2) / 수 배열에서 규칙 찾기
3	118~121쪽	개념+문제 학습	수 배열표에서 규칙 찾기 / 규칙을 여러 가지 방법으로 나타내기
4	122~125쪽	응용 학습	
5	126~129쪽	마무리 평가	

문해력을 높이는 **어휘**

일정하다: 크기, 모양, 시간 등이 하나로 정해져 있어 달라지지 않고 같다.

엄마가 만드신 과자는 모양이

일 정 해 요.

규칙: 모양이나 수 또는 색깔 등이 일정하게 변하는 법칙

크리스마스트리의 불빛이

규 칙 적으로 깜박거려요.

반복: 같은 일을 되풀이함

'깡충깡충'처럼 반 복 되는

말을 읽으면 재미있어요.

수 배열: 수를 일정한 순서나 규칙에 따라 늘어놓음

신발장의 수 배 열 을

보고 신발 넣을 자리를 찾았어요.

1회 개념 학습

학습일: 월 일

개념 1 규칙 찾기

• 모양에서 규칙 찾기

반복되는 부분에 표시를 하면서 살펴보면 규칙을 찾기 쉬워요.

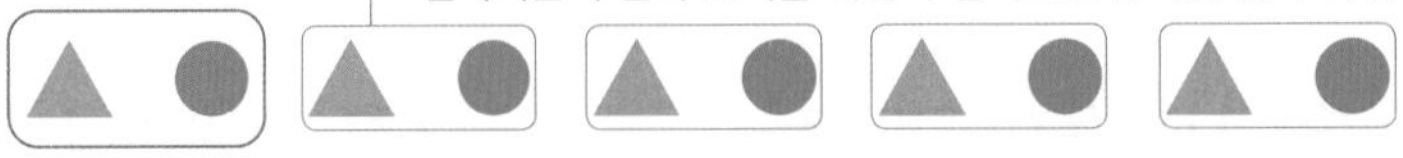

➔ ▲, ●가 반복됩니다.

• 색깔에서 규칙 찾기

➔ 초록색, 초록색, 보라색이 반복됩니다.

초록색, 초록색, 보라색이 반복되니까 □에 알맞은 것은 ★이야.

참고 모양이나 색깔 외에 크기, 방향 등에서도 규칙을 찾을 수 있습니다.

확인 1 규칙에 따라 놓은 것입니다. 반복되는 부분을 모두 찾아 ▭로 표시해 보세요.

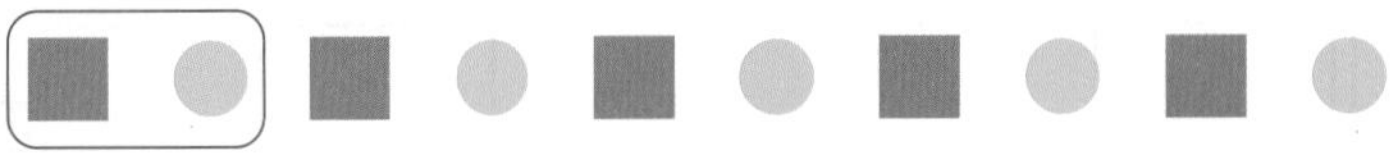

개념 2 규칙 만들기(1) → 물체로 규칙 만들기

두 가지 색의 연결 모형으로 다양한 규칙을 만들 수 있습니다.

• 2개가 반복되는 규칙

 ➔ 초록색, 빨간색이 반복됩니다.

 ➔ 빨간색, 초록색이 반복됩니다.

• 3개가 반복되는 규칙

 ➔ 초록색, 빨간색, 빨간색이 반복됩니다.

 ➔ 빨간색, 초록색, 빨간색이 반복됩니다.

확인 2 시우가 물건을 놓아 규칙을 만든 것입니다. 알맞은 말에 ○표 하세요.

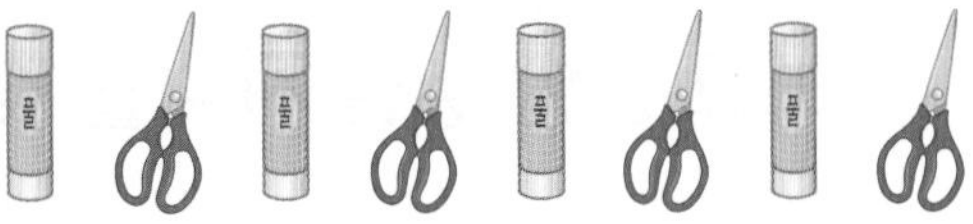

• 풀, 가위가 반복됩니다. (   )

• 가위, 풀이 반복됩니다. (   )

1 규칙에 따라 놓은 것입니다. 반복되는 부분에 ○표 하세요.

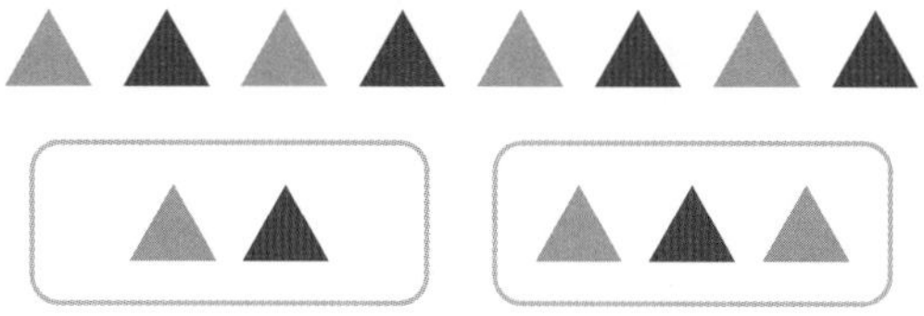

( ) ( )

2 보기 와 같이 반복되는 부분을 모두 찾아 ▭로 표시해 보세요.

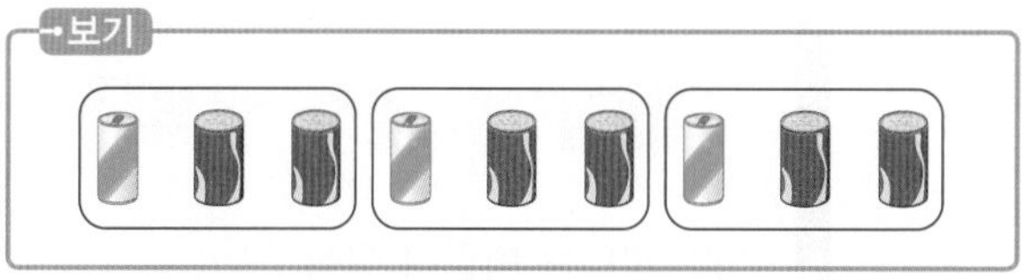

3 규칙을 찾아 빈칸에 알맞은 그림에 ○표 하세요.

(1)

(2)

4 규칙을 찾아 알맞게 색칠해 보세요.

(1)
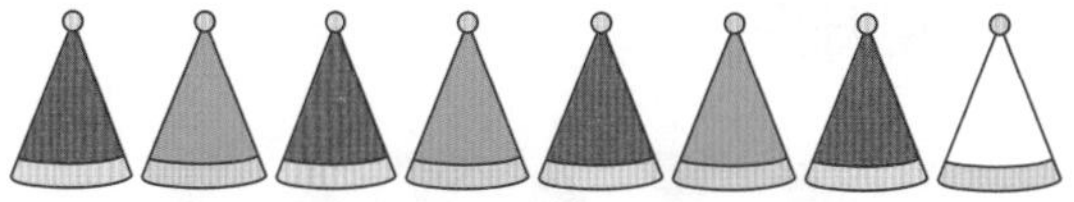

(2)

5 물건을 놓아 규칙을 만든 것입니다. 규칙을 찾아 □ 안에 알맞은 말을 써넣으세요.

(1)

물통 컵

물통, □이 반복됩니다.

(2)
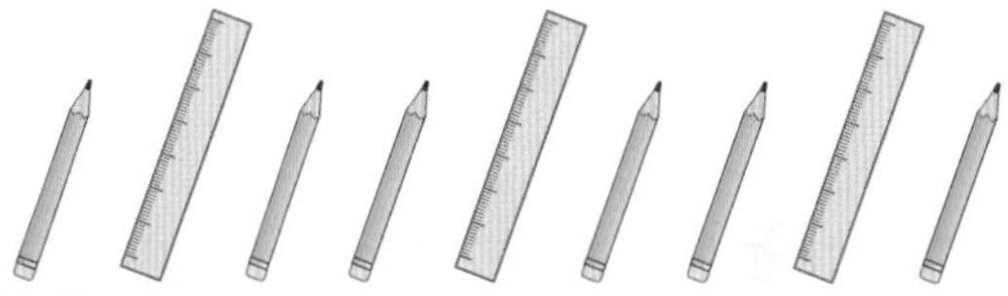

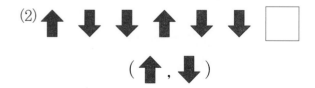

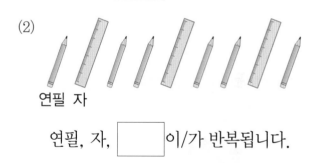

연필 자

연필, 자, □이/가 반복됩니다.

6 바둑돌(○, ●)로 규칙을 만들어 보세요.

1회 문제 학습

01 규칙을 찾아 빈칸에 알맞은 그림을 그려 보세요.

(1)

(2)

02 규칙을 찾아 ㉠과 ㉡에 들어갈 공의 이름을 각각 써 보세요.

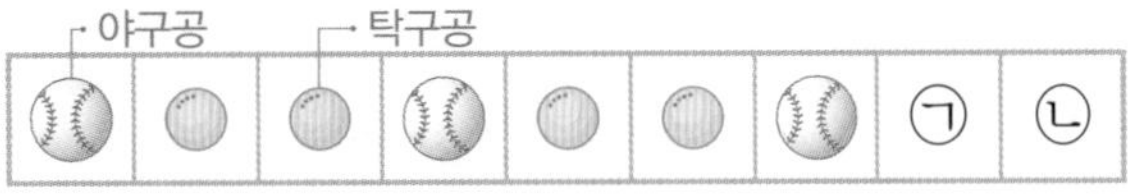

㉠ (   )

㉡ (   )

03 도현이가 말한 규칙에 따라 물건을 놓은 것에 ○표 하세요.

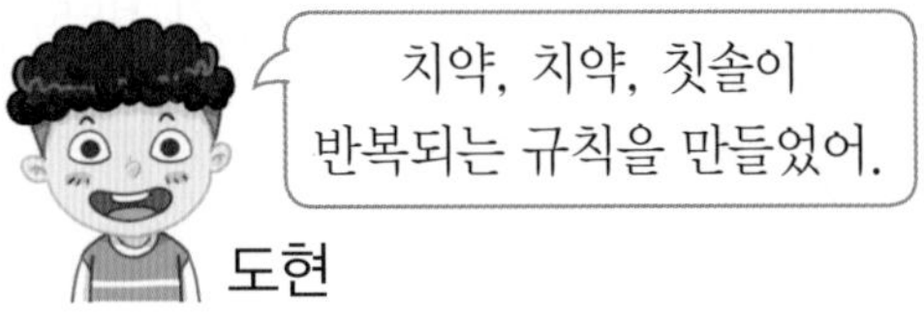

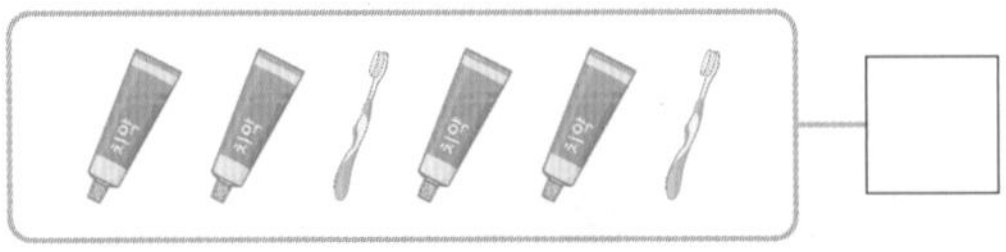

창의형

04 규칙을 만들어 튤립을 색칠해 보세요.

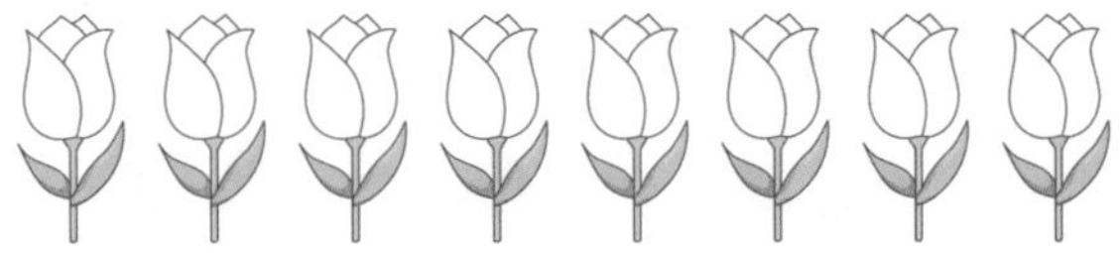

디지털 문해력

05 온라인 상점에서 파티 장식을 사려고 합니다. 파티 장식의 반복되는 부분을 모두 찾아 [   ]로 표시해 보고, 규칙을 찾아 말해 보세요.

상점: 일정한 시설을 갖추고 물건을 파는 곳

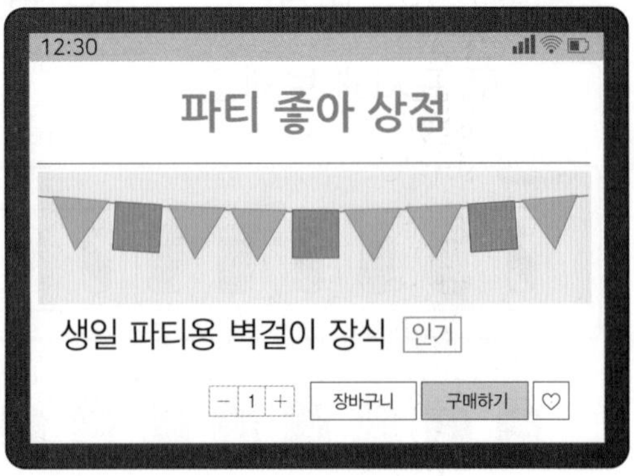

파티 장식은 ______________ 이/가 반복됩니다.

06 규칙을 찾아 말해 보세요.

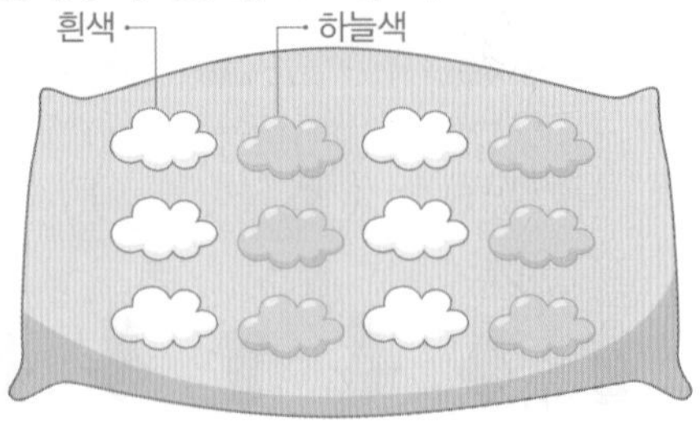

베개의 무늬는 ______________ 이/가 반복됩니다.

07 규칙을 바르게 말한 사람을 찾아 이름을 써 보세요.

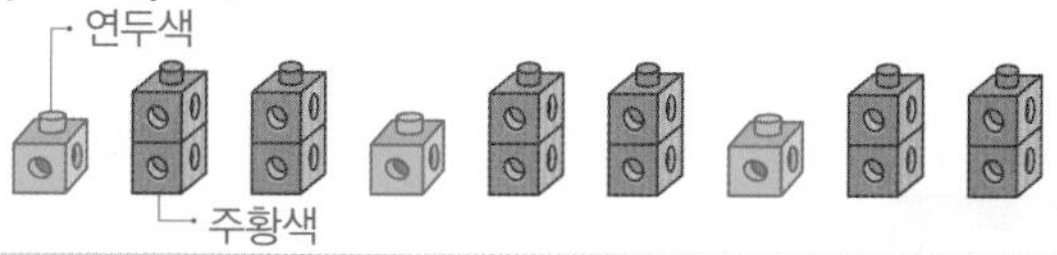

- 태은: 색이 주황색, 연두색으로 반복돼.
- 선우: 개수가 2개, 1개, 2개씩 반복돼.
- 다인: 개수가 1개, 2개, 2개씩 반복돼.

(　　　　　　　　)

창의형

08 소율이와 다른 규칙으로 주사위에 점을 그려 넣으세요.

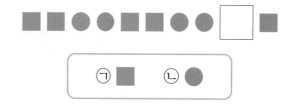

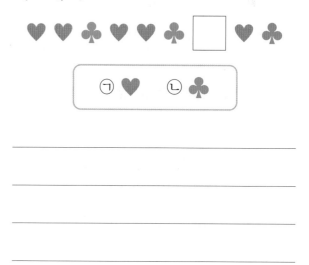

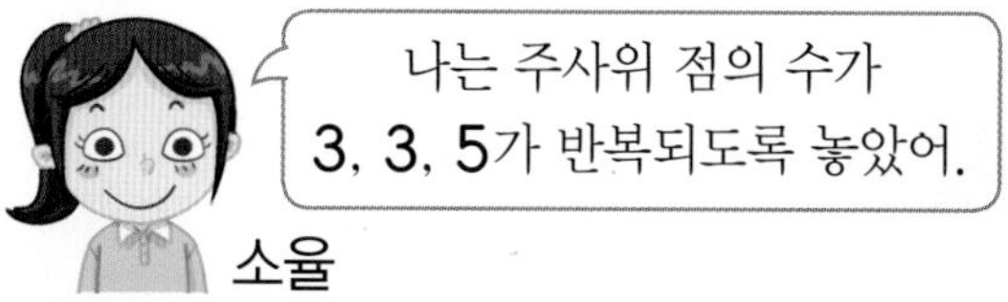

나는 주사위 점의 수가 3, 3, 5가 반복되도록 놓았어.
소율

다른 규칙

□ □ □ □ □ □

09 규칙을 찾아 빈칸에 알맞은 모양을 그리고, 그린 모양의 물건을 1개만 찾아 써 보세요.

□ △ ○ □ △ ○ □ △ □

(　　　　　　　　)

서술형 문제

10 규칙을 찾아 빈칸에 알맞은 모양의 기호를 쓰려고 합니다. 풀이 과정을 쓰고, 답을 구해 보세요.

■ ■ ● ● ■ ■ ● ● □ ■

㉠ ■　㉡ ●

❶ ■, ■, □, □가 반복됩니다.

❷ 따라서 ●, ● 다음에 있는 빈칸에 알맞은 모양은 (■ , ●)이므로 □입니다.

답

11 규칙을 찾아 빈칸에 알맞은 모양의 기호를 쓰려고 합니다. 풀이 과정을 쓰고, 답을 구해 보세요.

♥ ♥ ♣ ♥ ♥ ♣ □ ♥ ♣

㉠ ♥　㉡ ♣

답

5 단원 1회

학습 결과에 색칠하세요.

2회 개념 학습

학습일: 월 일

개념 1 규칙 만들기(2) → 규칙을 만들어 무늬 꾸미기

• 규칙에 따라 색칠하기

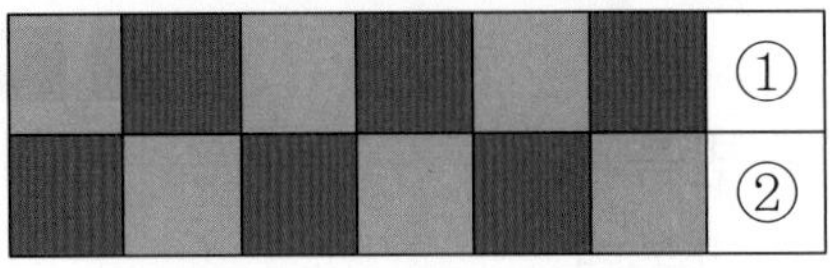

← 첫째 줄
← 둘째 줄

첫째 줄: 주황색, 보라색이 반복됩니다. → ①을 주황색으로 색칠합니다.
둘째 줄: 보라색, 주황색이 반복됩니다. → ②를 보라색으로 색칠합니다.

• 규칙을 만들어 무늬 꾸미기

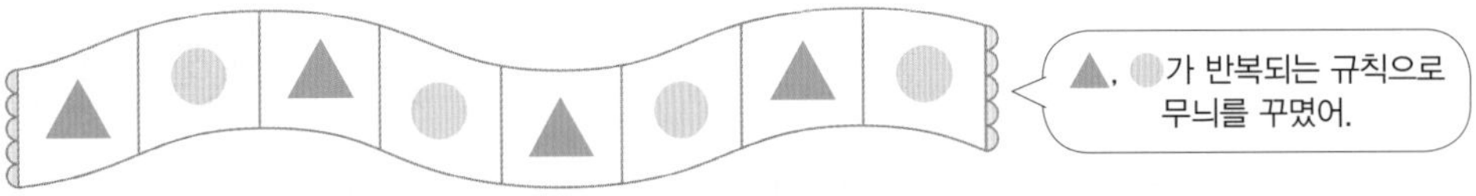

확인 1 규칙에 따라 빈칸에 알맞은 색을 칠해 보세요.

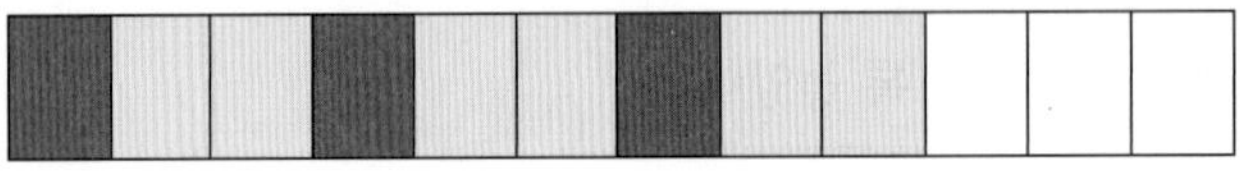

개념 2 수 배열에서 규칙 찾기

• 수가 반복되는 규칙

2 - 5 - 2 - 5 - 2 - 5 → 2, 5가 반복됩니다.

• 수가 커지는 규칙

10 - 11 - 12 - 13 - 14 - 15 → 10부터 시작하여 1씩 커집니다.

• 수가 작아지는 규칙

35 - 30 - 25 - 20 - 15 - 10 → 35부터 시작하여 5씩 작아집니다.

확인 2 규칙을 찾아 알맞은 수에 ○표 하세요.

2 - 4 - 6 - 8 - 10 2부터 시작하여 (1 , 2 , 3)씩 커집니다.

1 규칙을 찾아 □ 안에 알맞은 말을 써넣으세요.

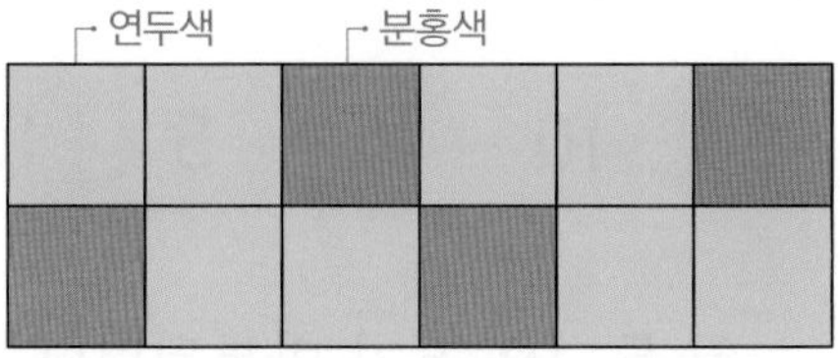

• 첫째 줄: 연두색, [   ], 분홍색이 반복됩니다.

• 둘째 줄: 분홍색, [   ], 연두색이 반복됩니다.

2 규칙에 따라 빈칸에 알맞은 색을 칠해 보세요.

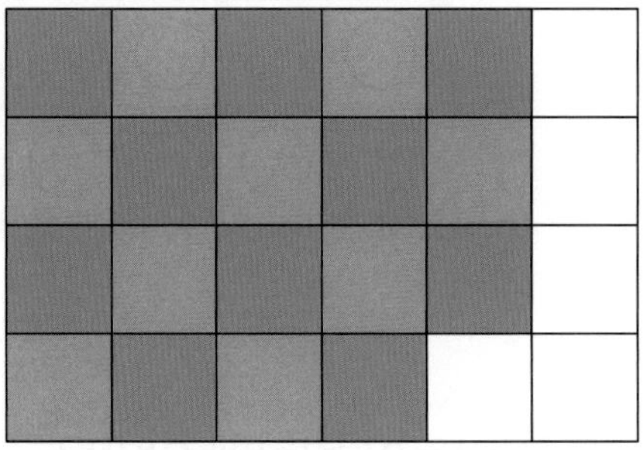

3 보기 에서 두 가지 모양을 골라 규칙을 만들어 보세요.

4 규칙을 찾아 □ 안에 알맞은 수를 써넣으세요.

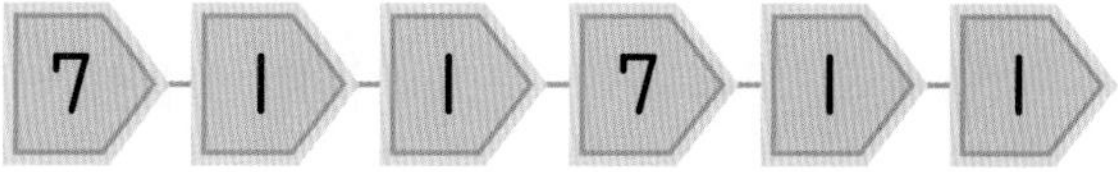

7, [   ], [   ]이 반복됩니다.

5 규칙에 따라 빈칸에 알맞은 수를 써넣으세요.

38부터 시작하여 1씩 작아집니다.

6 규칙에 따라 빈 곳에 알맞은 수를 써넣으세요.

(1)

(2)

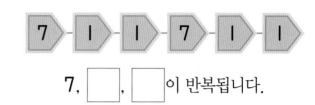

01 규칙을 찾아 빈칸에 알맞은 수를 써넣고, □ 안에 알맞은 수를 써넣으세요.

1 - 4 - [ ] - 10 - 13 - [ ]

□부터 시작하여 □씩 커집니다.

창의형

02 ☆, ○ 모양으로 규칙을 만들어 구슬을 꾸며 보세요.

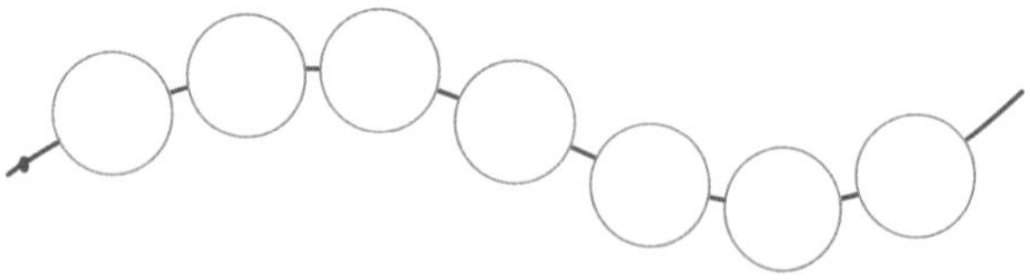

03 두 가지 색으로 규칙을 만들어 바르게 색칠한 사람은 누구인가요?

이 반복되는
규칙을 만들어 색칠했어.
채아

이 반복되는
규칙을 만들어 색칠했어.
시우

(　　　　　　　　)

04 규칙을 바르게 설명한 것을 찾아 기호를 써 보세요.

5 - 10 - 15 - 5 - 10 - 15

㉠ 5, 10, 5가 반복됩니다.
㉡ 5, 10, 15가 반복됩니다.
㉢ 5부터 시작하여 5씩 커집니다.

(　　　　　　　　)

창의형

05 규칙을 만들어 무늬를 색칠해 보세요.

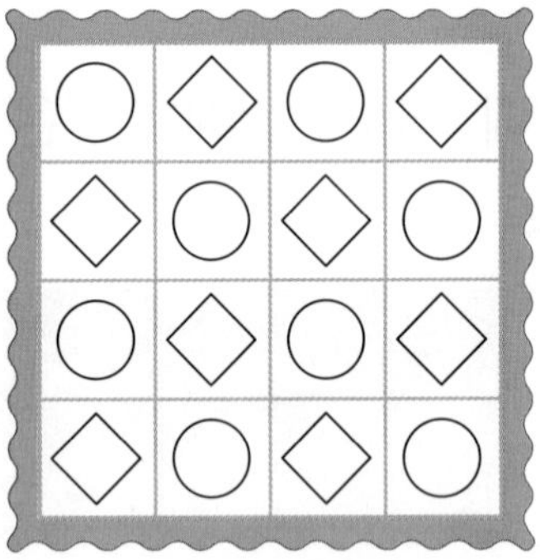

06 규칙을 만들어 빈칸에 알맞은 수를 써넣으세요.

(1)

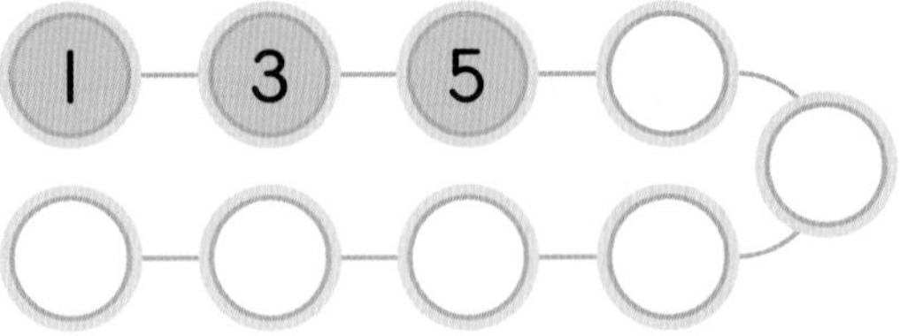
1
3
5

(2)

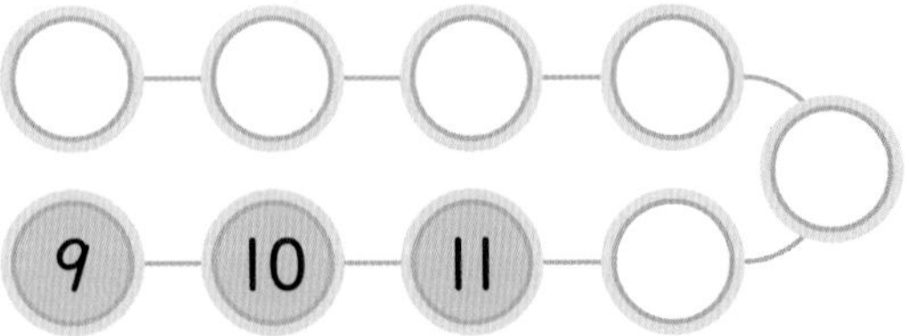
9
10
11

창의형

07 여러 가지 모양으로 규칙을 만들고 무늬를 꾸며 보세요.

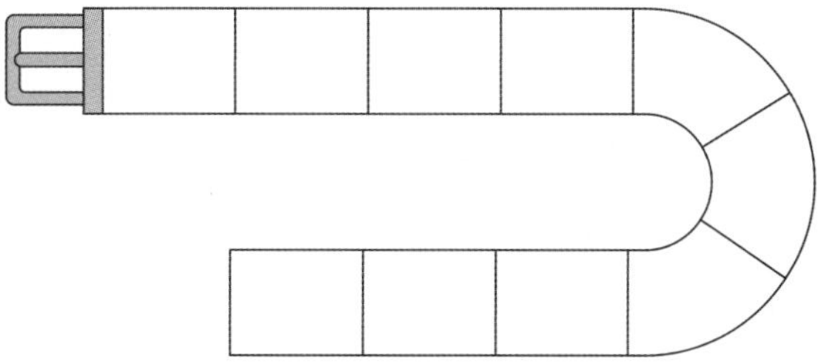

08 수 배열에서 규칙을 찾아 말해 보세요.

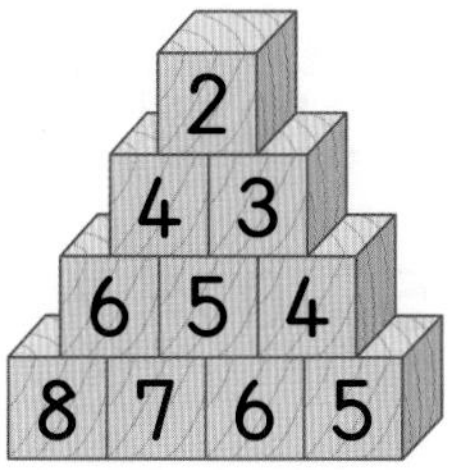

____

09 서로 다른 규칙에 따라 수를 배열한 것입니다. □ 안에 알맞은 수가 더 작은 것의 기호를 써 보세요.

㉠ 53 − 52 − 51 − 50 − □
㉡ 20 − 30 − 40 − □ − 60

( )

서술형 문제

10 규칙에 따라 ㉠에 알맞은 수는 얼마인지 풀이 과정을 쓰고, 답을 구해 보세요.

9 − 5 − 9 − 5 − ◯ − ㉠

❶ □, □가 반복됩니다.

❷ 따라서 9, 5, 9, 5 다음에 올 수는 □, □이므로 ㉠에 알맞은 수는 □입니다.

답 ______________

11 규칙에 따라 ㉠에 알맞은 수는 얼마인지 풀이 과정을 쓰고, 답을 구해 보세요.

15 − 20 − 25 − 30 − ◯ − ㉠

____

____

____

____

답 ______________

학습 결과에 색칠하세요.

5 단원 2회

3회 개념 학습

학습일: 월 일

개념 1 수 배열표에서 규칙 찾기

1	2	3	4	5	6	7	8	9	10
11	12	13	14	15	16	17	18	19	20
21	22	23	24	25	26	27	28	29	30
31	32	33	34	35	36	37	38	39	40

- 에 있는 수는 11부터 시작하여 → 방향으로 1씩 커집니다.
- 에 있는 수는 6부터 시작하여 ↓ 방향으로 10씩 커집니다.
- ↘ 방향으로 11씩 커집니다.

확인 1 수 배열표를 보고 알맞은 수에 ○표 하세요.

51	52	53	54	55
56	57	58	59	60
61	62	63	64	65

(1) → 방향으로 (1 , 5 , 10)씩 커집니다.

(2) ↓ 방향으로 (1 , 5 , 10)씩 커집니다.

개념 2 규칙을 여러 가지 방법으로 나타내기

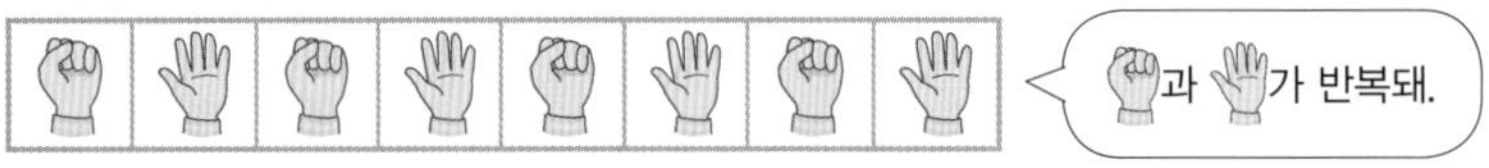

- 규칙을 모양으로 나타내기

을 ○로, 를 □로 나타냅니다.

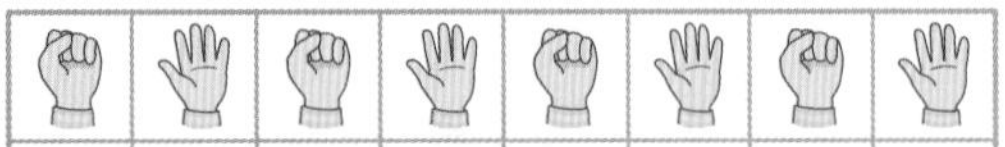

○	□	○	□	○	□	○	□

- 규칙을 수로 나타내기

을 0으로, 를 5로 나타냅니다.

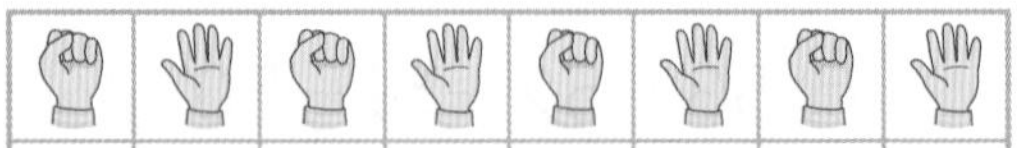

0	5	0	5	0	5	0	5

확인 2 규칙에 따라 ▒, ●로 나타내려고 합니다. 알맞은 모양에 ○표 하세요.

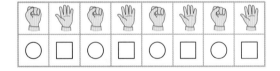

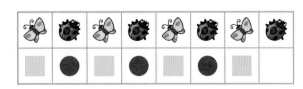

▒	●	▒	●	▒	●	▒	

빈칸에 알맞은 모양은 (▒ , ●)입니다.

| 1~3 | 수 배열표를 보고 물음에 답하세요.

1	2	3	4	5	6	7	8	9	10
11	12	13	14	15	16	17	18	19	20
21	22	23	24	25	26	27	28	29	30
31	32	33	34	35	36	37	38	39	40
41	42	43	44	45	46	47	48	49	50
51	52	53	54	55	56	57	58	59	60
61	62	63	64	65	66	67	68	69	70
71	72	73	74	75	76	77	78	79	
81	82	83	84	85	86	87	88	89	
91	92	93	94	95	96	97	98	99	

1 ▭에 있는 수는 51부터 시작하여 → 방향으로 몇씩 커지나요?

( )

2 ▭에 있는 수는 5부터 시작하여 ↓ 방향으로 몇씩 커지나요?

( )

3 규칙에 따라 ▭에 알맞은 수를 써넣으세요.

4 14부터 시작하여 10씩 커지는 규칙에 따라 색칠해 보세요.

11	12	13	14	15	16	17	18	19	20
21	22	23	24	25	26	27	28	29	30
31	32	33	34	35	36	37	38	39	40
41	42	43	44	45	46	47	48	49	50

| 5~6 | 규칙을 모양으로 나타내려고 합니다. 물음에 답하세요.

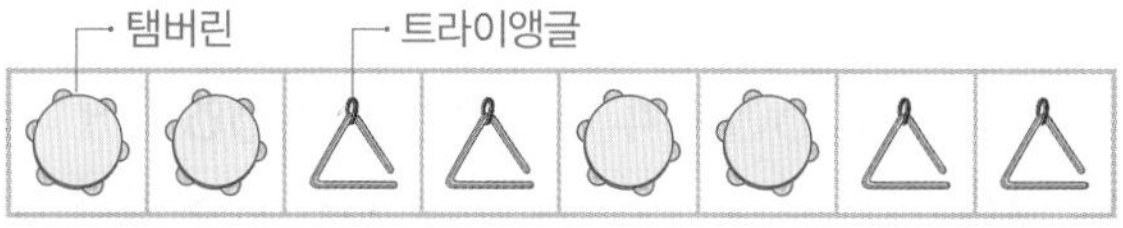

5 규칙을 찾아 □ 안에 알맞은 말을 써넣으세요.

탬버린, 탬버린, 트라이앵글, □ 이 반복됩니다.

6 규칙에 따라 ○, △로 나타내 보세요.

○	○	△	△				

7 규칙에 따라 빈칸에 알맞은 수를 써넣으세요.

2	4	4	2		

8 규칙에 따라 □, ○로 나타내 보세요.

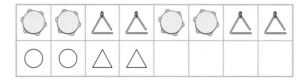

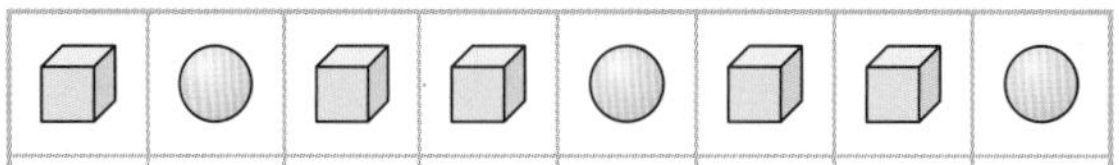

□	○	□	□	○	□		

5 단원 3회

01 색칠한 수에는 어떤 규칙이 있는지 □ 안에 알맞은 수를 써넣으세요.

61	62	**63**	64	65	66	**67**	68	69	70
71	72	73	74	**75**	76	77	78	**79**	80
81	82	**83**	84	85	86	**87**	88	89	90
91	92	93	94	**95**	96	97	98	**99**	100

□부터 시작하여 □씩 커집니다.

02 규칙에 따라 ○, ×로 나타내 보세요.

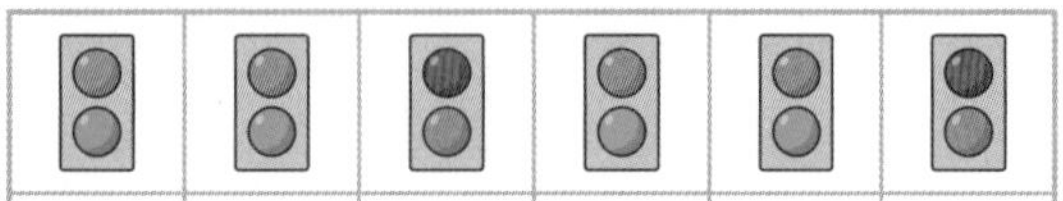

○	○	×			

03 규칙에 따라 ㉠과 ㉡에 알맞은 수를 각각 구해 보세요.

2	4	㉠	2	㉡	2	2	4	2

㉠ (　　　　　　)
㉡ (　　　　　　)

04 규칙에 따라 다음에 해야 할 몸동작을 바르게 나타낸 사람은 누구인가요?

지유　　시원　　호수

(　　　　　　)

05 규칙에 따라 여러 가지 방법으로 나타냈습니다. 바르게 나타낸 것의 기호를 써 보세요.

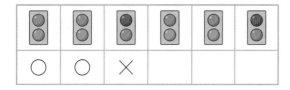

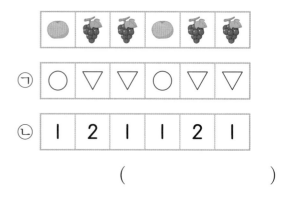

㉠	○	▽	▽	○	▽	▽
㉡	1	2	1	1	2	1

(　　　　　　)

06 규칙을 찾아 빈칸에 알맞은 수를 써넣으세요.

31	35		43		
32		40		48	52
	37	41		49	53
34	38		46		54

07 규칙을 찾아 여러 가지 방법으로 나타내 보세요.

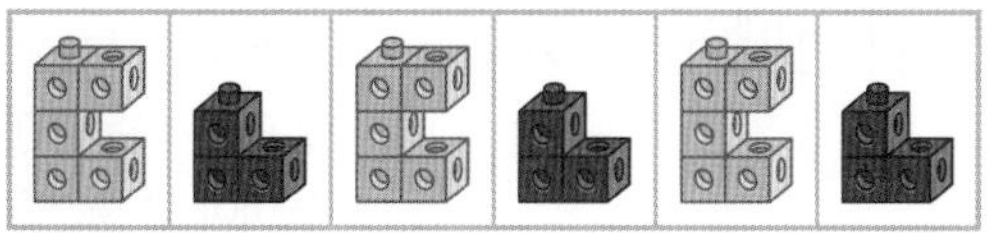

수	5	3				
모양	ㄷ	ㄴ				

창의형

08 규칙을 정해 색칠하고, 규칙을 말해 보세요.

80	79	78	77	76	75	74	73	72	71
70	69	68	67	66	65	64	63	62	61
60	59	58	57	56	55	54	53	52	51

09 색칠한 수와 같은 규칙으로 빈칸에 알맞은 수를 써넣으세요.

1	2	3	4	5	6	7	8	9	10
11	12	13	14	15	16	17	18	19	20
21	22	23	24	25	26	27	28	29	30

67 — 68 — □ — □ — □

서술형 문제

10 왼쪽 사물함과 오른쪽 사물함의 수 배열에서 규칙이 어떻게 다른지 설명해 보세요.

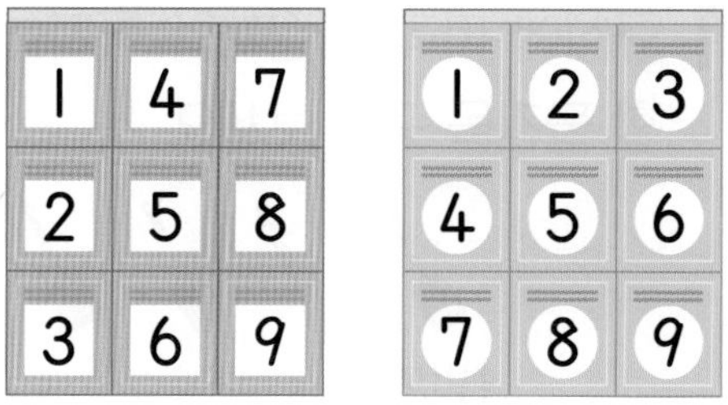

설명 왼쪽 사물함은 → 방향으로 □씩 (커지고 , 작아지고),
오른쪽 사물함은 → 방향으로 □씩 (커집니다 , 작아집니다).

11 왼쪽 서랍장과 오른쪽 서랍장의 수 배열에서 규칙이 어떻게 다른지 설명해 보세요.

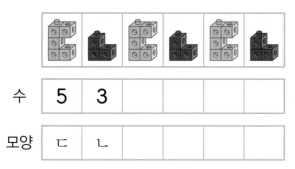

설명

학습 결과에 색칠하세요.

5 단원 3회

4회 응용 학습

학습일:　　월　　일

어떤 물건을 놓아야 할지 구하기

01 규칙에 따라 뒤집개와 국자를 놓고 있습니다. 11번째에 놓아야 할 물건을 구해 보세요.

1번째

❶단계 규칙 찾기

뒤집개, [　　　], [　　　]가 반복됩니다.

❷단계 10번째에 놓아야 할 물건 구하기

(　　　　　　　　)

❸단계 11번째에 놓아야 할 물건 구하기

(　　　　　　　　)

문제해결 TIP

반복되는 부분을 찾아 규칙을 알아본 다음 10번째, 11번째에 놓아야 할 물건을 차례로 구해요.

02 규칙에 따라 포도와 사과를 놓고 있습니다. 11번째에 놓아야 할 과일을 구해 보세요.

1번째

(　　　　　　　　)

03 규칙에 따라 축구공과 농구공을 놓고 있습니다. 12번째까지 축구공은 모두 몇 번 놓일까요?

1번째

(　　　　　　　　)

10번째, 11번째, 12번째에 놓아야 할 공을 차례로 알아본 다음 축구공이 모두 몇 번 놓이는지 세어 봐!

수 배열표에서 알맞은 수 구하기

04 규칙을 찾아 ♥와 ★에 알맞은 수를 각각 구해 보세요.

23	24			♥
28	29	30		
				★

1단계 규칙 찾기

→ 방향으로 ☐ 씩 커지고, ↓ 방향으로 ☐ 씩 커집니다.

2단계 ♥에 알맞은 수 구하기

( )

3단계 ★에 알맞은 수 구하기

( )

문제해결 TIP

수 배열표에서 → 방향과 ↓ 방향의 규칙을 각각 알아보고, ♥와 ★에 알맞은 수를 차례로 구해요.

05 규칙을 찾아 ♣와 ♠에 알맞은 수를 각각 구해 보세요.

		43	44	45	46			♣	
51	52			55	56	57			60
								♠	

♣ ( ), ♠ ( )

06 종이에 그린 수 배열표의 일부가 찢어져 있습니다. 규칙을 찾아 ◆에 알맞은 수를 구해 보세요.

70				74	75	
78	79			82		
		◆				

( )

→ 방향과 ↓ 방향의 규칙을 각각 알아본 다음 ◆에 알맞은 수를 구해!

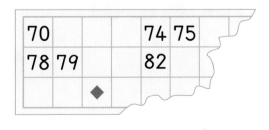

5 단원 4회

빈칸에 들어갈 그림이 나타내는 수의 합 구하기

07 규칙에 따라 ㉠과 ㉡에 들어갈 펼친 손가락은 모두 몇 개인지 구해 보세요.

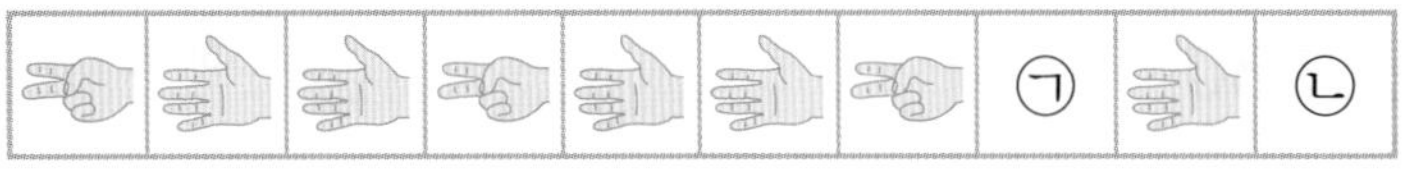

1단계 규칙 찾기

펼친 손가락이 ☐개, ☐개, ☐개가 반복됩니다.

2단계 ㉠, ㉡에 들어갈 펼친 손가락의 수를 각각 구하기

㉠: ☐개, ㉡: ☐개

3단계 ㉠과 ㉡에 들어갈 펼친 손가락은 모두 몇 개인지 구하기

(　　　　　　　　)

문제해결 TIP

반복되는 부분을 찾아 규칙을 알아본 다음 ㉠과 ㉡에 들어갈 펼친 손가락의 수를 각각 구해 더해요.

08 규칙에 따라 빈칸에 들어갈 주사위의 점의 수는 모두 몇 개인지 구해 보세요.

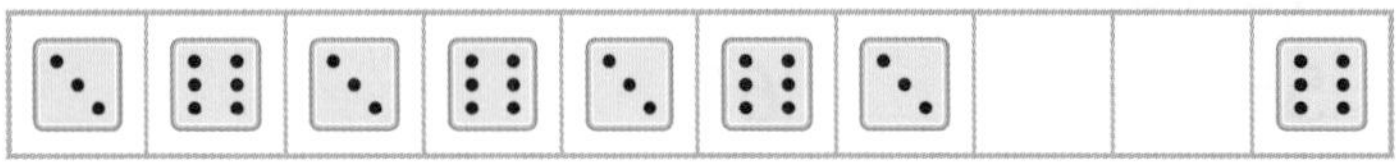

(　　　　　　　　)

09 규칙에 따라 수 카드를 늘어놓았습니다. 뒤집혀 있는 수 카드에 적힌 수들의 합을 구해 보세요.

(　　　　　　　　)

반복되는 부분을 찾아 규칙을 알아보고 뒤집혀 있는 수 카드에 적힌 수를 차례로 구한 다음 모두 더하면 돼!

빈칸에 알맞은 모양 또는 색을 찾아 비교하기

10 규칙에 따라 모양을 그린 것입니다. ㉠, ㉡, ㉢, ㉣ 중 알맞은 모양이 다른 하나를 찾아 기호를 써 보세요.

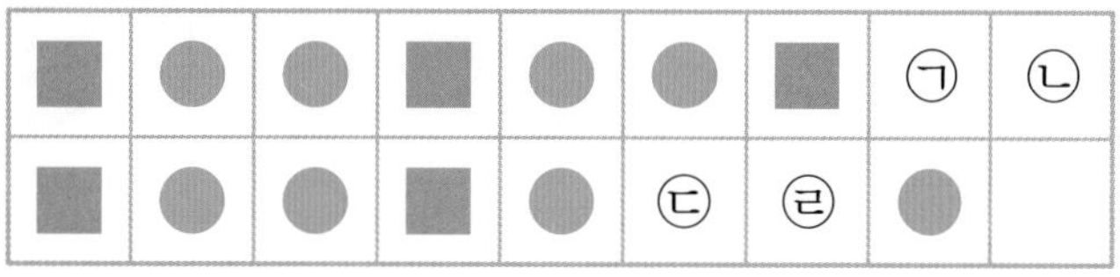

1단계 규칙 찾기

□, □, □가 반복됩니다.

2단계 규칙에 따라 ㉠, ㉡, ㉢, ㉣에 알맞은 모양을 각각 찾기

㉠: ●, ㉡: □, ㉢: □, ㉣: □

3단계 ㉠, ㉡, ㉢, ㉣ 중 알맞은 모양이 다른 하나를 찾기

(   )

문제해결 TIP

규칙을 찾아 ㉠, ㉡, ㉢, ㉣에 알맞은 모양을 각각 알아본 다음 모양이 다른 하나를 찾아요.

11 규칙에 따라 색을 칠한 것입니다. ㉠, ㉡, ㉢, ㉣ 중 알맞은 색이 다른 하나를 찾아 기호를 써 보세요.

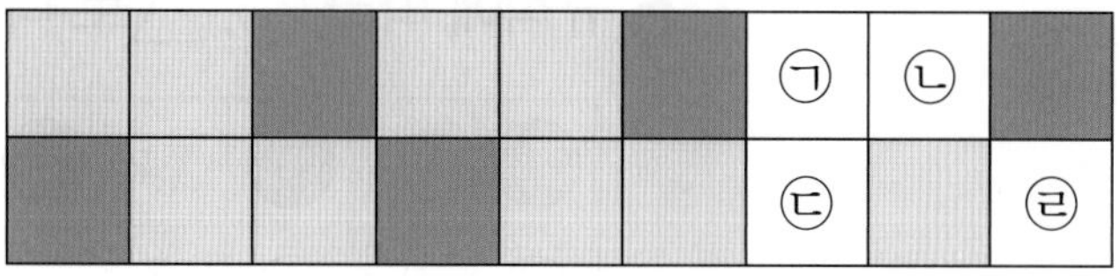

(   )

12 규칙에 따라 모양을 그린 것입니다. 빈칸에 들어갈 ▲는 ✚보다 몇 개 더 많은지 구해 보세요.

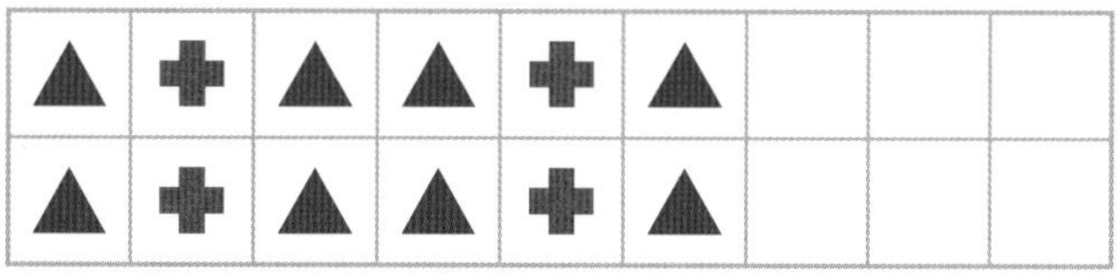

(   )

먼저 규칙을 찾아 빈칸에 알맞은 모양을 알아본 다음 두 모양의 수를 세어 차를 구해!

학습 결과에 색칠하세요.

5회 마무리 평가

학습일:　　월　　일

01 규칙에 따라 놓은 것입니다. 반복되는 부분에 ○표 하세요.

(　　　)　　　(　　　)

02 연결 모형을 놓아 규칙을 만든 것입니다. 규칙을 찾아 □ 안에 알맞은 말을 써넣으세요.

빨간색, □이 반복됩니다.

03 규칙에 따라 빈칸에 알맞은 색을 칠해 보세요.

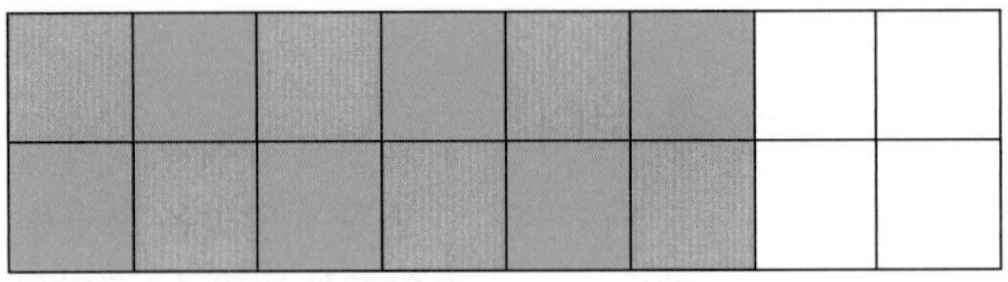

04 규칙에 따라 빈칸에 알맞은 수를 써넣으세요.

1	5	1	5		5

05 ▭에 있는 수에는 어떤 규칙이 있는지 □ 안에 알맞은 수를 써넣으세요.

21	22	23	24	25	26	27	28	29	30
31	32	33	34	35	36	37	38	39	40
41	42	43	44	45	46	47	48	49	50

31부터 시작하여 → 방향으로 □씩 커집니다.

06 규칙에 따라 ○, △로 나타내 보세요.

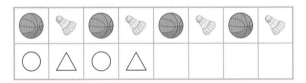

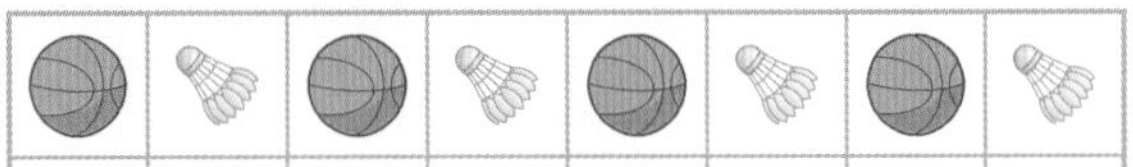

○	△	○	△				

07 규칙에 따라 빈칸에 알맞은 모양을 그려 넣으세요.

↓	↑	↓	↑	↓			

정답 35쪽

08 벽지 무늬에서 반복되는 부분을 모두 찾아 ▭로 표시해 보고, 규칙을 찾아 말해 보세요.

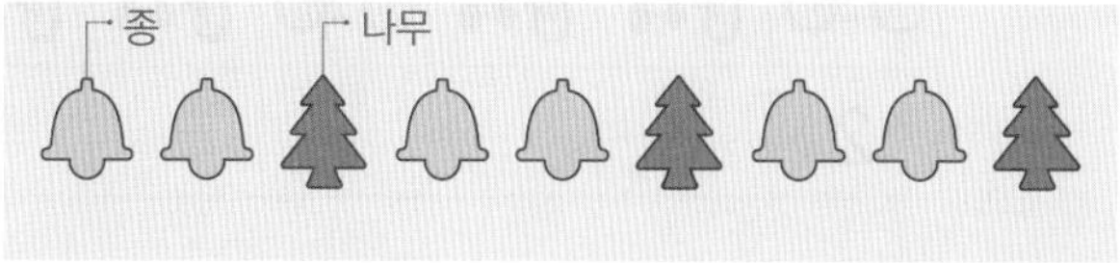

벽지 무늬는 ________________ 이/가 반복됩니다.

09 규칙을 찾아 바르게 말한 사람은 누구인가요?

빈칸에 알맞은 물건은 컵이야.
빈칸에 알맞은 물건은 접시야.
유준
예나

( )

10 연필, 지우개, 자로 규칙을 만들어 2개의 필통에 똑같이 넣으려고 합니다. 바르게 넣은 것에 ○표 하세요.

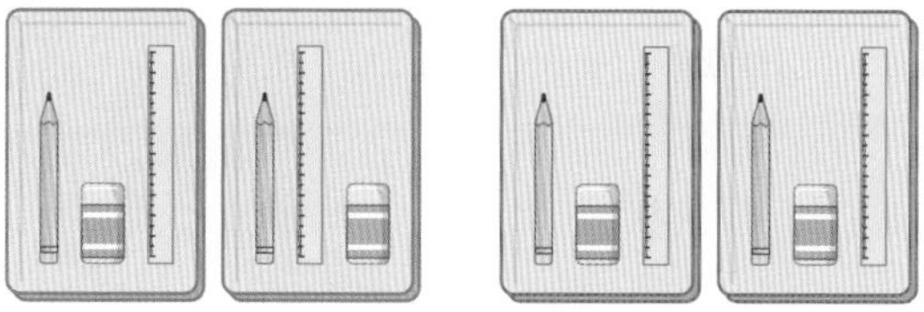

( ) ( )

11 두 가지 색으로 규칙을 만들어 색칠해 보세요.

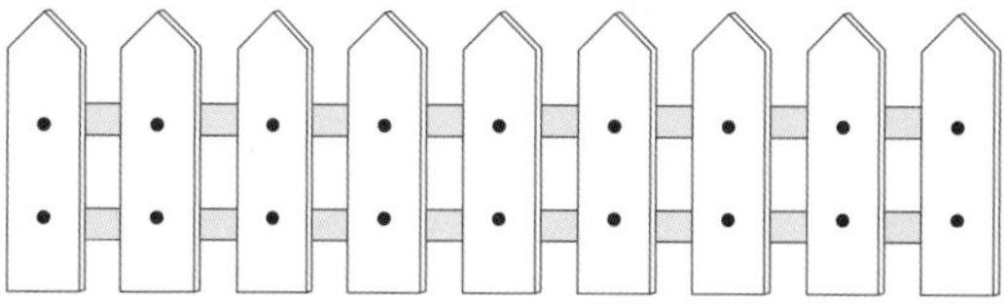

12 ◇, ▽ 모양으로 규칙을 만들어 타일을 꾸며 보세요.

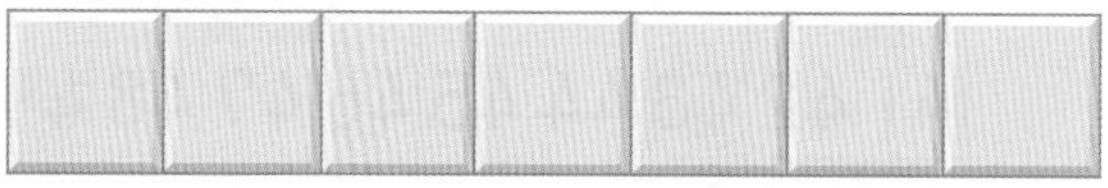

13 규칙을 만들어 무늬를 색칠해 보세요.

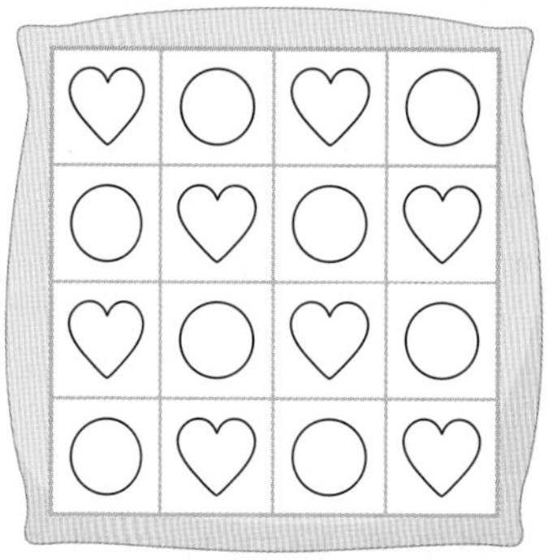

14 규칙에 따라 빈칸에 알맞은 수를 써넣으세요.

30 - 35 - 40 - ☐ - 50 - ☐

5 단원 5회

15 규칙에 따라 ㉠에 알맞은 수를 구해 보세요.

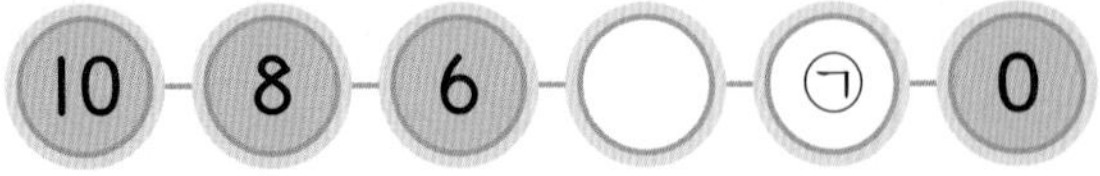

( )

서술형

16 규칙에 따라 색칠하려고 합니다. 49 다음에 색칠해야 하는 수는 얼마인지 풀이 과정을 쓰고, 답을 구해 보세요.

31	32	33	34	35	36	37	38	39	40
41	42	43	44	45	46	47	48	49	50
51	52	53	54	55	56	57	58	59	60

답

17 수 배열표를 보고 바르게 말한 사람은 누구인가요?

71	72	73	74	75
76	77	78	79	80
81	82	83	84	85

• 주영: →에 있는 수는 1씩 커져.
• 시은: ↓에 있는 수는 10씩 커져.

( )

18 규칙에 따라 빈칸에 알맞은 수를 써넣으세요.

2	3				

19 규칙을 수로 바르게 나타낸 것의 기호를 써 보세요.

㉠ 5 5 1 1 5 5 1 1
㉡ 1 1 5 1 1 5 1 1

( )

20 규칙에 따라 숟가락과 포크를 놓고 있습니다. 11번째에 놓아야 할 물건을 구해 보세요.

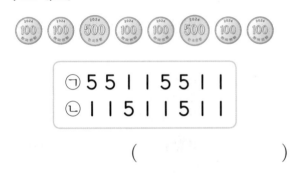

1번째

( )

서술형

21 규칙에 따라 ㉠과 ㉡에 들어갈 펼친 손가락은 모두 몇 개인지 풀이 과정을 쓰고, 답을 구해 보세요.

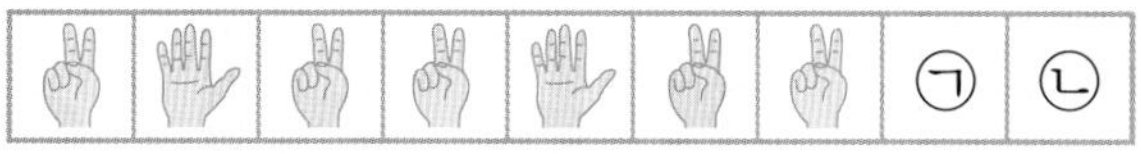

답

22 서로 다른 규칙에 따라 수를 배열한 것입니다. □ 안에 알맞은 수가 더 큰 것의 기호를 써 보세요.

㉠ 69－67－65－63－□
㉡ 50－52－□－56－58

(　　　　　　)

23 색칠한 수와 같은 규칙으로 빈칸에 알맞은 수를 써넣으세요.

61	62	63	64	65	66	67	68	69	70
71	72	73	74	75	76	77	78	79	80
81	82	83	84	85	86	87	88	89	90

24－□－□－54－□

수행 평가

| 24~25 | 민혁이는 친구들과 함께 태권도를 배우고 있습니다. 그림을 보고 물음에 답하세요.

24 민혁이의 태권도 동작을 보고 규칙에 따라 ▽, ◇로 나타내 보세요.

▽	◇	▽			

25 머리 보호대가 규칙에 따라 놓여 있습니다. 빈칸에 알맞은 머리 보호대의 색깔은 무엇인지 풀이 과정을 쓰고, 답을 구해 보세요.

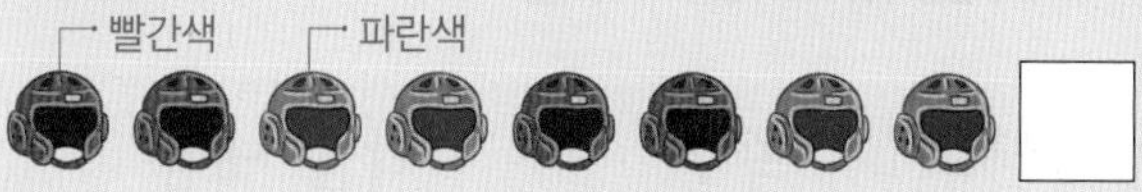

답

5 단원 5회

학습 결과에 색칠하세요.

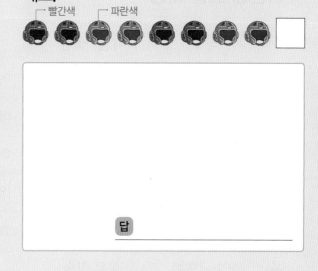

6 덧셈과 뺄셈(3)

이번에 배울 내용

회차	쪽수	학습 내용	학습 주제
1	132~135쪽	개념+문제 학습	여러 가지 방법으로 덧셈하기 / (몇십몇)+(몇)
2	136~139쪽	개념+문제 학습	(몇십)+(몇십) / (몇십몇)+(몇십몇)
3	140~143쪽	개념+문제 학습	여러 가지 방법으로 뺄셈하기 / (몇십몇)−(몇)
4	144~147쪽	개념+문제 학습	(몇십)−(몇십) / (몇십몇)−(몇십몇)
5	148~151쪽	개념+문제 학습	그림을 보고 덧셈식과 뺄셈식으로 나타내기 / 덧셈과 뺄셈
6	152~155쪽	응용 학습	
7	156~159쪽	마무리 평가	

문해력을 높이는 **어휘**

합: 더함. 또는 둘이나 둘이 넘는 수를 더하여 얻은 값

두 수 3과 5의 합 을 구하면 8이에요.

차: 어떤 수에서 다른 수만큼을 빼고 얻은 나머지 값

두 수 6과 4의 차 를 구하면 2예요.

-끼리: 같은 특징을 가진 어떤 대상만이 서로 함께

같은 모둠 끼 리 앉아서 도시락을 먹었어요.

결승전: 운동 경기에서 마지막으로 이기고 지는 것을 결정짓는 시합

결 승 전 에 올라간 두 팀이 우승을 놓고 겨뤄요.

(134쪽)

1회 개념 학습

학습일: 월 일

개념 1 여러 가지 방법으로 덧셈하기

• 이어 세기로 구하기

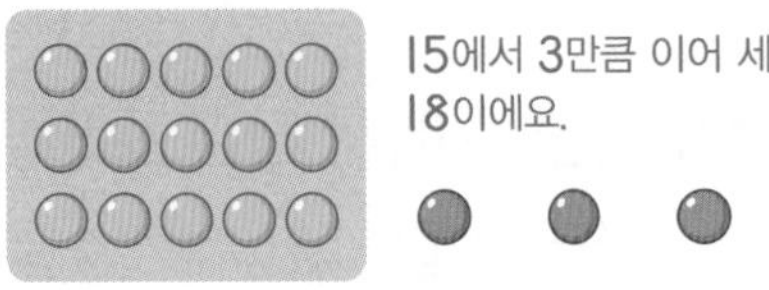

15에서 3만큼 이어 세면 18이에요.

15 16 17 18

15+3=18

• △를 그려 구하기

○ 15개에 △ 3개를 더 그리면 모두 18개예요.

○	○	○	○	○	○	○	○	○	○
○	○	○	○	○	△	△	△		

15+3=18

• 수 모형으로 구하기

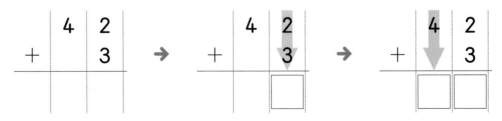

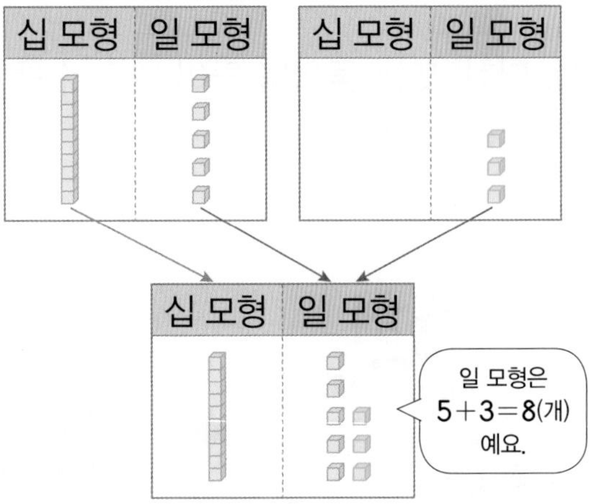

15+3=18

확인 1 14+4를 이어 세기로 구해 보세요.

14 15 □ □ □ 14+4=□

개념 2 (몇십몇)+(몇)

낱개의 수끼리 더하고, 10개씩 묶음의 수를 그대로 내려 씁니다.

$$\begin{array}{r} 23 \\ +\ \ 6 \\ \hline \end{array} \rightarrow \begin{array}{r} 23 \\ +\ \ 6 \\ \hline 9 \end{array} \rightarrow \begin{array}{r} 23 \\ +\ \ 6 \\ \hline 29 \end{array}$$

낱개의 수: 3+6=9

10개씩 묶음의 수: 2 그대로

확인 2 □ 안에 알맞은 수를 써넣으세요.

$$\begin{array}{r} 42 \\ +\ \ 3 \\ \hline \end{array} \rightarrow \begin{array}{r} 42 \\ +\ \ 3 \\ \hline \square \end{array} \rightarrow \begin{array}{r} 42 \\ +\ \ 3 \\ \hline \square\square \end{array}$$

1 그림을 보고 □ 안에 알맞은 수를 써넣으세요.

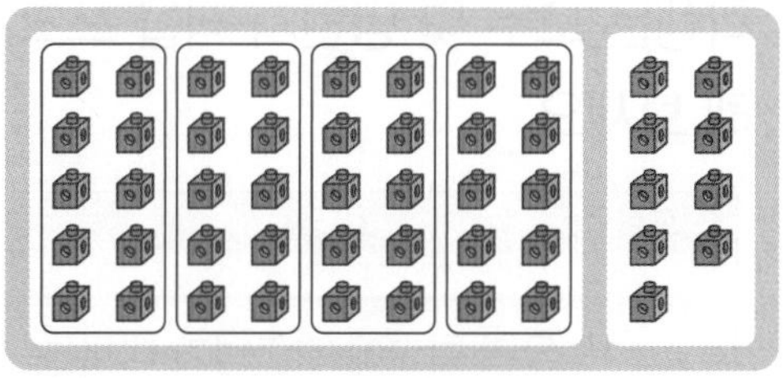

40+9=□

2 더하는 수만큼 △를 그리고, □ 안에 알맞은 수를 써넣으세요.

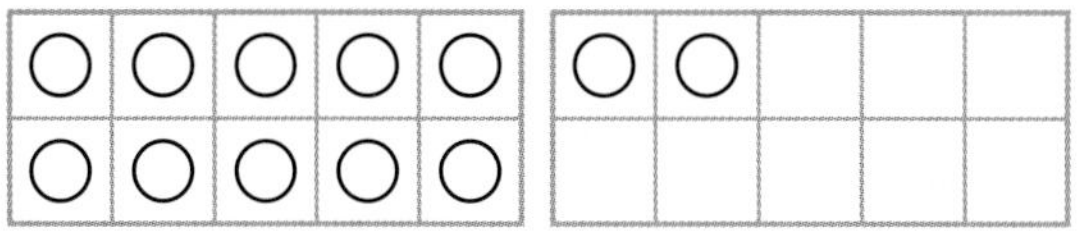

12+5=□

3 54+3을 수 모형으로 구해 보세요.

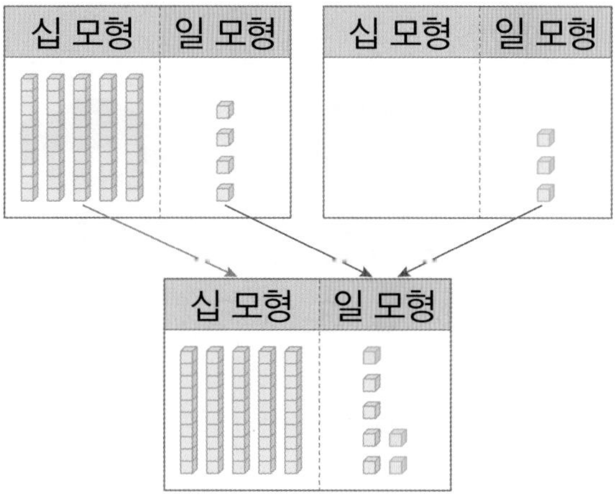

54+3=□

4 □ 안에 알맞은 수를 써넣으세요.

```
   9 1          9 1
+    4   →   +    4
-------      -------
     □          □ □
```

5 덧셈을 해 보세요.

(1) 60+3=□

(2) 45+2=□

(3)
```
   8 0
+    8
------
    □
```

(4)
```
   5 3
+    5
------
    □
```

6 빈칸에 알맞은 수를 써넣으세요.

(1)

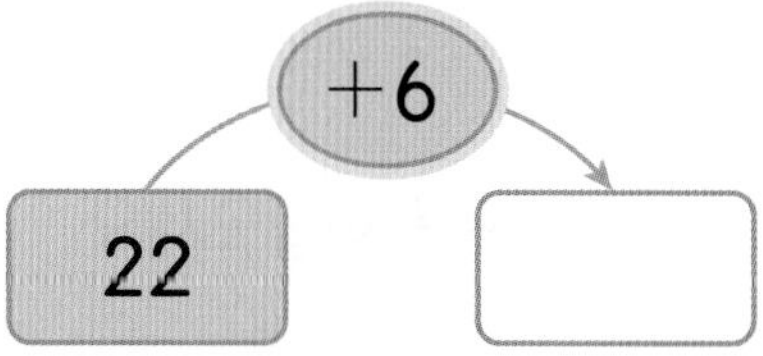

(2)

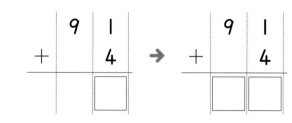

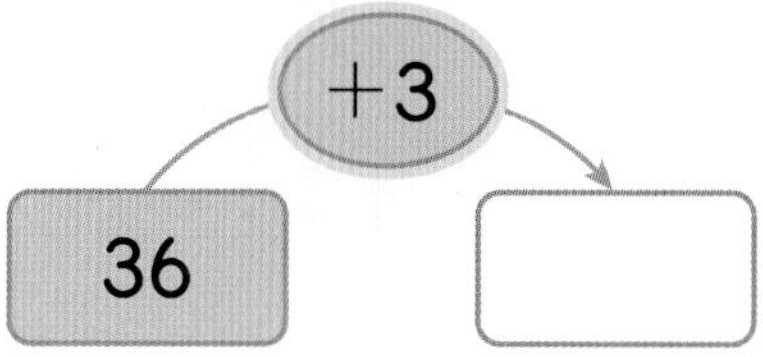

01 구슬이 모두 몇 개인지 구하려고 합니다. □ 안에 알맞은 수를 써넣으세요.

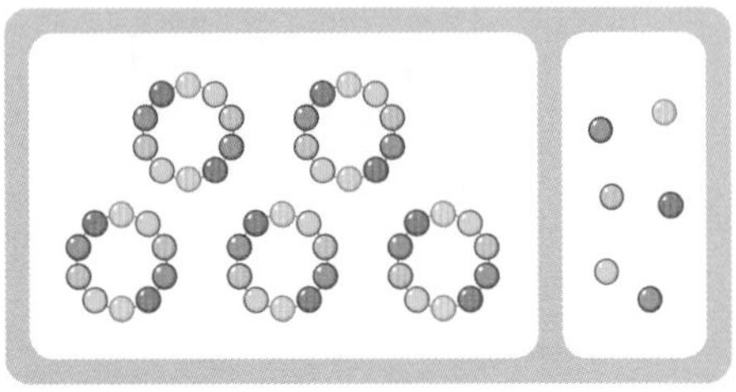

50+6=□

02 그림을 보고 □ 안에 알맞은 수를 써넣으세요.

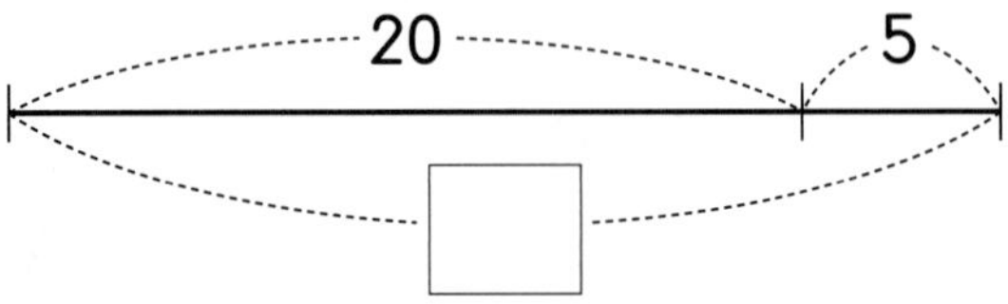

03 두 수의 합을 구해 보세요.

81　　7

(　　　　　)

04 빈칸에 알맞은 수를 써넣으세요.

51 → +3 → 54
51 → +5 → □
51 → +8 → □

디지털 문해력

05 예나와 도현이의 대화를 읽고 예나네 학교 줄넘기 대회에서 결승전에 올라간 1학년 학생은 모두 몇 명인지 식을 쓰고, 답을 구해 보세요.

식 ____________________

답 ____________________

06 33+6을 바르게 계산한 사람은 누구인가요?

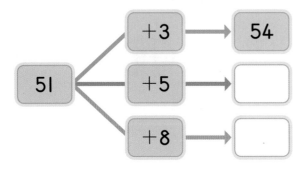

(　　　　　)

07 □ 안에 들어갈 수 있는 수를 모두 찾아 ○표 하세요.

43+4<□

(41 , 58 , 47 , 63)

창의형

08 4장의 수 카드 중에서 2장을 골라 합이 76이 되도록 덧셈식을 만들어 보세요.

70 72 4 6

□+□=76

09 이야기를 완성해 보세요.

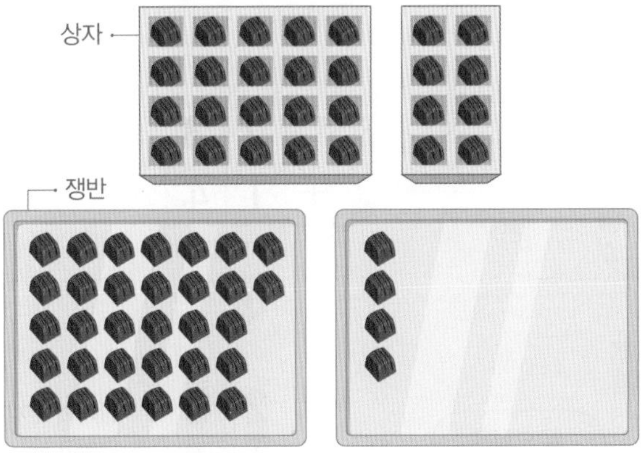

유미는 초콜릿을 많이 만들었어요.
만든 초콜릿을 상자에 □개, 쟁반에 □개 담아 두었어요.

서술형 문제

10 합이 가장 큰 덧셈을 말한 사람은 누구인지 풀이 과정을 쓰고, 답을 구해 보세요.

❶ 20+6=□, 30+6=□, 20+9=□입니다.

❷ 합을 비교하면 □>□>□이므로 합이 가장 큰 덧셈을 말한 사람은 □입니다.

답

11 합이 가장 작은 덧셈을 말한 사람은 누구인지 풀이 과정을 쓰고, 답을 구해 보세요.

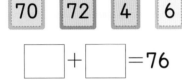

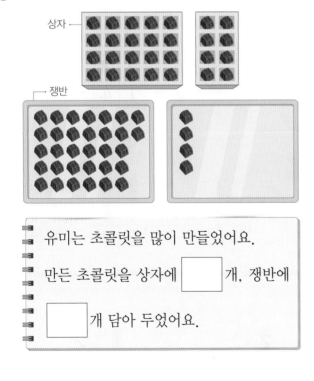

답

학습 결과에 색칠하세요.

6 단원 1회

2회 개념 학습

학습일: 월 일

개념 1 (몇십)+(몇십)

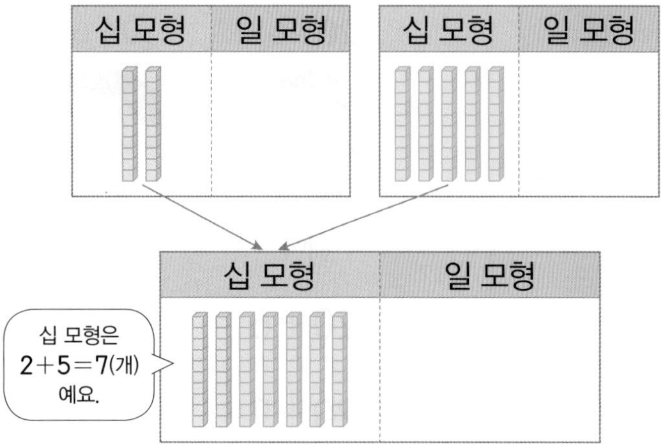

$$\begin{array}{r} 2\ 0 \\ +\ 5\ 0 \\ \hline \end{array}$$

↓

$$\begin{array}{r} 2\ 0 \\ +\ 5\ 0 \\ \hline 7\ 0 \end{array}$$

낱개의 수 0을 그대로 내려 쓰고, 10개씩 묶음의 수끼리 더해요.

확인 1 그림을 보고 □ 안에 알맞은 수를 써넣으세요.

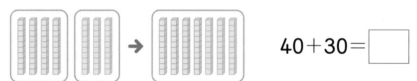

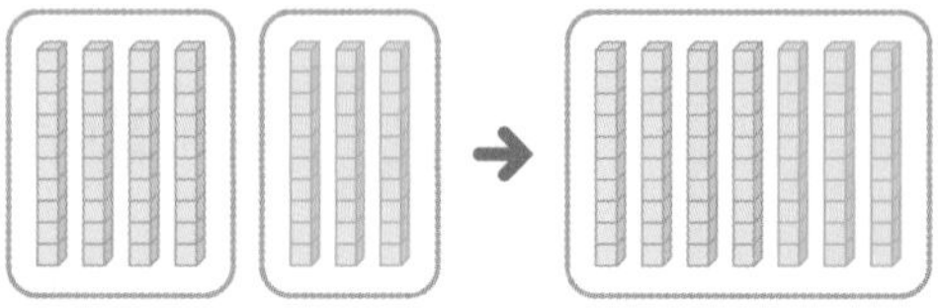

40+30=□

개념 2 (몇십몇)+(몇십몇)

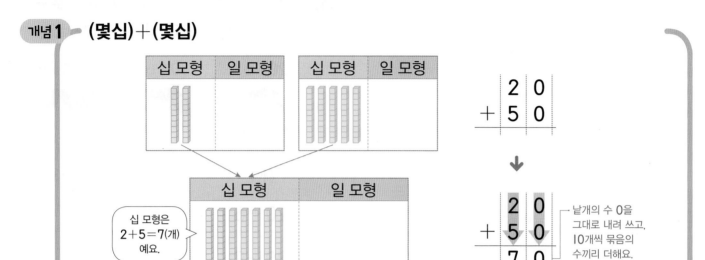

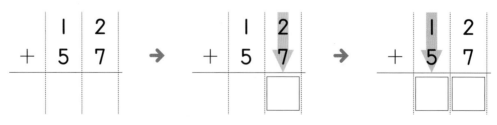

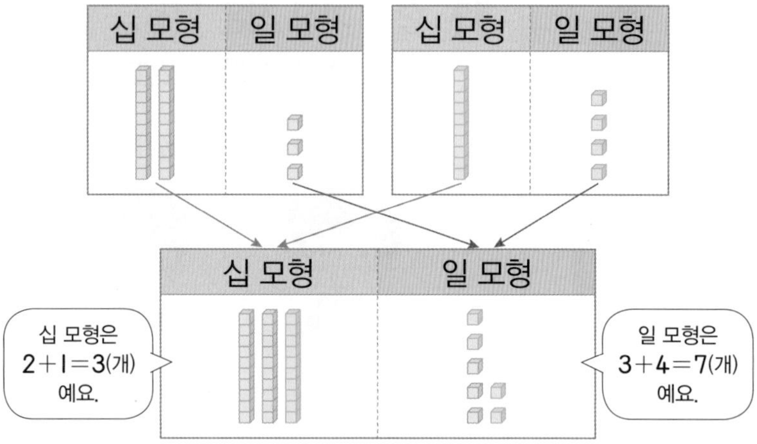

$$\begin{array}{r} 2\ 3 \\ +\ 1\ 4 \\ \hline \end{array}$$

↓

$$\begin{array}{r} 2\ 3 \\ +\ 1\ 4 \\ \hline 3\ 7 \end{array}$$

낱개의 수끼리 더하고, 10개씩 묶음의 수끼리 더해요.

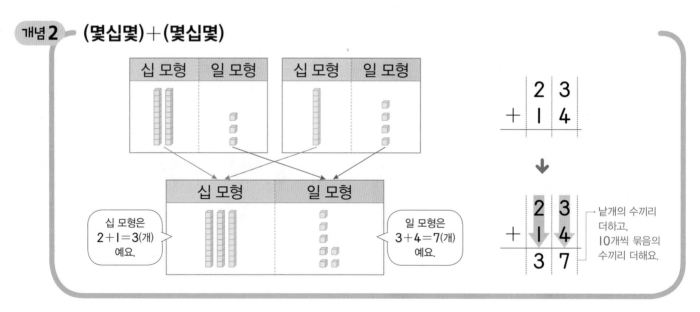

확인 2 □ 안에 알맞은 수를 써넣으세요.

$$\begin{array}{r} 1\ 2 \\ +\ 5\ 7 \\ \hline \end{array} \rightarrow \begin{array}{r} 1\ 2 \\ +\ 5\ 7 \\ \hline \square \end{array} \rightarrow \begin{array}{r} 1\ 2 \\ +\ 5\ 7 \\ \hline \square\ \square \end{array}$$

1 그림을 보고 □ 안에 알맞은 수를 써넣으세요.

$10+30=$ □

2 43+32를 수 모형으로 구해 보세요.

십 모형	일 모형

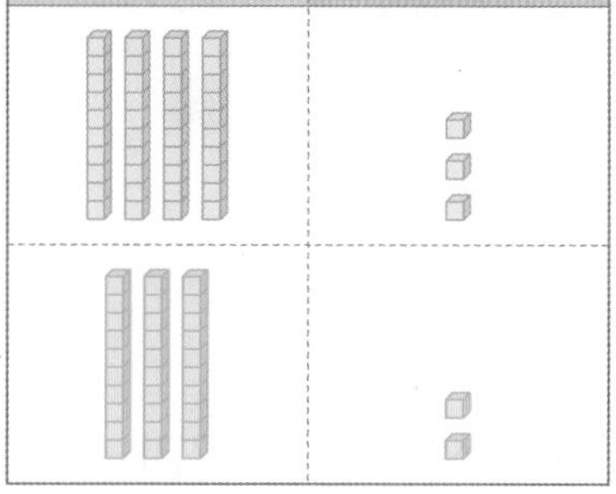

$43+32=$ □

3 □ 안에 알맞은 수를 써넣으세요.

(1)

$$\begin{array}{r} 6\ 0 \\ +\ 2\ 0 \\ \hline \square \end{array} \rightarrow \begin{array}{r} 6\ 0 \\ +\ 2\ 0 \\ \hline \square\ \square \end{array}$$

(2)

$$\begin{array}{r} 6\ 5 \\ +\ 2\ 3 \\ \hline \square \end{array} \rightarrow \begin{array}{r} 6\ 5 \\ +\ 2\ 3 \\ \hline \square\ \square \end{array}$$

4 덧셈을 해 보세요.

(1) $50+20=$ □

(2) $47+22=$ □

(3) $\begin{array}{r} 3\ 5 \\ +\ 4\ 0 \\ \hline \square \end{array}$ (4) $\begin{array}{r} 7\ 3 \\ +\ 2\ 4 \\ \hline \square \end{array}$

5 합을 찾아 ○표 하세요.

20+20

(30 , 40 , 50)

6 빈칸에 알맞은 수를 써넣으세요.

50 —(+40)→ □

7 합을 구하여 이어 보세요.

23+44 • • 89

51+38 • • 67

6 단원 2회

01 합이 70인 것에 ○표 하세요.

40+20　　　30+40

(　　)　　　(　　)

02 달걀은 모두 몇 개인지 구하려고 합니다. □ 안에 알맞은 수를 써넣으세요.

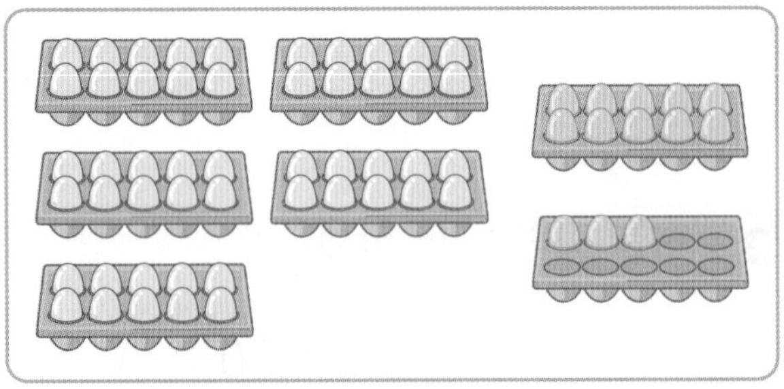

50+□=□

03 다음이 나타내는 수를 구해 보세요.

70보다 20만큼 더 큰 수

(　　　　　)

04 빈칸에 두 수의 합을 써넣으세요.

26	51

05 합의 크기를 비교하여 ○ 안에 >, =, <를 알맞게 써넣으세요.

10+70 ○ 54+25

06 민아는 종이학을 어제 19개 접었고, 오늘 30개 접었습니다. 민아가 어제와 오늘 접은 종이학은 모두 몇 개인지 식을 쓰고, 답을 구해 보세요.

식
　　1 9
+ □
―――
　□

답 ______

창의형

07 두 가지 색의 공을 골라 더하려고 합니다. 두 가지 색의 공을 골라 ○표 하고, 고른 두 가지 색의 공은 모두 몇 개인지 식을 쓰고, 답을 구해 보세요.

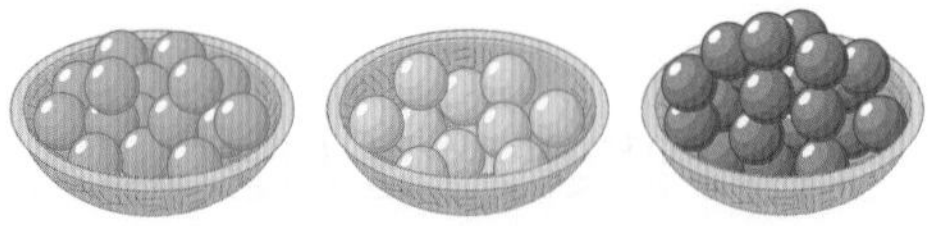

초록색 공 21개　노란색 공 10개　보라색 공 33개

(초록색 공 , 노란색 공 , 보라색 공)

식 ______

답 ______

08 합이 가장 큰 것을 찾아 ○표, 가장 작은 것을 찾아 △표 하세요.

42+53	24+62	33+15
( )	( )	( )

09 같은 모양에 적힌 수의 합을 구해 보세요.

 71	 43	 15
 23	 42	 16

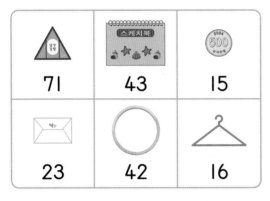

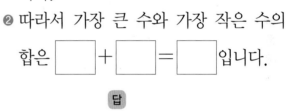

■ [ ], ▲ [ ], ● [ ]

10 수학 문제를 희수는 21문제 풀었고, 주호는 희수보다 5문제 더 많이 풀었습니다. 희수와 주호가 푼 수학 문제는 모두 몇 문제인가요?

(   )

서술형 문제

11 가장 큰 수와 가장 작은 수의 합을 구하려고 합니다. 풀이 과정을 쓰고, 답을 구해 보세요.

23 45 14 70

❶ 주어진 수를 큰 수부터 차례로 써 보면 70, 45, [ ], [ ]이므로 가장 큰 수는 [ ], 가장 작은 수는 [ ]입니다.

❷ 따라서 가장 큰 수와 가장 작은 수의 합은 [ ]+[ ]=[ ]입니다.

답 ______

12 가장 큰 수와 가장 작은 수의 합을 구하려고 합니다. 풀이 과정을 쓰고, 답을 구해 보세요.

35 60 22 73

답 ______

6 단원 2회

학습 결과에 색칠하세요.

개념 1 ─ 여러 가지 방법으로 뺄셈하기

• 비교하기로 구하기

하나씩 짝 지어 보면 21개가 남아요.

$$24 - 3 = 21$$

• /을 그려 구하기

○ 24개 중 3개를 /으로 지우면 21개가 남아요.

$$24 - 3 = 21$$

• 수 모형으로 구하기

일 모형은 4−3=1(개) 예요.

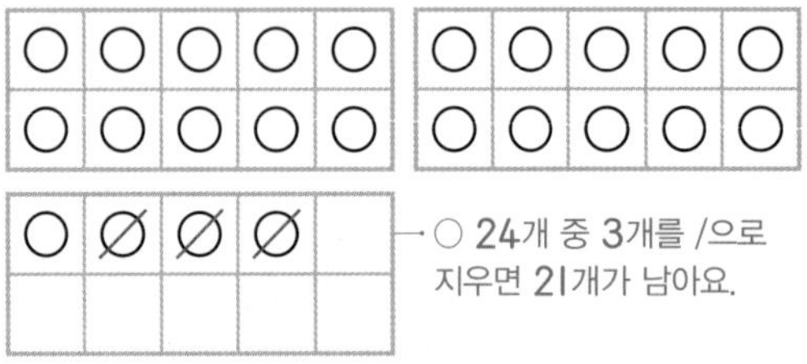

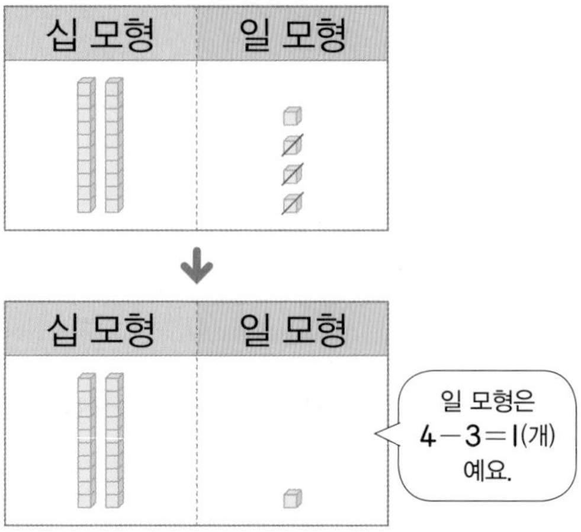

$$24 - 3 = 21$$

확인 1 ─ 파란색 딱지가 빨간색 딱지보다 몇 장 더 많은지 비교하기로 구해 보세요.

$$26 - 2 = \boxed{}$$

개념 2 ─ (몇십몇)−(몇)

낱개의 수끼리 빼고, 10개씩 묶음의 수를 그대로 내려 씁니다.

$$\begin{array}{r} 4\ 9 \\ -\ \ \ 8 \\ \hline \end{array} \rightarrow \begin{array}{r} 4\ 9 \\ -\ \ \ 8 \\ \hline 1 \end{array} \rightarrow \begin{array}{r} 4\ 9 \\ -\ \ \ 8 \\ \hline 4\ 1 \end{array}$$

낱개의 수: 9−8=1

10개씩 묶음의 수: 4 그대로

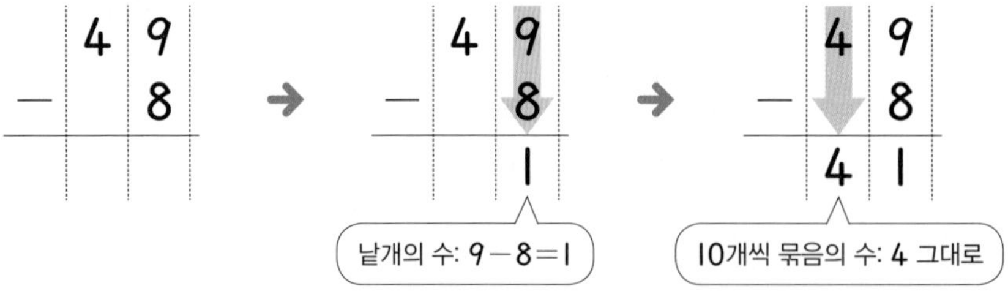

확인 2 ─ ☐ 안에 알맞은 수를 써넣으세요.

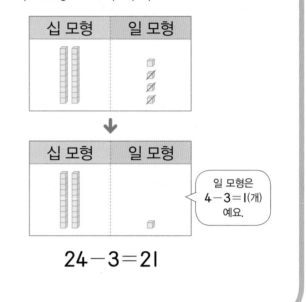

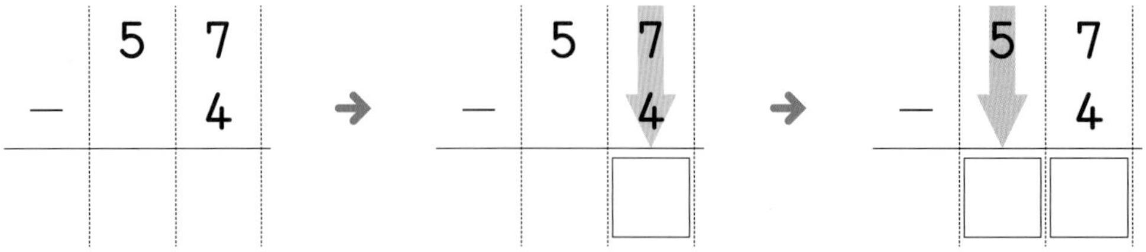

1 그림을 보고 □ 안에 알맞은 수를 써넣으세요.

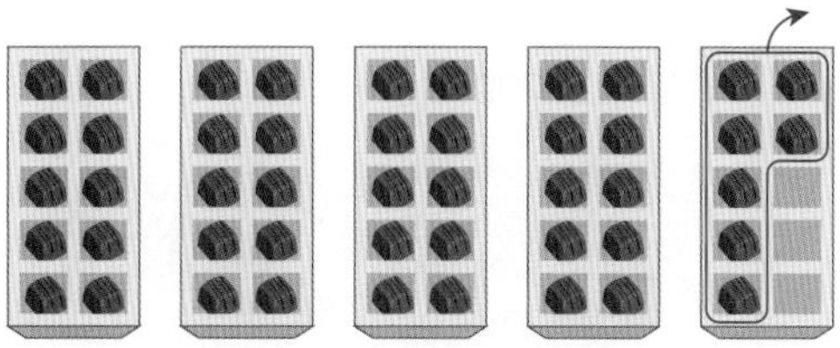

47－7＝□

2 빼는 수만큼 /을 그리고, □ 안에 알맞은 수를 써넣으세요.

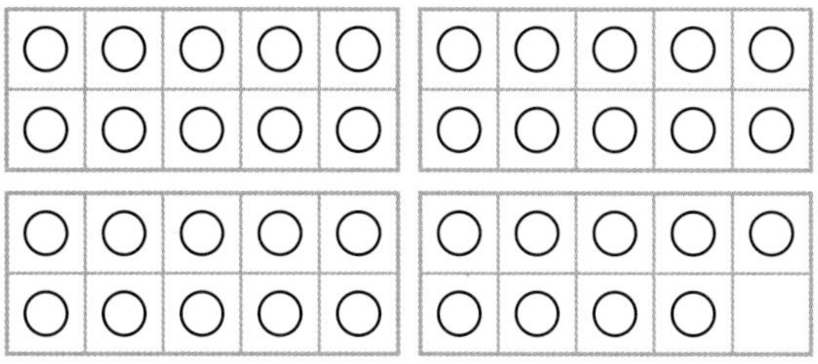

39－2＝□

3 65－4를 수 모형으로 구해 보세요.

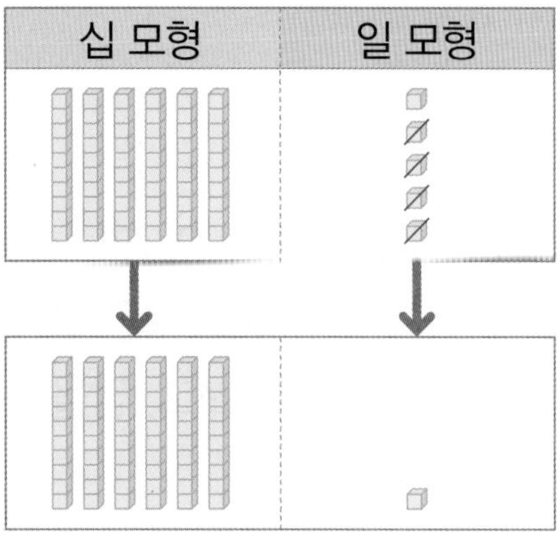

65－4＝□

4 □ 안에 알맞은 수를 써넣으세요.

$$\begin{array}{rcc} & 7 & 9 \\ - & & 5 \\ \hline & & \square \end{array} \rightarrow \begin{array}{rcc} & 7 & 9 \\ - & & 5 \\ \hline & \square & \square \end{array}$$

5 뺄셈을 해 보세요.

(1) 43－3＝□

(2) 57－5＝□

(3)
$$\begin{array}{rcc} & 3 & 4 \\ - & & 1 \\ \hline & & \square \end{array}$$

(4)
$$\begin{array}{rcc} & 9 & 8 \\ - & & 6 \\ \hline & & \square \end{array}$$

6 □ 안에 알맞은 수를 써넣으세요.

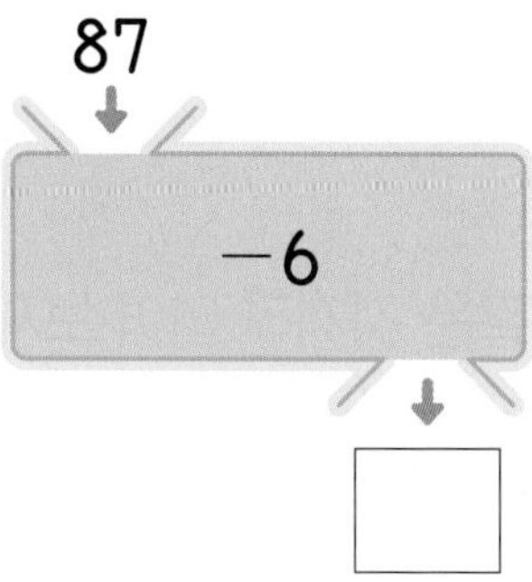

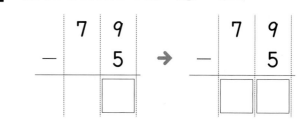

01 그림을 보고 □ 안에 알맞은 수를 써넣으세요.

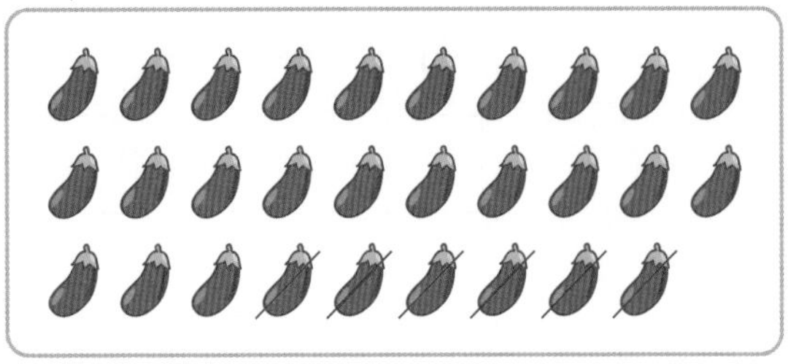

29－6＝□

02 빈칸에 두 수의 차를 써넣으세요.

(1)

(2)

03 그림을 보고 □ 안에 알맞은 수를 써넣으세요.

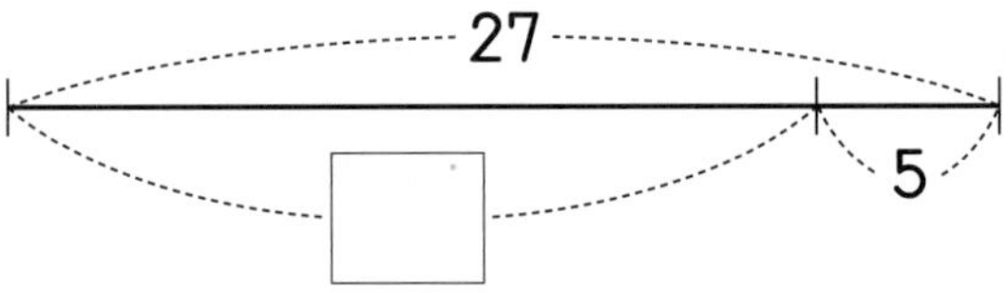

04 차가 같은 것끼리 이어 보세요.

26－2	39－8	78－3
•	•	•
•	•	•
35－4	77－2	27－3

디지털 문해력

05 소미가 올린 온라인 게시물입니다. 소미가 사용하고 남은 색종이는 몇 장인가요?

hi_donga

좋아요 16개

문구점에서 사 온 꽃무늬 색종이
25장 들어 있었는데 종이접기 하느라 벌써
4장이나 사용했다. 남은 건 아껴 써야지!

(　　　　　)

06 차가 가장 큰 것을 찾아 ○표 하세요.

46－2	38－1	49－7
(　　)	(　　)	(　　)

07 책꽂이에 동화책이 76권, 과학책이 4권 꽂혀 있습니다. 동화책은 과학책보다 몇 권 더 많은지 식을 쓰고, 답을 구해 보세요.

식

답

창의형

08 민규네 가족의 나이입니다. 민규네 가족 중 한 명을 골라 민규와 나이를 비교해 보세요.

• 할머니: 66살 • 아빠: 39살
• 엄마: 37살 • 민규: 6살

☐는 민규보다 ☐살 더 많습니다.

09 ☐ 안에 알맞은 수를 써넣으세요.

$$\begin{array}{r} 4\ \square \\ -\quad 1 \\ \hline 4\ 5 \end{array}$$

10 이야기를 완성해 보세요.

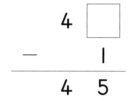

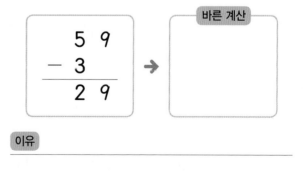

배 36개 중에서 4개가 떨어져 남은 배는 ☐개, 사과 29개 중에서 5개가 떨어져 남은 사과는 ☐개가 되었어요.

서술형 문제

11 86−4를 다음과 같이 계산하였습니다. 잘못 계산한 이유를 쓰고, 바르게 계산해 보세요.

$$\begin{array}{r} 8\ 6 \\ -\ 4\ \ \\ \hline 4\ 6 \end{array}$$

이유 ❶ 4는 (10개씩 묶음 , 낱개)의 수이므로 86의 낱개의 수인 ☐에서 빼야 하는데 10개씩 묶음의 수인 ☐에서 뺐으므로 잘못 계산하였습니다.

바른 계산 ❷ ☐

12 59−3을 다음과 같이 계산하였습니다. 잘못 계산한 이유를 쓰고, 바르게 계산해 보세요.

$$\begin{array}{r} 5\ 9 \\ -\ 3\ \ \\ \hline 2\ 9 \end{array}$$ → 바른 계산 ☐

이유

6 단원 3회

학습 결과에 색칠하세요.

4회 개념 학습

학습일:　　월　　일

개념 1 (몇십)−(몇십)

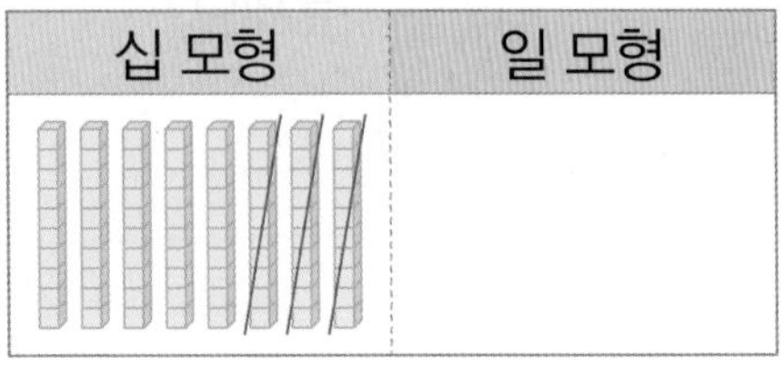

$$\begin{array}{r} 80 \\ -\ 30 \\ \hline \end{array}$$

↓

십 모형은 8−3=5(개)예요.

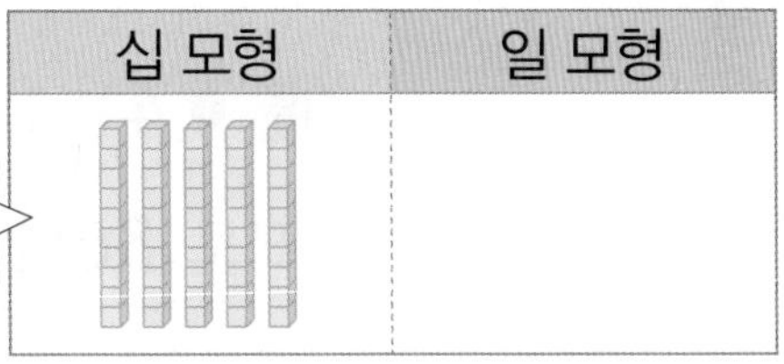

$$\begin{array}{r} 80 \\ -\ 30 \\ \hline 50 \end{array}$$

낱개의 수 0을 그대로 내려 쓰고, 10개씩 묶음의 수끼리 빼요.

확인 1 그림을 보고 □ 안에 알맞은 수를 써넣으세요.

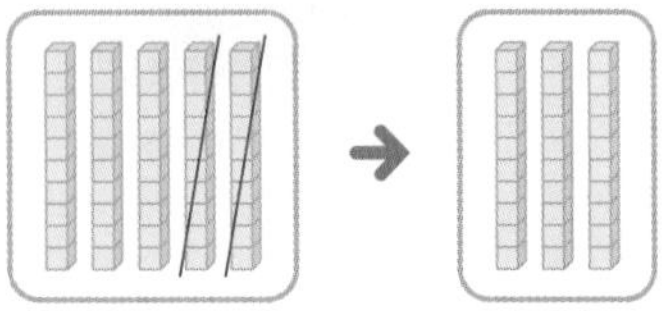

50−20=□

개념 2 (몇십몇)−(몇십몇)

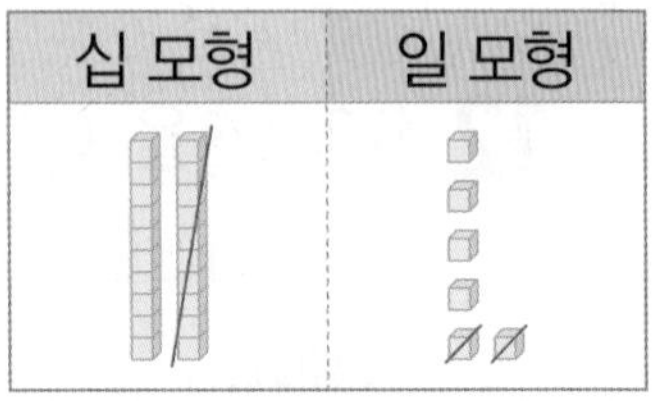

$$\begin{array}{r} 26 \\ -\ 12 \\ \hline \end{array}$$

↓

십 모형은 2−1=1(개)예요.

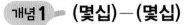

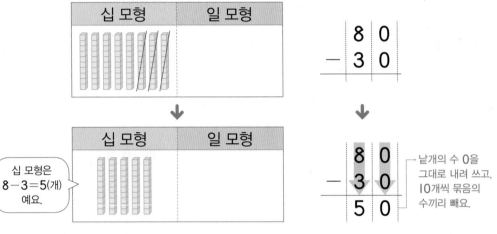

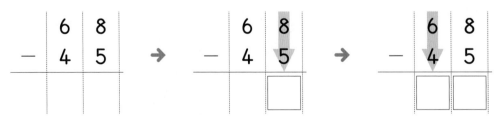

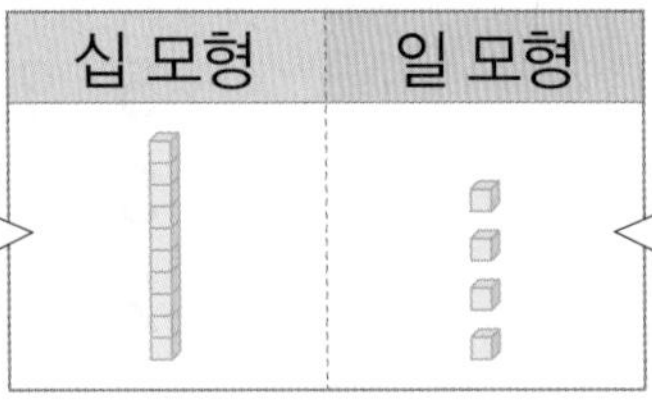

일 모형은 6−2=4(개)예요.

$$\begin{array}{r} 26 \\ -\ 12 \\ \hline 14 \end{array}$$

낱개의 수끼리 빼고, 10개씩 묶음의 수끼리 빼요.

확인 2 □ 안에 알맞은 수를 써넣으세요.

$$\begin{array}{r} 68 \\ -\ 45 \\ \hline \end{array} \rightarrow \begin{array}{r} 68 \\ -\ 45 \\ \hline \square \end{array} \rightarrow \begin{array}{r} 68 \\ -\ 45 \\ \hline \square\square \end{array}$$

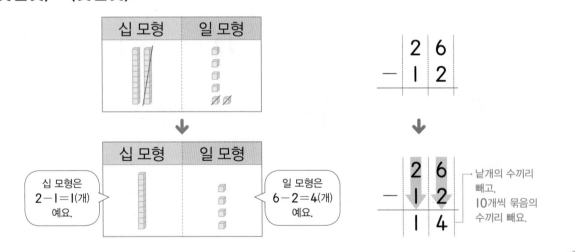

1 그림을 보고 □ 안에 알맞은 수를 써넣으세요.

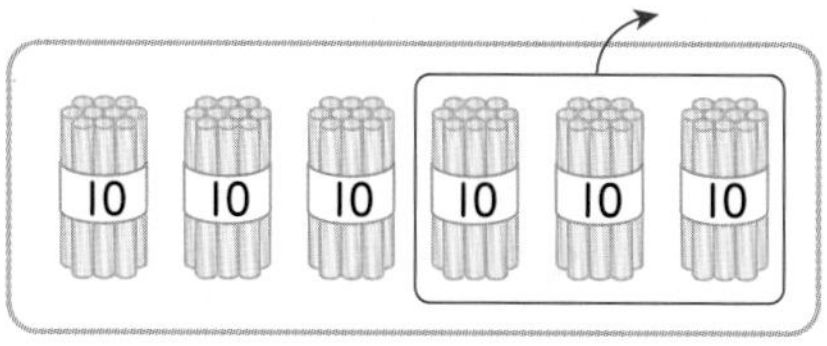

60 − 30 = □

2 74 − 22를 수 모형으로 구해 보세요.

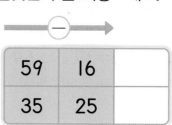

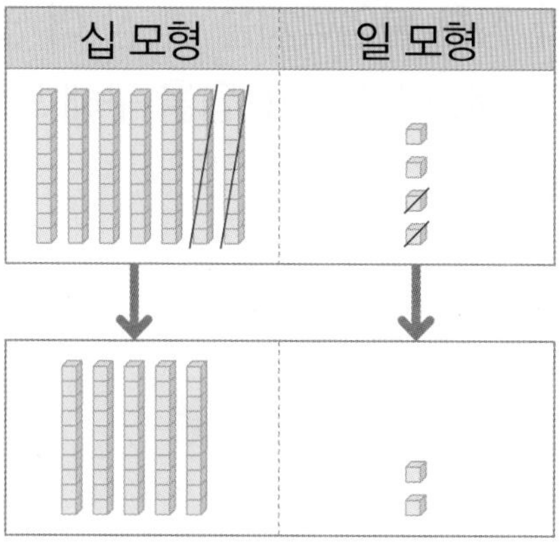

74 − 22 = □

3 □ 안에 알맞은 수를 써넣으세요.

(1)

	4	0			4	0
−	2	0	➔	−	2	0
		□			□	□

(2)

	9	7			9	7
−	4	4	➔	−	4	4
		□			□	□

4 뺄셈을 해 보세요.

(1) 90 − 50 = □

(2) 84 − 30 = □

(3)

	5	8
−	3	2
	□	

(4)

	6	9
−	4	5
	□	

5 87 − 13의 차를 찾아 ○표 하세요.

64	74	56
(　　)	(　　)	(　　)

6 빈칸에 알맞은 수를 써넣으세요.

−→

59	16	
35	25	

01 남은 달걀은 몇 개인지 구하려고 합니다. □ 안에 알맞은 수를 써넣으세요.

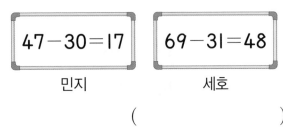

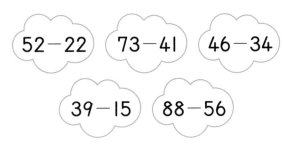

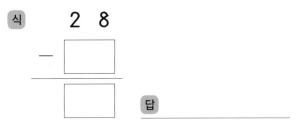

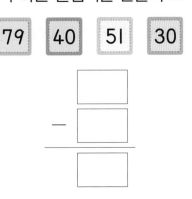

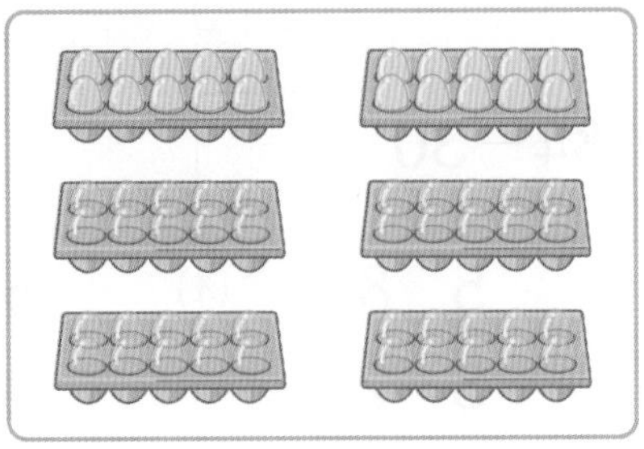

60 − □ = □

02 두 수의 차가 50인 것에 ○표 하세요.

90, 30 ( )

20, 70 ( )

03 잘못 계산한 사람은 누구인가요?

47 − 30 = 17 (민지)

69 − 31 = 48 (세호)

( )

04 차가 같은 것을 모두 찾아 색칠해 보세요.

52 − 22   73 − 41   46 − 34   39 − 15   88 − 56

05 칭찬 붙임딱지를 윤호는 28장, 나은이는 14장 가지고 있습니다. 윤호는 나은이보다 칭찬 붙임딱지를 몇 장 더 많이 가지고 있는지 식을 쓰고, 답을 구해 보세요.

식
```
  2 8
− □
─────
  □
```

답 ______

창의형

06 4장의 수 카드 중에서 2장을 골라 두 수의 차를 구하는 뺄셈식을 만들어 보세요.

79   40   51   30

```
  □
− □
─────
  □
```

07 빈칸에 알맞은 수를 써넣으세요.

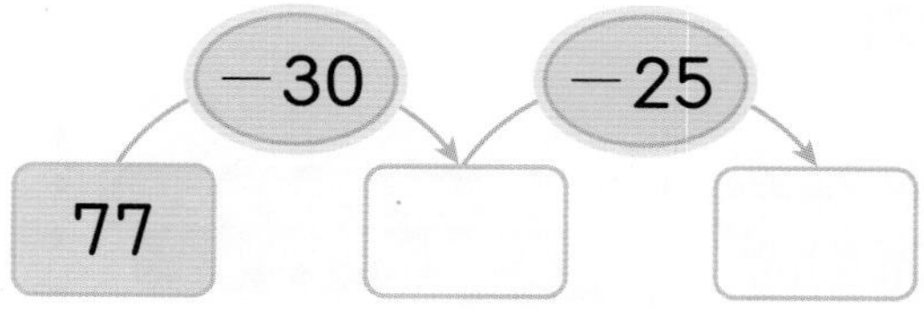

08 짝 지은 두 수의 차를 아래의 빈칸에 써넣으세요.

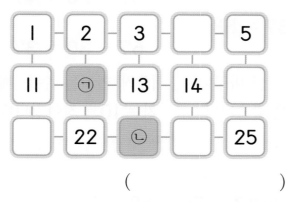

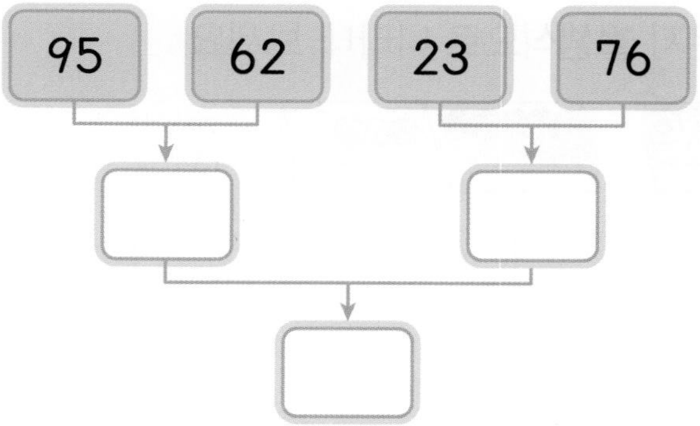

09 규칙에 따라 빈칸을 채우고, ㉡−㉠을 구해 보세요.

1	2	3		5
11	㉠	13	14	
	22	㉡		25

(　　　　　　　　)

서술형 문제

10 파란색 리본은 25개 있고, 빨간색 리본은 파란색 리본보다 11개 더 적게 있습니다. 파란색 리본과 빨간색 리본은 모두 몇 개인지 풀이 과정을 쓰고, 답을 구해 보세요.

❶ 빨간색 리본은 파란색 리본보다 □개 더 적게 있으므로 25−□=□(개) 있습니다.

❷ 따라서 파란색 리본과 빨간색 리본은 모두 25+□=□(개)입니다.

답 ____________

11 훌라후프를 연우는 24번 돌렸고, 지아는 연우보다 13번 더 적게 돌렸습니다. 연우와 지아는 훌라후프를 모두 몇 번 돌렸는지 풀이 과정을 쓰고, 답을 구해 보세요.

답 ____________

6 단원 4회

학습 결과에 색칠하세요.

5회 개념 학습

학습일: 월 일

개념 1 **그림을 보고 덧셈식과 뺄셈식으로 나타내기**

- 딸기우유와 흰 우유는 **모두** 몇 개인지 **덧셈식**으로 나타내기 ➔ 12＋25＝37
- 초코우유는 딸기우유보다 **몇 개 더 많은지 뺄셈식**으로 나타내기 ➔ 23－12＝11

확인 1 그림을 보고 도넛은 과자보다 몇 개 더 많은지 뺄셈식으로 나타내 보세요.

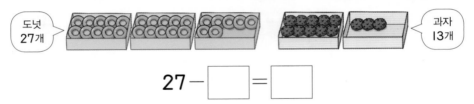

27－☐＝☐

개념 2 **덧셈과 뺄셈**

25 ＋ 10 ＝ 35
(＋10, ＋10)
25 ＋ 20 ＝ 45
(＋10, ＋10)
25 ＋ 30 ＝ 55

10씩 커지는 수를 더하면 합도 10씩 커집니다.

37 ＋ 21 ＝ 58
21 ＋ 37 ＝ 58

두 수의 순서를 바꾸어 더해도 합은 같습니다.

67 － 10 ＝ 57
(＋10, －10)
67 － 20 ＝ 47
(＋10, －10)
67 － 30 ＝ 37

10씩 커지는 수를 빼면 차는 10씩 작아집니다.

확인 2 덧셈을 해 보세요.

(1) 22 ＋ 34 ＝56

34 ＋ 22 ＝☐

(2) 12 ＋ 56 ＝68

56 ＋ 12 ＝☐

| 1~4 | 장난감 가게에 장난감이 진열되어 있습니다. 그림을 보고 물음에 답하세요.

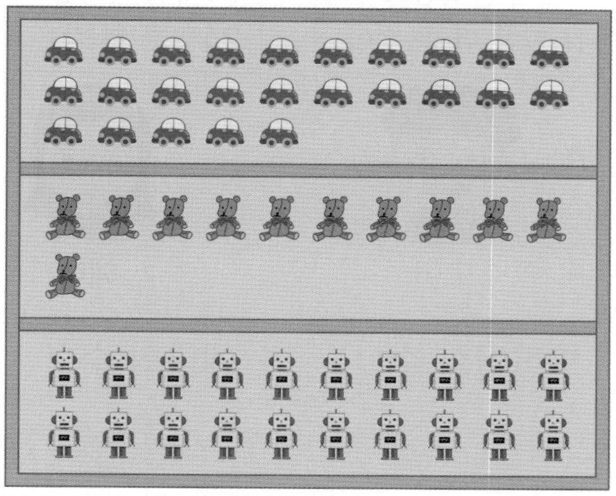

1 장난감 자동차와 곰 인형은 모두 몇 개인지 덧셈식으로 나타내 보세요.

25＋□＝□

2 곰 인형과 로봇은 모두 몇 개인지 덧셈식으로 나타내 보세요.

11＋□＝□

3 장난감 자동차는 로봇보다 몇 개 더 많은지 뺄셈식으로 나타내 보세요.

25－□＝□

4 장난감 자동차는 곰 인형보다 몇 개 더 많은지 뺄셈식으로 나타내 보세요.

25－□＝□

5 덧셈을 해 보세요.

17＋10＝27
17＋20＝□
17＋30＝□
17＋40＝□

6 □ 안에 알맞은 수를 써넣으세요.

38＋10＝□
48＋10＝□
58＋10＝□

10씩 커지는 수에 같은 수를 더하면 합도 □씩 커집니다.

7 뺄셈을 해 보세요.

59－11＝□
59－12＝□
59－13＝□
59－14＝□

01 크레파스는 모두 몇 자루인지 덧셈식으로 나타내 보세요.

$$\boxed{} + \boxed{} = \boxed{}$$

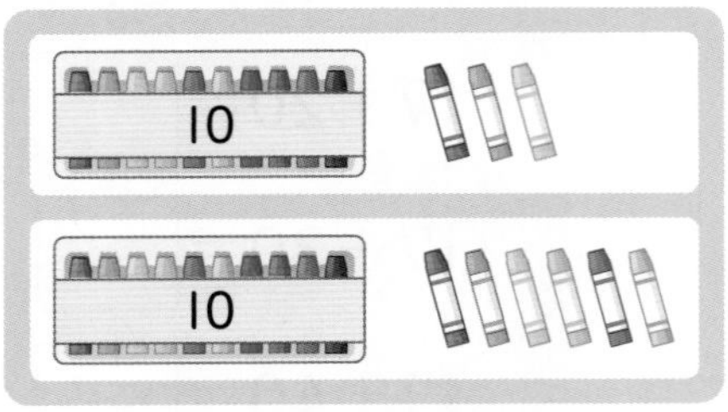

02 그림을 보고 물음에 답하세요.

(1) 배는 사과보다 몇 개 더 많은지 뺄셈식으로 나타내 보세요.

$$\boxed{} - \boxed{} = \boxed{}$$

(2) 배 **4**개를 먹는다면 남는 배는 몇 개인지 뺄셈식으로 나타내 보세요.

$$\boxed{} - \boxed{} = \boxed{}$$

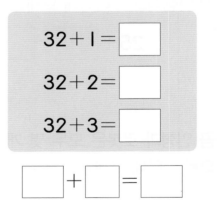

03 빈칸에 알맞은 수를 써넣으세요.

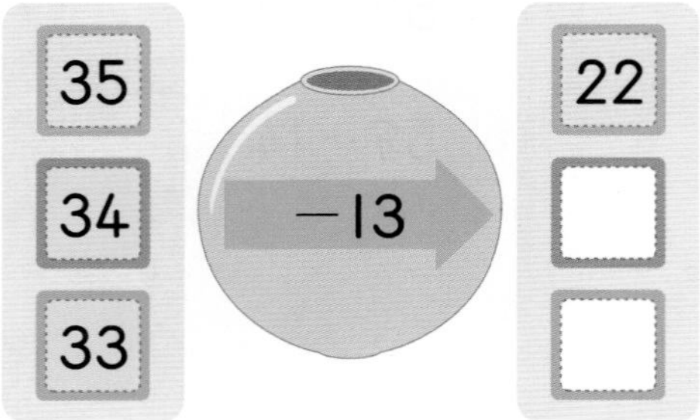

04 친구들이 말하는 수를 각각 구해 보세요.

내 수는 40보다 16만큼 더 큰 수야.

도현

내 수는 75보다 24만큼 더 작은 수야.

예나

도현이의 수: $\boxed{}$, 예나의 수: $\boxed{}$

05 덧셈을 하고, 바로 다음에 올 덧셈식을 써 보세요.

$$32 + 1 = \boxed{}$$
$$32 + 2 = \boxed{}$$
$$32 + 3 = \boxed{}$$

$$\boxed{} + \boxed{} = \boxed{}$$

창의형
06 두 주머니에서 수를 하나씩 골라 식을 써 보세요.

$$\boxed{} + \boxed{} = \boxed{}$$

$$\boxed{} - \boxed{} = \boxed{}$$

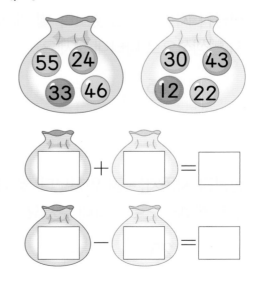

창의형

07 그림을 보고 덧셈식과 뺄셈식으로 나타내 보세요.

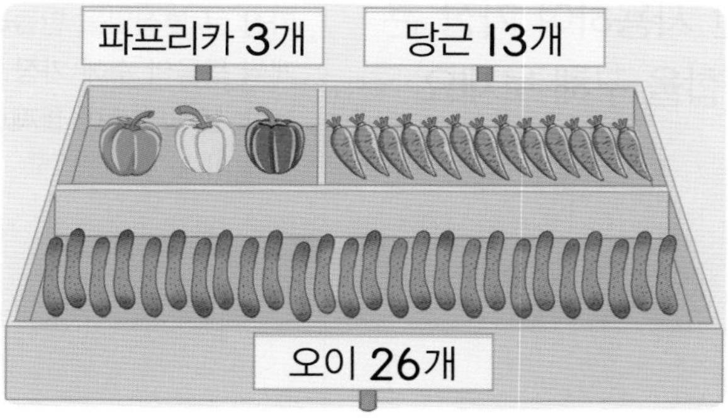

□ + □ = □

□ − □ = □

08 하로는 친구들과 공 던지기 놀이를 하고 있습니다. 바구니에 공을 하로는 27개 넣었고, 주호는 21개 넣었습니다. 물음에 답하세요.

(1) 하로와 주호가 넣은 공은 모두 몇 개인가요?

( )

(2) 하로는 주호보다 공을 몇 개 더 많이 넣었나요?

( )

09 민호네 반 학생 중 남학생은 16명, 여학생은 13명입니다. 반 학생 중 안경을 쓴 학생이 7명이라면 안경을 쓰지 않은 학생은 몇 명인가요?

( )

서술형 문제

| 10~11 | 책상 위에 연결 모형이 놓여 있습니다. 그림을 보고 물음에 답하세요.

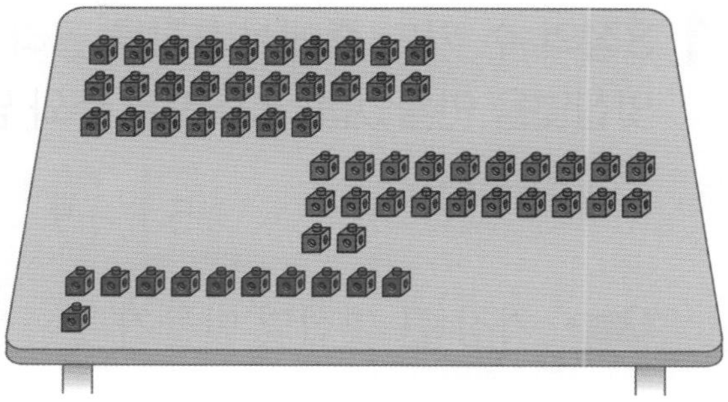

10 덧셈 이야기를 만들고, 덧셈식으로 나타내 보세요.

이야기 ❶ 책상 위에 있는 빨간색 연결 모형과 (초록색 , 파란색) 연결 모형은 모두 몇 개인가요?

덧셈식 ❷ 27 + □ = □

11 뺄셈 이야기를 만들고, 뺄셈식으로 나타내 보세요.

이야기

뺄셈식

6 단원 5회

학습 결과에 색칠하세요.

6회 응용 학습

학습일: 월 일

수 카드로 몇십몇을 만들어 덧셈과 뺄셈하기

01 3장의 수 카드 중에서 2장을 골라 한 번씩만 사용하여 가장 큰 몇십몇을 만들었습니다. 만든 수와 남은 수의 합을 구해 보세요.

5 9 4

1단계 가장 큰 몇십몇 만들기

( )

2단계 만든 수와 남은 수의 합 구하기

( )

문제해결 TIP

가장 큰 몇십몇을 만들려면 10개씩 묶음의 수에 가장 큰 수를 놓고, 낱개의 수에 둘째로 큰 수를 놓아요.

02 3장의 수 카드 중에서 2장을 골라 한 번씩만 사용하여 가장 큰 몇십몇을 만들었습니다. 만든 수와 남은 수의 차를 구해 보세요.

2 8 6

( )

03 4장의 수 카드 중에서 2장을 골라 한 번씩만 사용하여 몇십몇을 만들려고 합니다. 만들 수 있는 가장 큰 수와 가장 작은 수의 합을 구해 보세요.

1 5 2 4

( )

가장 작은 몇십몇을 만들 때는 10개씩 묶음의 수에 가장 작은 수를 놓고, 낱개의 수에 둘째로 작은 수를 놓으면 돼!

정답 42쪽

각 모양(그림)에 알맞은 수 구하기

04 ■와 ▲에 알맞은 수를 각각 구해 보세요.

$$\begin{array}{r} ■\ 2 \\ +\ 5\ ▲ \\ \hline 8\ 7 \end{array}$$

1단계 ▲에 알맞은 수 구하기

(　　　　　　　　)

2단계 ■에 알맞은 수 구하기

(　　　　　　　　)

문제해결 TIP

낱개의 수끼리 더하면 7, 10개씩 묶음의 수끼리 더하면 8임을 이용하여 각 모양에 알맞은 수를 구해요.

6 단원 6회

05 ★과 ●에 알맞은 수를 각각 구해 보세요.

$$\begin{array}{r} 4\ ★ \\ -\ ●\ 5 \\ \hline 3\ 4 \end{array}$$

★ (　　　　　　　　), ● (　　　　　　　　)

06 같은 그림은 같은 수를 나타냅니다. 와 에 알맞은 수를 각각 구해 보세요.

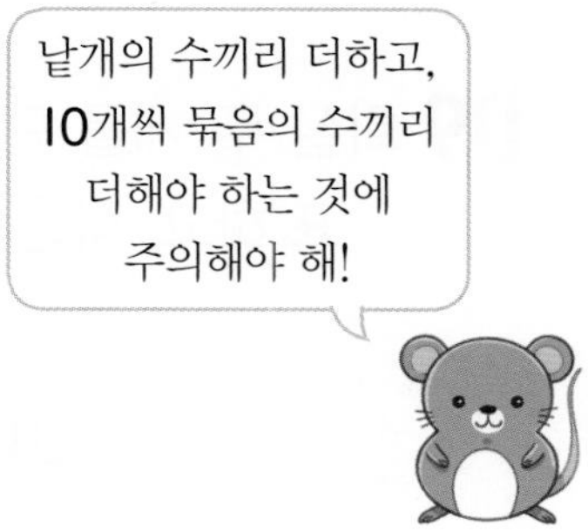

 (　　　　　　　　),  (　　　　　　　　)

6회 응용 학습

합 또는 차가 주어진 두 수 찾기

07 차가 32가 되는 두 수를 찾아 써 보세요.

1단계 주어진 수 중에서 낱개의 수의 차가 2인 두 수 모두 찾기

23과 ☐, 77과 ☐

2단계 **1단계**에서 찾은 두 수의 차 각각 구하기

☐ − 23 = ☐, 77 − ☐ = ☐

3단계 차가 32가 되는 두 수 쓰기

( )

문제해결 TIP

낱개의 수의 차가 2인 두 수를 먼저 찾은 다음 찾은 두 수의 차가 32가 되는지 확인해요.

08 차가 13이 되는 두 수를 찾아 써 보세요.

( )

09 화살 두 개를 던져 맞힌 두 수의 합이 46입니다. 맞힌 두 수에 ○표 하고, 식을 완성해 보세요.

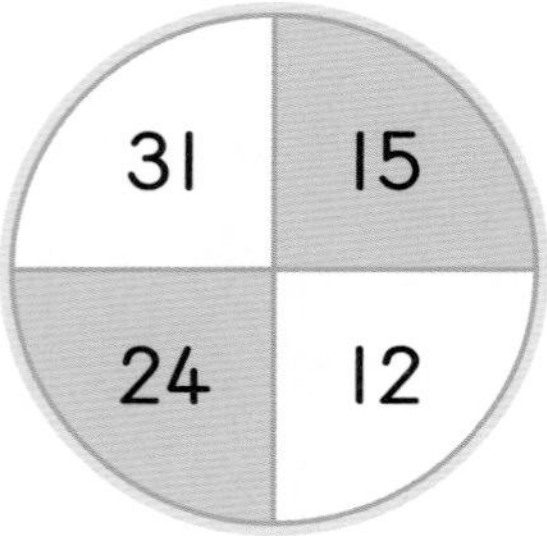

☐ + ☐ = 46

낱개의 수의 합이 6인 두 수를 먼저 찾은 다음 두 수의 합이 46이 되는지 확인해 봐!

정답 42쪽

$>$, $<$가 있는 식에서 □ 안에 들어갈 수 있는 수 구하기

10 0부터 9까지의 수 중에서 □ 안에 들어갈 수 있는 수를 모두 구해 보세요.

$$21+35<5\square$$

1단계 21+35 계산하기

( )

2단계 □ 안에 들어갈 수 있는 수의 조건 알기

□ 안에는 [ ] 보다 큰 수가 들어가야 합니다.

3단계 □ 안에 들어갈 수 있는 수를 모두 쓰기

( )

문제해결 TIP

먼저 21+35를 계산한 다음 □ 안에 들어갈 수 있는 수의 조건을 찾아 답을 구해요.

11 0부터 9까지의 수 중에서 □ 안에 들어갈 수 있는 수를 모두 구해 보세요.

$$98-54>4\square$$

( )

12 종이에 물감을 떨어뜨려 수가 보이지 않습니다. 0부터 9까지의 수 중에서 물감을 떨어뜨린 부분에 들어갈 수 있는 수는 모두 몇 개인지 구해 보세요.

$$40+33>7$$

( )

먼저 40+33을 계산한 다음 계산한 값보다 작은 7□를 모두 찾아봐!

학습 결과에 색칠하세요.

7회 마무리 평가

학습일: 월 일

01 그림을 보고 □ 안에 알맞은 수를 써넣으세요.

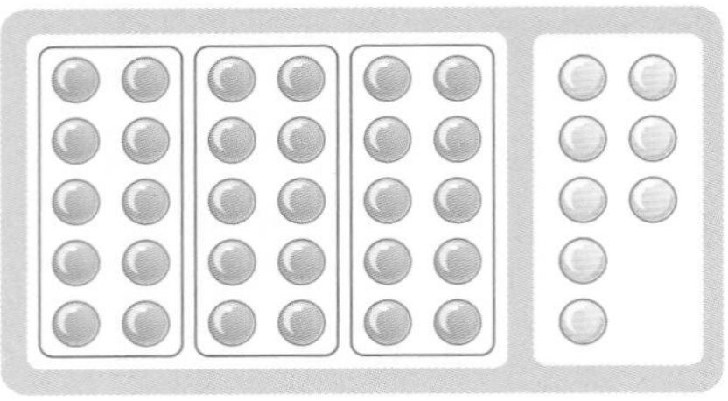

30+8=□

02 덧셈을 해 보세요.

20+60=□

03 □ 안에 알맞은 수를 써넣으세요.

52 → +27 → □

04 그림을 보고 □ 안에 알맞은 수를 써넣으세요.

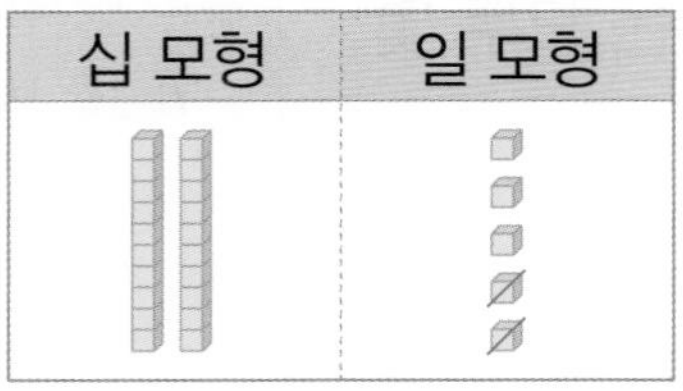

25−2=□

05 뺄셈을 해 보세요.

$$\begin{array}{r} 78 \\ -\ 22 \\ \hline \square \end{array}$$

06 □ 안에 알맞은 수를 써넣으세요.

33+1=□

33+2=□

33+3=□

33+4=□

같은 수에 1씩 커지는 수를 더하면 합도 □씩 커집니다.

07 51+4를 계산한 것입니다. 바르게 계산한 것에 ○표 하세요.

$\begin{array}{r} 51 \\ +\ \ 4 \\ \hline 55 \end{array}$	$\begin{array}{r} 51 \\ +\ 4\ \\ \hline 91 \end{array}$
( )	( )

08 사탕을 진수는 20개 가지고 있고, 호영이는 진수보다 40개 더 많이 가지고 있습니다. 호영이가 가지고 있는 사탕은 모두 몇 개인지 식을 쓰고, 답을 구해 보세요.

식 ______________________

답 ______________

09 빈칸에 알맞은 수를 써넣으세요.

56 → (+3) → [ ] → (+20) → [ ]

10 두 수의 합이 78인 것을 찾아 ○표 하세요.

62, 17	58, 10	34, 44
(　　)	(　　)	(　　)

11 연필꽂이에 연필이 32자루씩 꽂혀 있습니다. 연필꽂이 2개에 꽂혀 있는 연필은 모두 몇 자루인가요?

(　　　　　　　)

12 두 수의 차를 구해 보세요.

45　　3

(　　　　　　　)

13 계산 결과가 같은 것끼리 이어 보세요.

62+4 •	• 74−11
31+16 •	• 89−23
40+23 •	• 49−2

서술형

14 아영이네 반에서 우유 급식을 신청한 사람은 26명입니다. 우유 통에 우유가 11개 남아 있다면 우유를 가져간 사람은 몇 명인지 풀이 과정을 쓰고, 답을 구해 보세요.

____

____

____

____

답 ______________

6 단원 7회

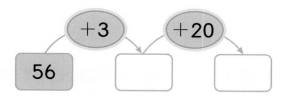

15 차가 가장 작은 것을 찾아 △표 하세요.

80−20	70−30	90−40
()	()	()

16 같은 모양에 적힌 수의 차를 구해 보세요.

△ 55	⊞ 48	◉ 10
◯ 30	◺ 24	🖼 31

■ [　], ▲ [　], ● [　]

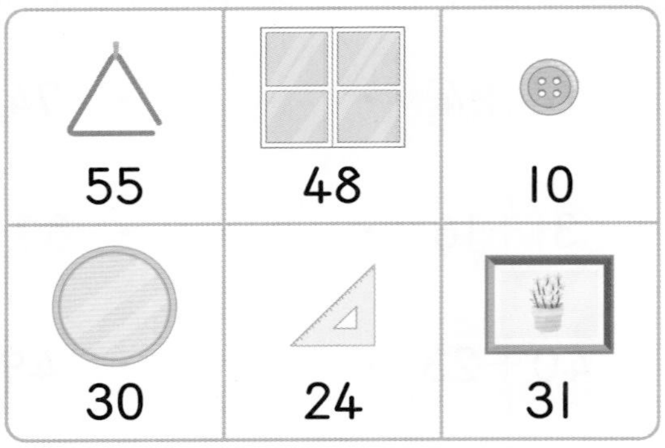

17 뺄셈을 하고, 바로 다음에 올 뺄셈식을 써 보세요.

$67-11=$ [　]
$67-12=$ [　]
$67-13=$ [　]

[　] − [　] = [　]

| **18~19** | 책꽂이에 책이 꽂혀 있습니다. 그림을 보고 물음에 답하세요.

빨간색 책 26권
파란색 책 12권
노란색 책 3권

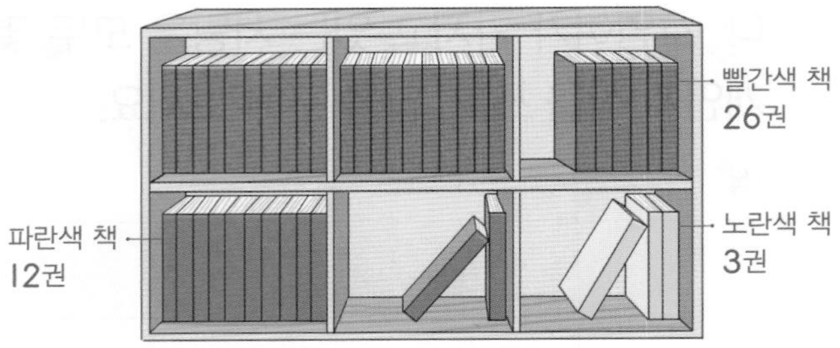

18 빨간색 책과 노란색 책은 모두 몇 권인지 덧셈식으로 나타내 보세요.

[　] + [　] = [　]

19 빨간색 책은 파란색 책과 노란색 책을 합한 것보다 몇 권 더 많은지 뺄셈식으로 나타내 보세요.

[　] − [　] = [　]

20 그림을 보고 덧셈식과 뺄셈식으로 나타내 보세요.

지우개, 가위, 자, 풀

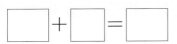

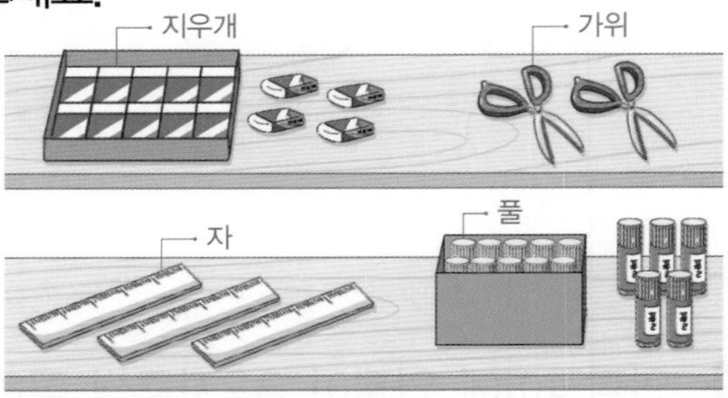

지우개	가위	자	풀
14개	2개	3개	15개

[　] + [　] = [　]

[　] − [　] = [　]

21 더 큰 수의 기호를 써 보세요.

㉠ 24보다 13만큼 더 큰 수
㉡ 49보다 16만큼 더 작은 수

(　　　　　　　)

22 □ 안에 알맞은 수를 써넣으세요.

$$\begin{array}{r} \square\ 7 \\ -\ 5\ \square \\ \hline 1\ 5 \end{array}$$

서술형

23 4장의 수 카드 중에서 2장을 골라 한 번씩만 사용하여 몇십몇을 만들려고 합니다. 만들 수 있는 가장 큰 수와 가장 작은 수의 차는 얼마인지 풀이 과정을 쓰고, 답을 구해 보세요.

4　2　5　6

답

수행평가

| 24~25 | 수족관에 열대어와 금붕어가 다음과 같이 있습니다. 물음에 답하세요.

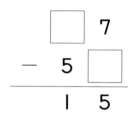

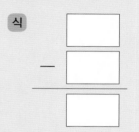

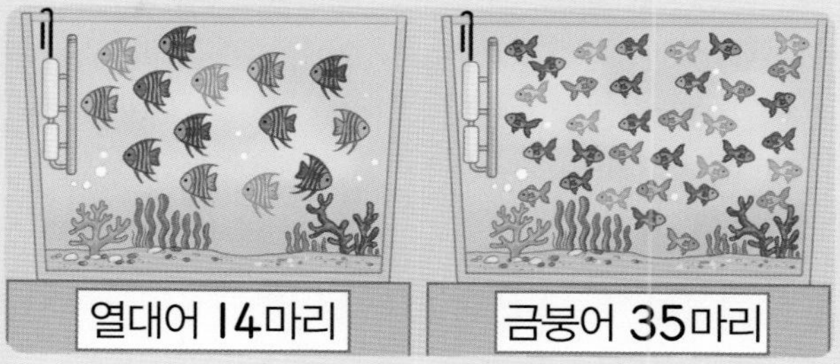

24 열대어와 금붕어 중에서 어느 물고기가 몇 마리 더 많은지 식을 쓰고, 답을 구해 보세요.

식 $$\begin{array}{r} \square \\ -\ \square \\ \hline \square \end{array}$$

답 (열대어 , 금붕어)가 □마리 더 많습니다.

25 열대어가 있는 어항에 열대어 13마리를 더 넣었습니다. 열대어는 모두 몇 마리인지 풀이 과정을 쓰고, 답을 구해 보세요.

답

6 단원 7회

학습 결과에 색칠하세요.

MEMO

백점

2022 개정 교육과정

수학 1·2

평가북

- 학교 시험 대비 수준별 **단원 평가**
- 핵심만 모은 **총정리 개념**

동아출판

∘ 평가북 구성과 특징

1 **수준별 단원 평가**가 있습니다.

A단계, B단계 두 가지 난이도로 **단원 평가**를 제공

2 **총정리 개념**이 있습니다.

학습한 내용을 점검하며 마무리할 수 있도록 각 단원의 핵심 개념을 제공

백점
수학 1·2
평가북

차례

01 □ 안에 알맞은 수를 써넣으세요.

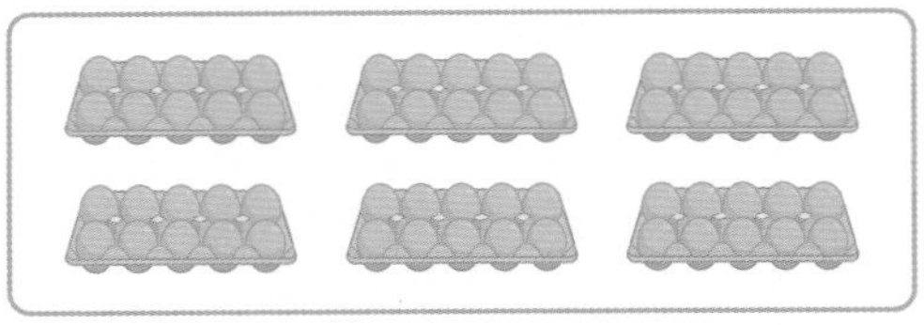

10개씩 묶음 □개 → □

02 수를 세어 빈칸에 알맞은 수를 써넣으세요.

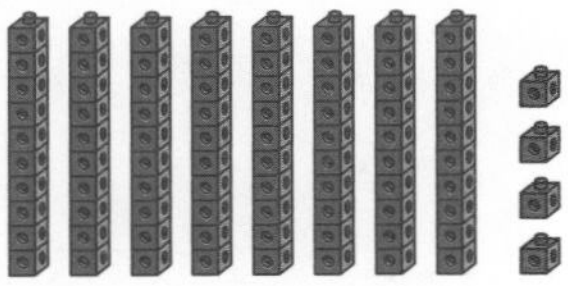

10개씩 묶음	낱개

→ □

03 수의 순서대로 빈칸에 알맞은 수를 써넣으세요.

68 - 69 - □ - 71 - □

04 수를 세어 □ 안에 써넣고, 더 작은 수에 △표 하세요.

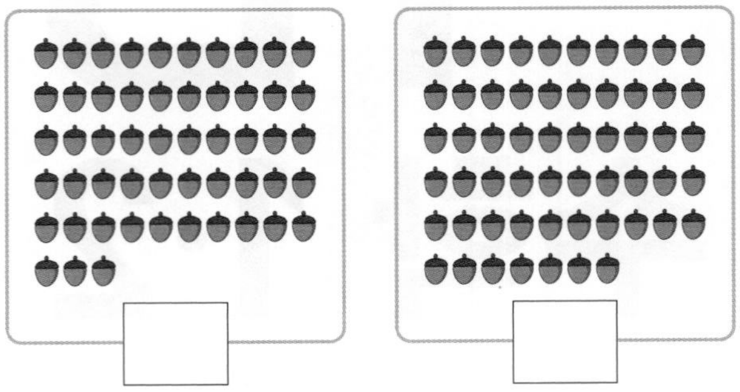

(　　　)　(　　　)

05 공깃돌의 수를 세어 짝수인지 홀수인지 ○표 하세요.

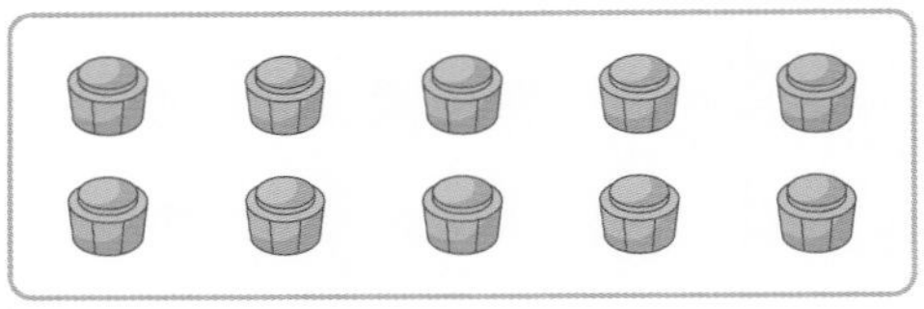

(짝수 , 홀수)

06 나타내는 수가 다른 하나를 찾아 ○표 하세요.

80　팔십　아흔　여든

07 연서는 캐릭터 카드를 70장 사려고 합니다. 캐릭터 카드를 10장씩 묶음으로만 판매한다면 연서는 캐릭터 카드를 몇 묶음 사야 할까요?

(　　　　　)

08 다음 중 수를 바르게 읽은 것은 어느 것인가요? (   )

① 62—예순이 ② 74—칠십넷
③ 89—여든구 ④ 66—육십여섯
⑤ 95—구십오

09 야구공의 수를 세어 써 보세요.

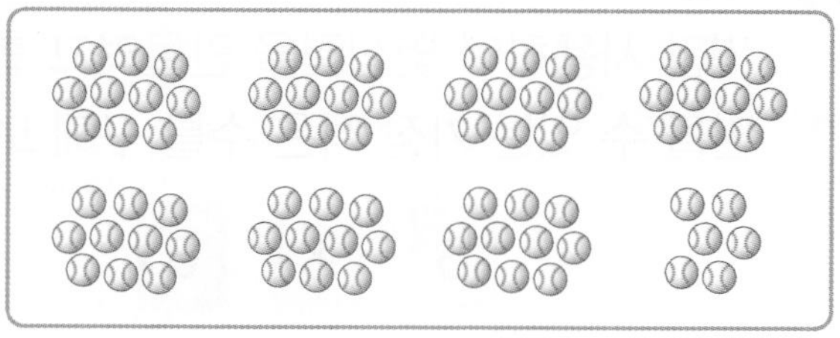

□

10 수를 넣어 바르게 이야기한 사람은 누구인가요?

63

육십삼 번 버스를 타면 우리집에 갈 수 있어.
예순셋 층에 내리면 전망대가 나와.
소율
시우

(   )

11 수를 순서대로 이어 보세요.

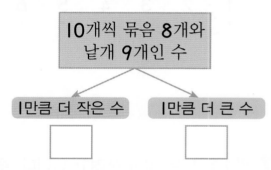

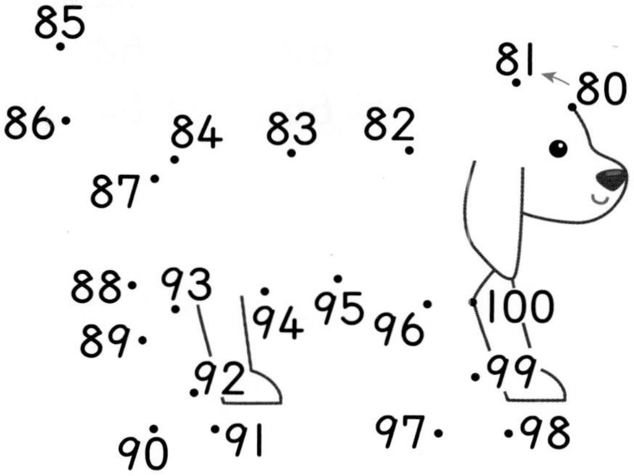

12 빈칸에 알맞은 수를 써넣으세요.

10개씩 묶음 8개와 낱개 9개인 수

1만큼 더 작은 수	1만큼 더 큰 수
□	□

13 두 수의 크기를 비교하여 ○ 안에 >, <를 알맞게 써넣으세요.

71 ○ 65

14 84보다 큰 수를 모두 찾아 ○표 하세요.

50 83 92 79 88

1
단원

정답 45쪽

15 큰 수부터 차례로 기호를 써 보세요.

㉠ 62	㉡ 68
㉢ 66	㉣ 64

( )

16 짝수는 빨간색으로, 홀수는 파란색으로 이어 보세요.

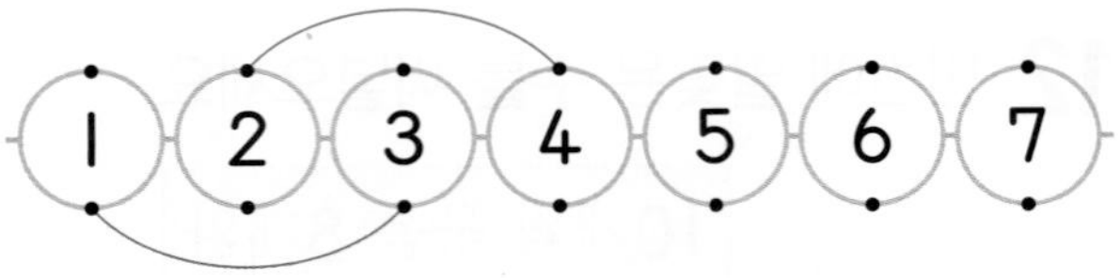

서술형

17 짝수를 모두 찾아 쓰려고 합니다. 풀이 과정을 쓰고, 답을 구해 보세요.

9 12 20 13 8

답

18 딱지를 다율이는 82장, 경서는 87장, 예준이는 79장 모았습니다. 딱지를 가장 많이 모은 사람은 누구인가요?

( )

19 3장의 수 카드 중에서 2장을 골라 한 번씩만 사용하여 몇십몇을 만들려고 합니다. 만들 수 있는 가장 작은 수를 구해 보세요.

5 8 6

( )

서술형

20 11과 18 사이에 있는 수 중에서 홀수는 모두 몇 개인지 풀이 과정을 쓰고, 답을 구해 보세요.

답

단원 평가 B단계

1. 100까지의 수

점수 /

01 수로 나타내어 보세요.

아흔

(　　　　　　　　　)

02 수를 세어 □ 안에 알맞은 수를 써넣으세요.

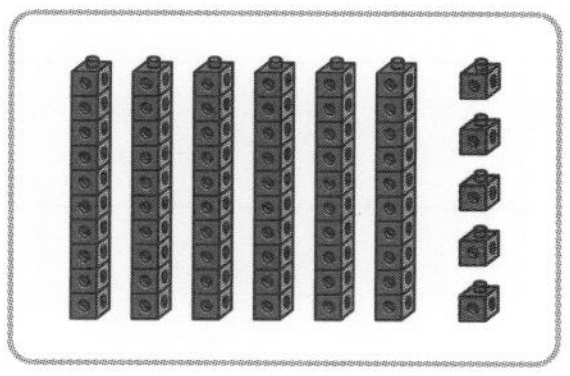

10개씩 묶음 □개와 낱개 □개

→ □

03 빈칸에 알맞은 수를 써넣으세요.

1만큼 더 작은 수　　　1만큼 더 큰 수

□ — 99 — □

04 둘씩 짝을 지어 보고, 짝수인지 홀수인지 ○표 하세요.

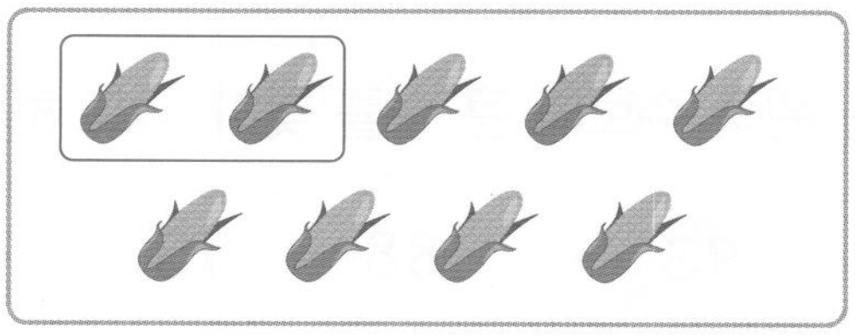

9는 (짝수 , 홀수)입니다.

05 알맞게 이어 보세요.

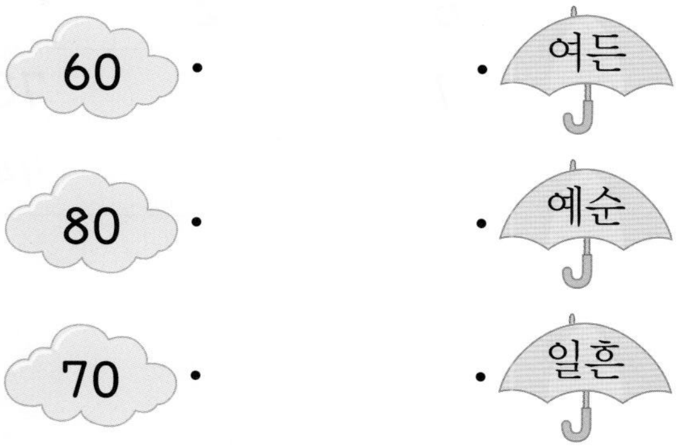

06 양파가 한 봉지에 10개씩 들어 있습니다. 8봉지에 들어 있는 양파는 모두 몇 개인지 구해 보세요.

(　　　　　　　　　)

07 빨간색 공을 왼쪽과 같은 상자에 담으려고 합니다. 빨간색 공을 모두 담으려면 몇 상자가 필요할까요?

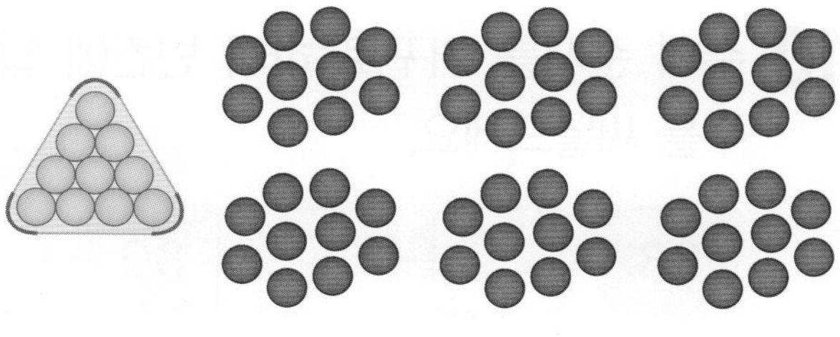

(　　　　　　　　　)

1 단원

08 빈칸에 알맞은 수를 써넣으세요.

10개씩 묶음	낱개	수
6	2	
7		73
		94

09 구슬의 수와 관계있는 것을 모두 찾아 ○표 하세요.

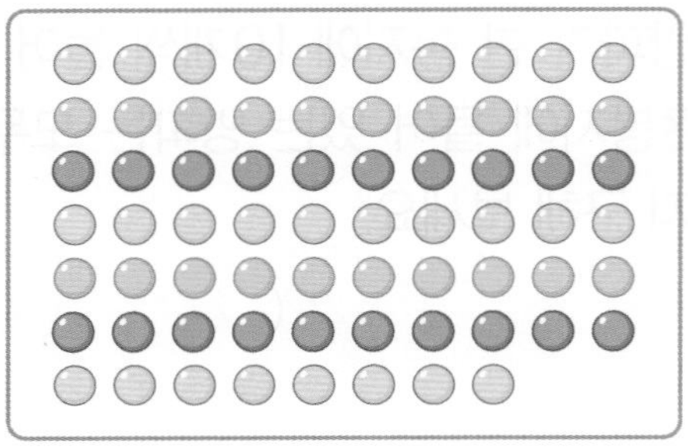

(육십팔 , 쉰여덟 , 예순다섯 , 68)

10 수의 순서를 거꾸로 하여 빈칸에 알맞은 수를 써넣으세요.

83 - [ ] - [ ] - 80 - [ ]

11 나는 어떤 수인지 수로 써 보세요.

나는 여든둘보다 1만큼 더 작은 수예요.

( )

서술형

12 54와 58 사이에 있는 수는 모두 몇 개인지 풀이 과정을 쓰고, 답을 구해 보세요.

답

13 더 큰 수를 빈 곳에 써넣으세요.

14 왼쪽 수보다 큰 수를 찾아 ○표 하세요.

93 - 88 75 95

15 유준이와 예나 중에서 훌라후프를 더 많이 돌린 사람은 누구인가요?

나는 72번 돌렸어.
나는 일흔여덟 번 돌렸어.
유준
예나

(　　　　　　　　)

16 책상 위의 학용품 중 1가지를 골라 보기 와 같이 학용품의 수가 짝수인지, 홀수인지 써 보세요.

보기

필통이 1개 있습니다. 1은 홀수입니다.

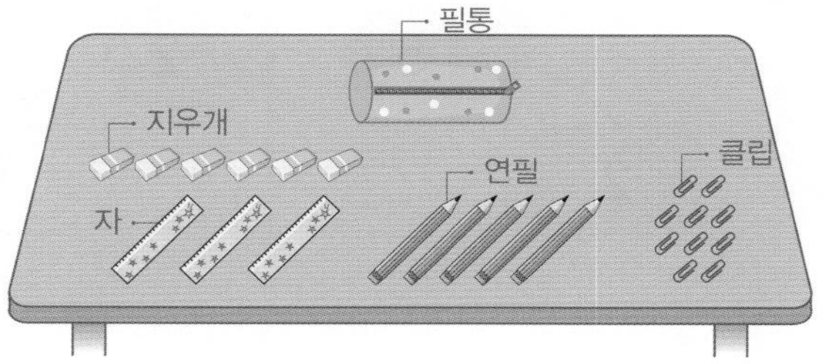

____

17 짝수는 모두 몇 개인지 구해 보세요.

14	7	11	20
15	16	12	8

(　　　　　　　　)

18 가장 작은 수를 찾아 기호를 써 보세요.

㉠ 육십구
㉡ 일흔둘
㉢ 10개씩 묶음이 7개인 수

(　　　　　　　　)

서술형

19 사탕이 10개씩 7봉지와 낱개 13개가 있습니다. 사탕은 모두 몇 개인지 풀이 과정을 쓰고, 답을 구해 보세요.

____

____

____

____

답 ______________

20 1부터 9까지의 수 중에서 □ 안에 들어갈 수 있는 수는 모두 몇 개인지 구해 보세요.

$63 > \square 5$

(　　　　　　　　)

1 단원

01 그림을 보고 세 수의 덧셈을 해 보세요.

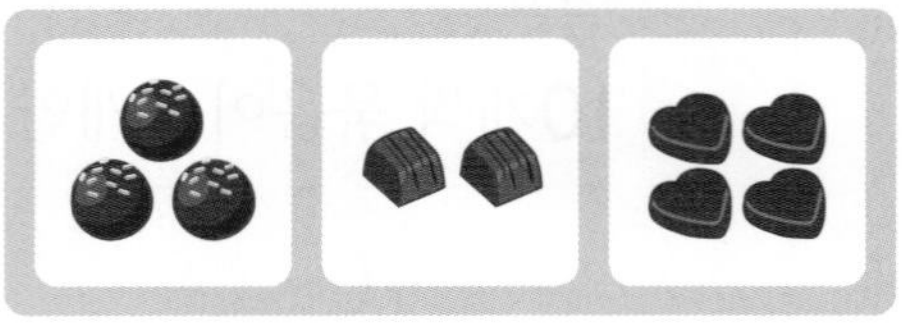

$3+2+4=\square$

02 뺄셈을 해 보세요.

$8-3-4=\square$

03 그림을 보고 □ 안에 알맞은 수를 써넣으세요.

$6+\square=10$

04 식에 알맞게 /을 그리고, 뺄셈을 해 보세요.

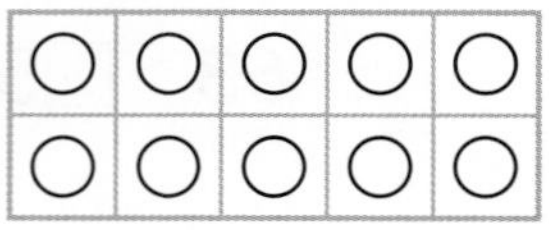

$10-5=\square$

05 그림을 보고 □ 안에 알맞은 수를 써넣으세요.

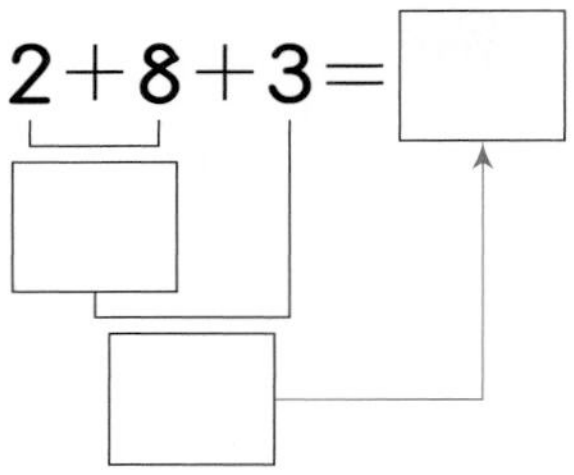

06 빈칸에 알맞은 수를 써넣으세요.

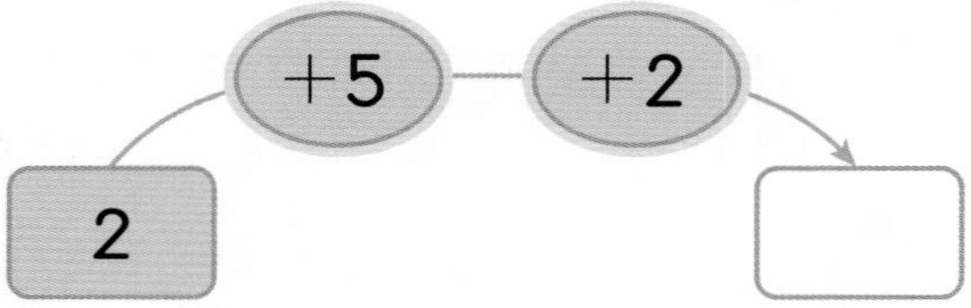

07 다음 중 계산을 바르게 한 것은 어느 것인가요? (　　　)

① $2+4+3=8$
② $3+2+1=7$
③ $4+1+3=9$
④ $5+1+3=9$
⑤ $6+2+1=7$

08 크기를 비교하여 ○ 안에 >, =, <를 알맞게 써넣으세요.

$9-2-4$ ○ 5

09 초콜릿 7개 중에서 지나가 2개를 먹고, 동생이 3개를 먹었습니다. 남아 있는 초콜릿은 몇 개인지 식을 쓰고, 답을 구해 보세요.

식 ______

답 ______

10 더해서 10이 되는 수끼리 이어 보세요.

2 •	• 5
7 •	• 3
5 •	• 8

11 합이 다른 하나를 찾아 ○표 하세요.

1+9	9+1	4+5
( )	( )	( )

12 합이 10이 되는 칸을 모두 찾아 색칠해 보세요.

3+7	0+9	1+7
4+5	8+2	4+6

13 나비가 10마리, 잠자리가 7마리 있습니다. 나비는 잠자리보다 몇 마리 더 많은지 구해 보세요.

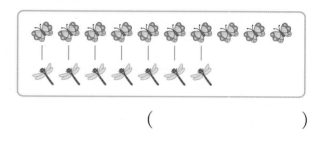

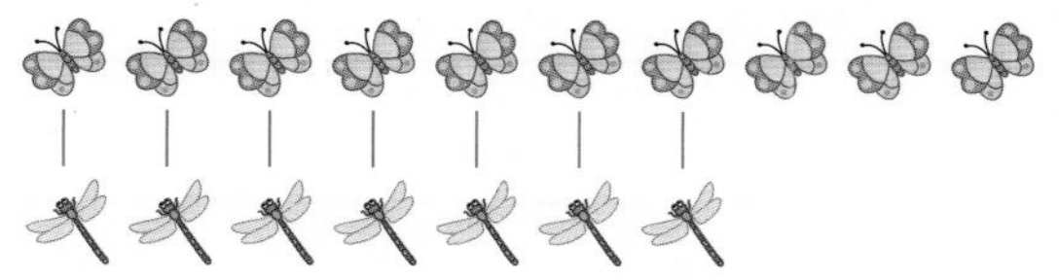

(   )

14 차가 큰 것부터 차례로 기호를 써 보세요.

㉠ 10－4　㉡ 10－9
㉢ 10－6　㉣ 10－8

(   )

2 단원

15 세 수의 합을 구해 보세요.

9 3 7

(　　　　　　　　)

서술형
16 꽃병에 장미 5송이, 국화 4송이, 카네이션 6송이가 꽂혀 있습니다. 꽃병에 꽂혀 있는 꽃은 모두 몇 송이인지 풀이 과정을 쓰고, 답을 구해 보세요.

답 ________

17 수 카드 1장을 골라 덧셈식을 완성해 보세요.

2 1 5

$9+\square+3=13$

18 합이 짝수인 것을 모두 찾아 ○표 하세요.

$3+5+1$	$1+2+3$	$4+2+2$
(　　)	(　　)	(　　)

19 1부터 9까지의 수 중에서 □ 안에 들어갈 수 있는 수를 모두 구해 보세요.

$9-2-3>\square$

(　　　　　　　　)

서술형
20 ■에 알맞은 수와 ▲에 알맞은 수의 차를 구하려고 합니다. 풀이 과정을 쓰고, 답을 구해 보세요.

$3+7=$■
$2+2=$▲

답 ________

● 정답 48쪽

단원 평가 B단계

2. 덧셈과 뺄셈(1)

점수 /

01 □ 안에 알맞은 수를 써넣으세요.

$2+1+4=\square$

$2+1=\square$

$\square+4=\square$

02 그림을 보고 두 수를 바꾸어 더해 보세요.

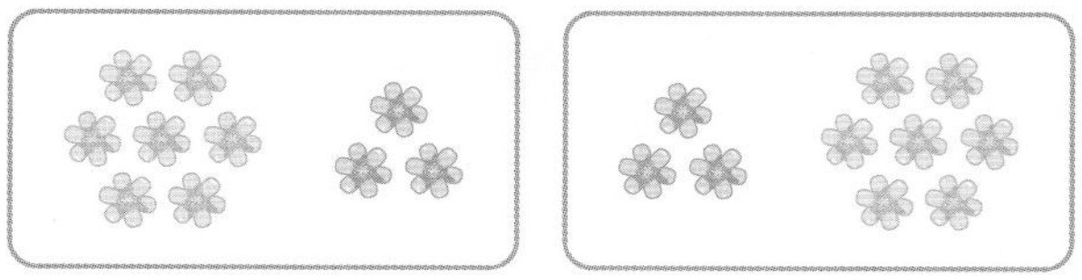

$7+3=\square$　　$3+7=\square$

03 그림을 보고 알맞은 뺄셈식을 만들어 보세요.

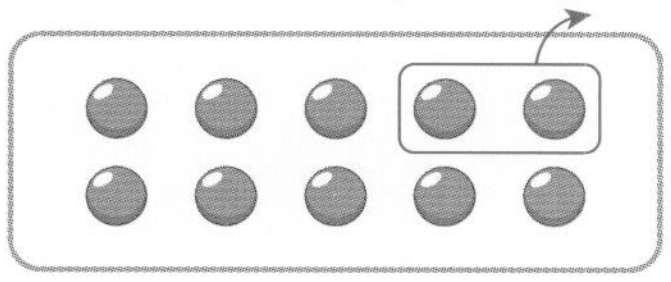

$10-\square=\square$

04 합이 10이 되는 두 수를 ⬭로 묶고, 덧셈을 해 보세요.

$6+9+1=\square$

05 합을 구하여 이어 보세요.

$5+2+1$ •		• 7
$1+7+1$ •		• 8
$3+2+2$ •		• 9

06 민재가 화살을 세 번 쏘아 맞힌 결과입니다. 민재의 점수의 합은 몇 점인가요?

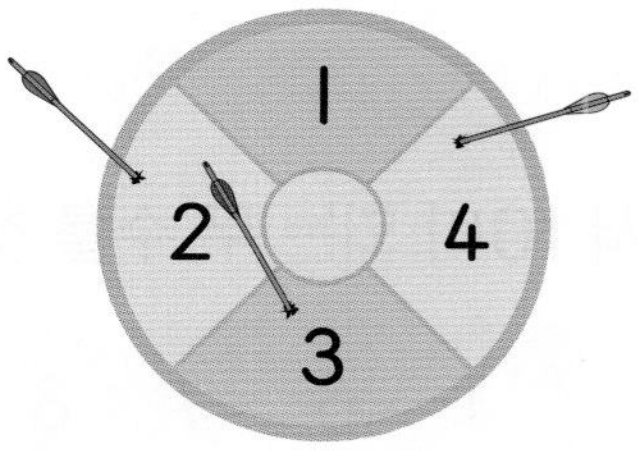

(　　　　　　　)

07 차가 더 큰 것의 기호를 써 보세요.

㉠ $7-3-2$　㉡ $6-1-2$

(　　　　　　　)

2
단원

08 □ 안에 알맞은 수를 써넣고, 뺄셈식을 만들어 보세요.

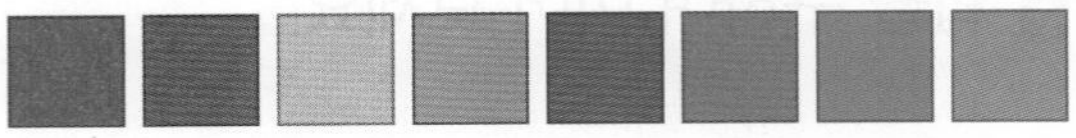

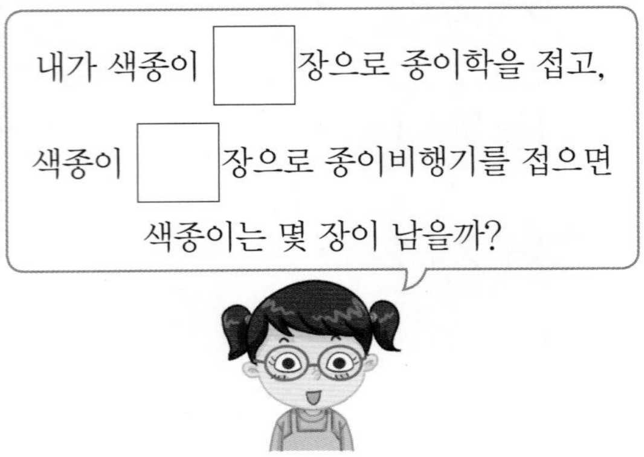

내가 색종이 □ 장으로 종이학을 접고,
색종이 □ 장으로 종이비행기를 접으면
색종이는 몇 장이 남을까?

8 − □ − □ = □

09 더해서 10이 되는 두 수를 찾아 써 보세요.

1　6　7　8　3

(　　　　　　　　)

10 바구니에 사과가 8개, 배가 2개 들어 있습니다. 바구니에 들어 있는 과일은 모두 몇 개인가요?

(　　　　　　　　)

서술형

11 지민, 해준, 희수가 수가 적힌 공을 2개씩 뽑았습니다. 공에 적힌 두 수의 합이 10이 아닌 사람은 누구인지 풀이 과정을 쓰고, 답을 구해 보세요.

답

12 빈칸에 알맞은 수를 써넣으세요.

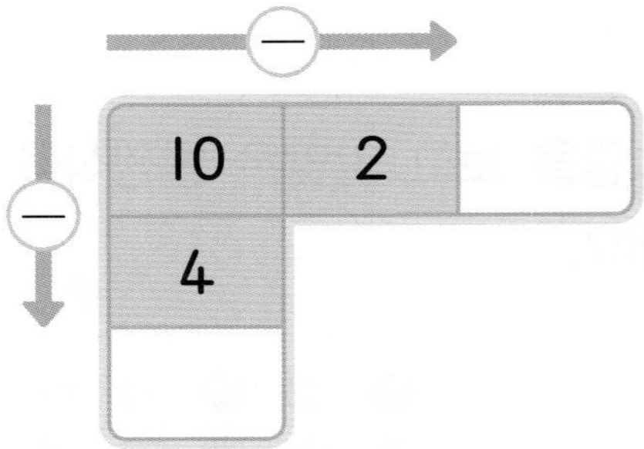

13 □ 안에 공통으로 들어갈 수 있는 수를 구해 보세요.

10−7=□　　10−□=7

(　　　　　　　　)

14 달걀 10개를 사 와서 9개를 사용했습니다. 남은 달걀은 몇 개인지 식을 쓰고, 답을 구해 보세요.

식 ______________________

답 ______________

15 합이 더 작은 것에 △표 하세요.

$8+2+1$	$4+9+1$
(　　)	(　　)

16 □ 안에 알맞은 수를 써넣으세요.

$\square+7+3=16$

17 수 카드 2장을 골라 덧셈식을 완성해 보세요.

4　1　6　8

$\square+\square+7=17$

서술형

18 가장 큰 수에서 나머지 두 수를 뺀 값을 구하려고 합니다. 풀이 과정을 쓰고, 답을 구해 보세요.

3　8　2

____

____

____

____

답 ______________

19 같은 모양은 같은 수를 나타냅니다. ♣에 알맞은 수를 구해 보세요.

$2+1+4=$◆
◆$+3+5=$♣

(　　　　　　)

20 민규는 8살이고, 누나는 민규보다 2살 더 많습니다. 동생은 누나보다 4살 더 적다면 동생은 몇 살인지 구해 보세요.

(　　　　　　)

2 단원

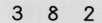

01~02 그림을 보고 물음에 답하세요.

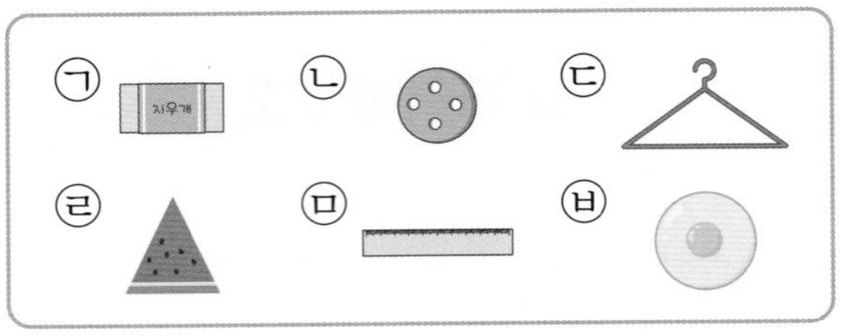

01 ■ 모양의 물건을 모두 찾아 기호를 써 보세요.

(　　　　　　　　　　)

02 ▲ 모양의 물건을 모두 찾아 기호를 써 보세요.

(　　　　　　　　　　)

03 본뜬 모양을 찾아 ○표 하세요.

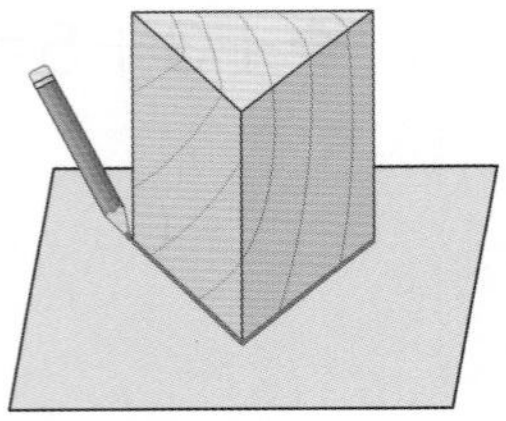

(■ , ▲ , ●) 모양

04 시계를 보고 시각을 써 보세요.

□시

05 시각을 바르게 읽은 것에 ○표 하세요.

5시 30분 □

6시 30분 □

06 같은 모양끼리 이어 보세요.

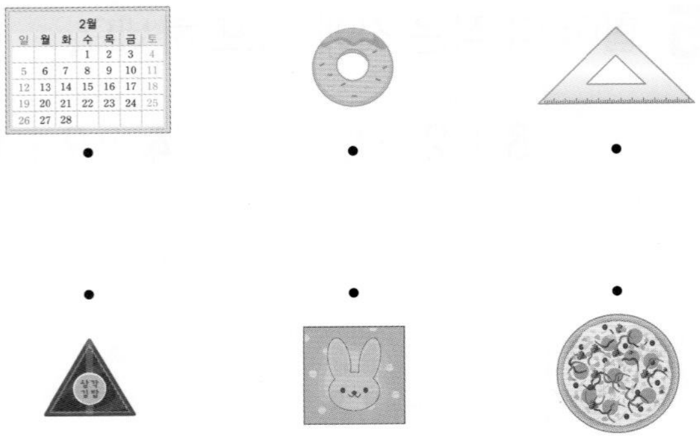

07 집에서 찾을 수 있는 ● 모양의 물건을 2개 써 보세요.

(　　　　　　　　,　　　　　　　　)

서술형

08 ■, ▲, ● 모양 중에서 개수가 3개인 모양은 무엇인지 풀이 과정을 쓰고, 답을 구해 보세요.

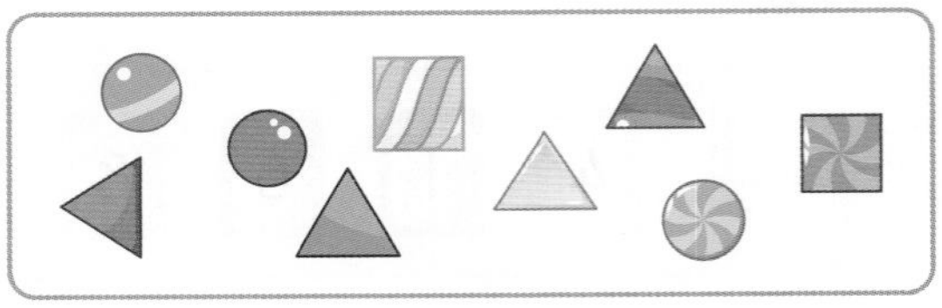

답

정답 49쪽

09 뾰족한 부분이 있는 모양의 물건을 모두 찾아 기호를 써 보세요.

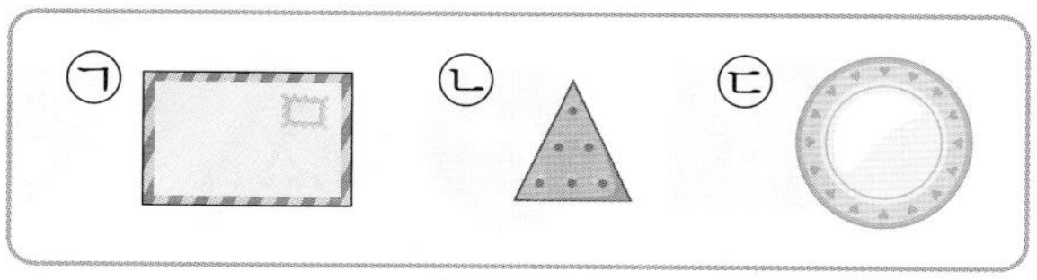

( )

10 오른쪽 물건의 모양을 손으로 바르게 나타낸 사람은 누구인가요?

은서 연우 준희

( )

11 가방을 □, △, ○ 모양으로 꾸몄습니다. □ 모양은 초록색으로, △ 모양은 파란색으로, ○ 모양은 빨간색으로 칠해 보세요.

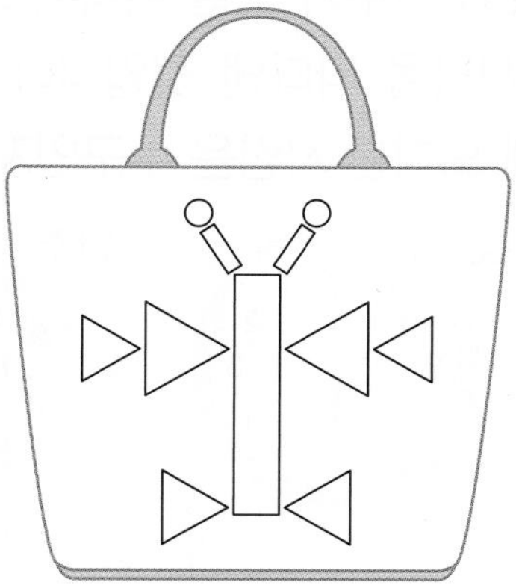

| 12~13 | □, △, ○ 모양을 이용하여 만든 것입니다. 그림을 보고 물음에 답하세요.

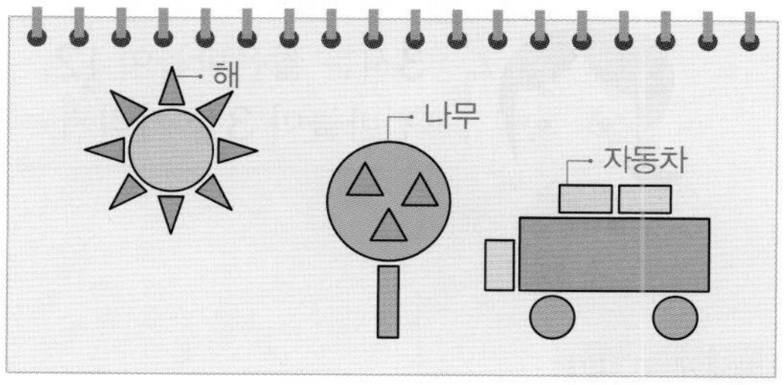

12 그림에 맞게 이야기한 사람을 찾아 ○표 하세요.

해는 △ 모양만 이용하여 만들었어.
나무는 □, △, ○ 모양을 모두 이용하여 만들었어.
자동차는 □ 모양과 △ 모양을 이용하여 만들었어.

( ) ( ) ( )

13 해, 나무, 자동차를 만드는 데 이용한 □ 모양은 모두 몇 개인가요?

( )

14 시계에 몇 시를 나타내 보세요.

서술형

15 소율이가 3시를 설명한 것입니다. 잘못된 곳을 찾아 바르게 고쳐 보세요.

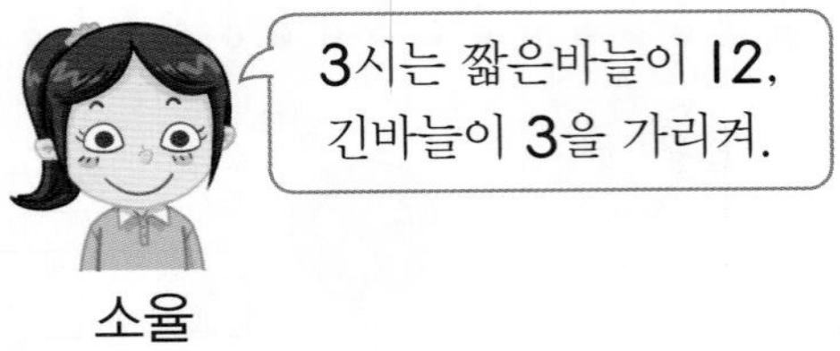

3시는 짧은바늘이 12, 긴바늘이 3을 가리켜.
소율

바르게 고치기

16 그림을 보고 □ 안에 알맞은 수를 써넣으세요.

□시 □분에 저녁 식사를 했습니다.

17 발표회의 시작 시각과 마침 시각을 시계에 나타내 보세요.

발표회	10:30~11:30

18 △ 모양은 ○ 모양보다 몇 개 더 많은지 구해 보세요.

(   )

19 □, △, ○ 모양 중에서 가장 적게 이용한 모양은 몇 개인지 구해 보세요.

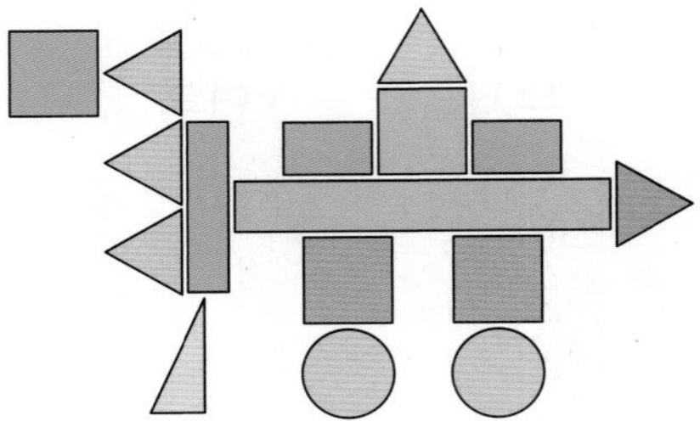

(   )

20 지호와 민주가 오늘 저녁에 도서관에 도착한 시각을 나타낸 것입니다. 도서관에 더 늦게 도착한 사람은 누구인지 써 보세요.

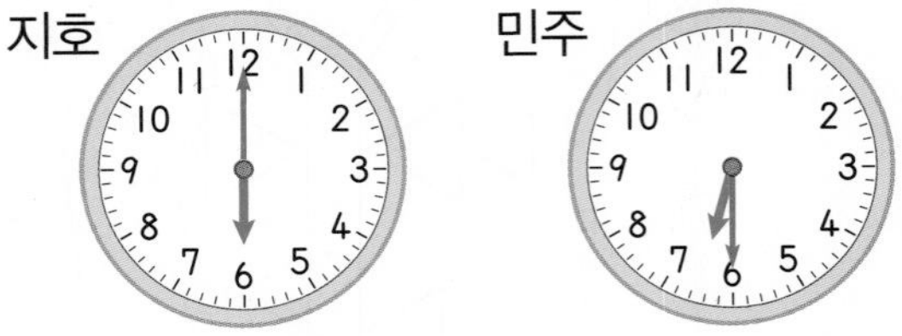

(   )

• 정답 50쪽

단원 평가 B단계 3. 모양과 시각

점수 /

01 어떤 모양끼리 모은 것인지 알맞은 모양을 찾아 ○표 하세요.

(□ , △ , ○) 모양

02 □ 안에 알맞은 수를 써넣으세요.

△ 모양은 뾰족한 부분이 □ 군데 있습니다.

03 10시를 나타낸 시계에 ○표 하세요.

( ) ( )

04 시계를 보고 시각을 써 보세요.

□ 시 □ 분

05 △ 모양의 물건을 바르게 말한 사람은 누구인가요?

( )

서술형

06 □ 모양이 아닌 물건은 어느 것인지 풀이 과정을 쓰고, 답을 구해 보세요.

공책 필통 액자 과녁

답

07 같은 모양끼리 바르게 모은 것에 ○표 하세요.

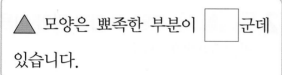

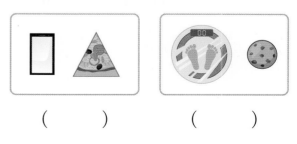

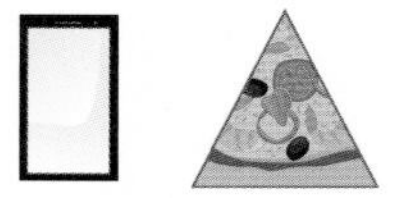 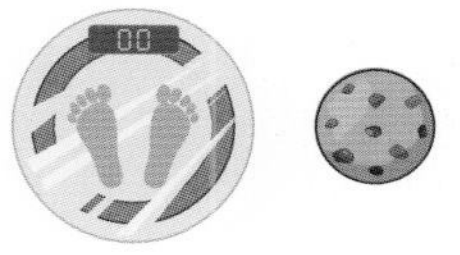

( ) ( )

3 단원

08 어떤 모양을 설명한 것인지 알맞게 이어 보세요.

뾰족한 부분이 3군데 있습니다. •

뾰족한 부분이 4군데 있습니다. •

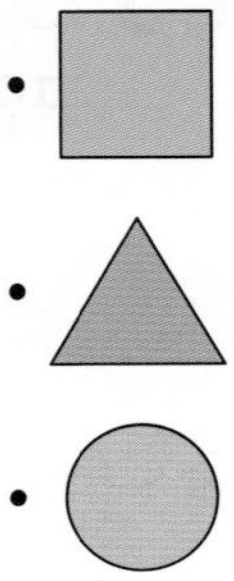

09 유준이가 이야기하는 모양을 찾아 ○표 하세요.

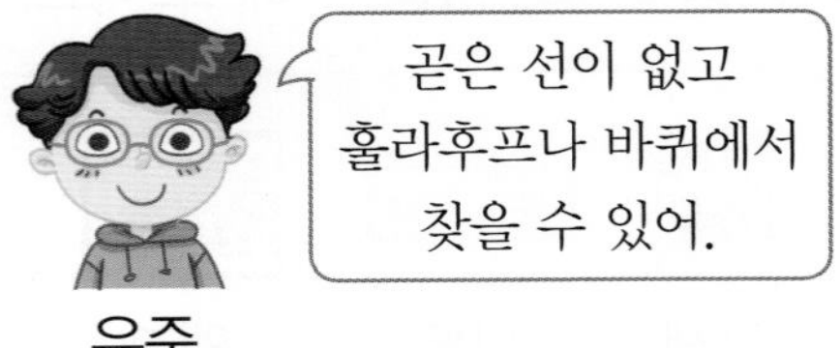
곧은 선이 없고
훌라후프나 바퀴에서
찾을 수 있어.
유준

(□ , △ , ○) 모양

10 나무 블록을 찰흙 위에 찍었을 때 나올 수 있는 모양을 모두 찾아 ○표 하세요.

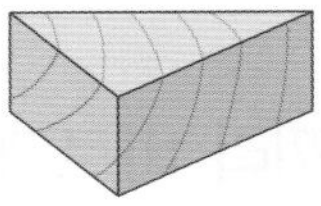

(□ , △ , ○) 모양

| 11~12 | □, △, ○ 모양을 이용하여 로봇을 만들었습니다. 그림을 보고 물음에 답하세요.

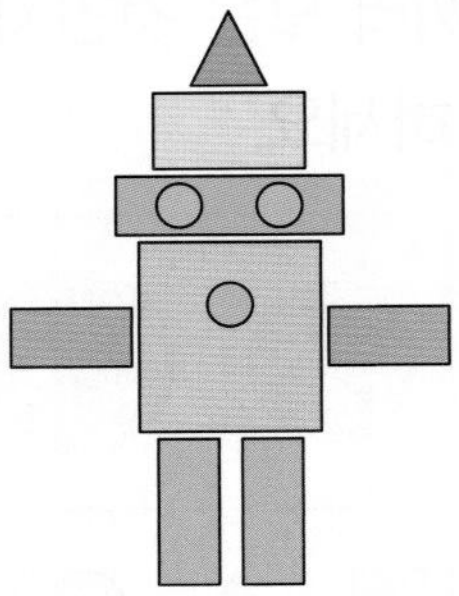

11 ○ 모양은 모두 몇 개인가요?

( )

12 □, △, ○ 모양 중 가장 많이 이용한 모양은 무엇인가요?

( )

13 □, △, ○ 모양 중 애벌레를 만드는 데 이용한 개수가 같은 두 모양을 찾아 ○표 하세요.

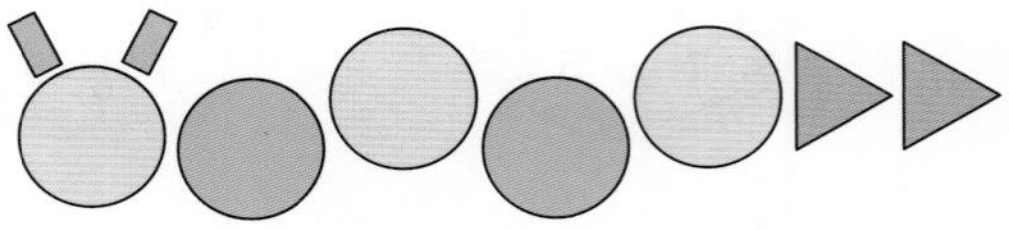

(□ , △ , ○) 모양

14 재민이는 6시에 줄넘기를 시작했습니다. 재민이가 줄넘기를 시작한 시각을 시계에 나타내 보세요.

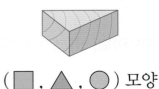

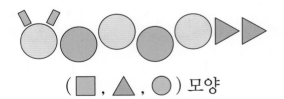

15 짧은바늘과 긴바늘이 바르게 그려진 시계를 모두 찾아 ○표 하세요.

(　　　) (　　　) (　　　)

16 시계를 보고 알맞게 이어 보세요.

서술형

17 시계에 2시 30분을 나타내고, 어제 낮 2시 30분에 한 일을 이야기해 보세요.

2시 30분 ➔ 

이야기

____

____

____

18 뾰족한 부분이 4군데 있는 모양의 물건은 모두 몇 개인지 구해 보세요.

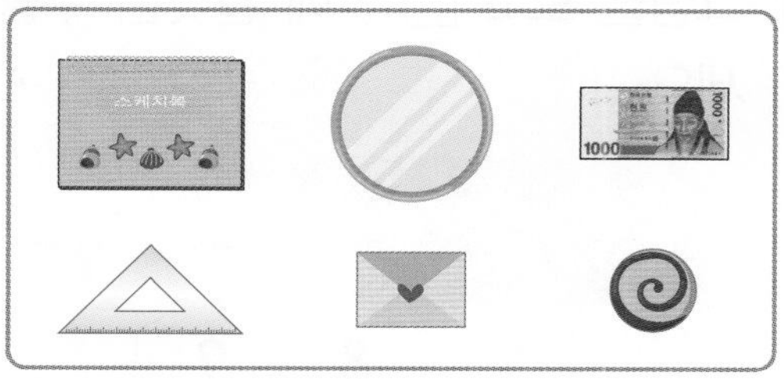

(　　　　　　　　)

19 □, △, ○ 모양 중 가장 많이 이용한 모양과 가장 적게 이용한 모양의 개수의 차는 몇 개인지 구해 보세요.

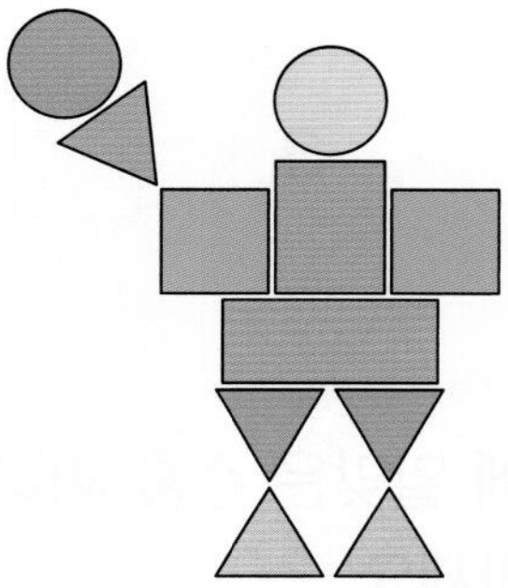

(　　　　　　　　)

20 2시와 3시 사이의 시각을 나타내는 시계를 찾아 기호를 써 보세요.

(　　　　　　　　)

01 그림을 보고 □ 안에 알맞은 수를 써넣으세요.

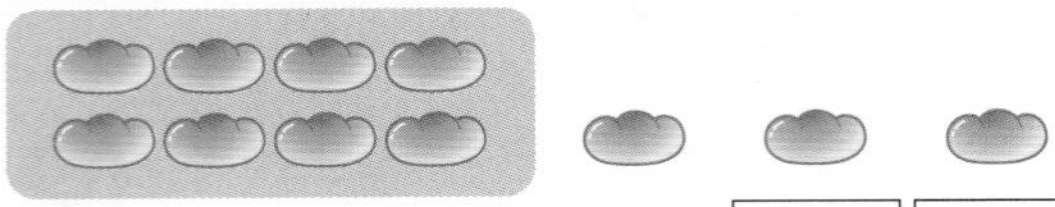

8 9 □ □

8+3=□

02 □ 안에 알맞은 수를 써넣으세요.

7 + 5 = □

3 □

03 □ 안에 알맞은 수를 써넣고, 알맞은 말에 ○표 하세요.

9+2=□

2+9=□

두 수의 순서를 바꾸어 더해도 합은 (같습니다 , 다릅니다).

04 뺄셈을 해 보세요.

18−8=□

05 □ 안에 알맞은 수를 써넣으세요.

15 − 6 = □

5 □

06 고양이는 모두 몇 마리인지 구해 보세요.

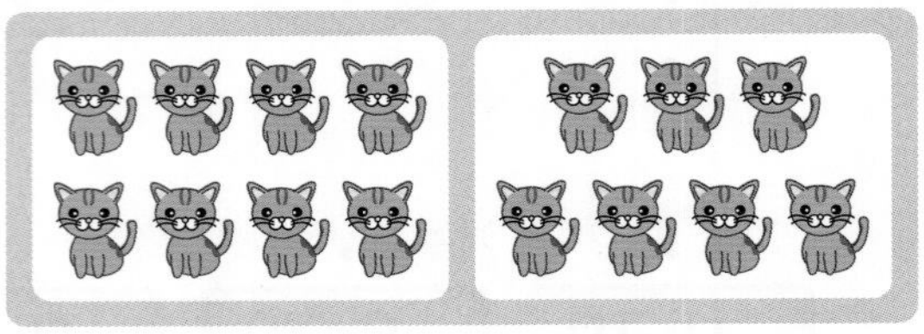

고양이는 모두 □ 마리입니다.

07 □ 안에 알맞은 수를 써넣으세요.

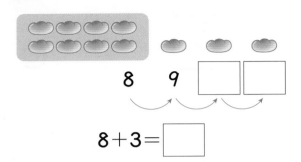

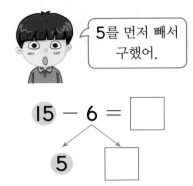

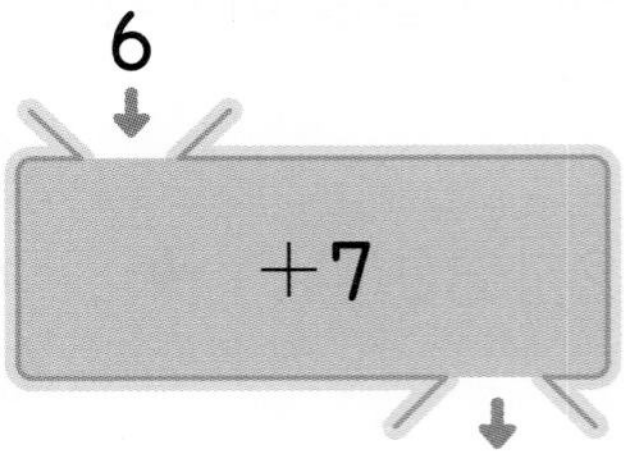

□

08 합의 크기를 비교하여 ○ 안에 >, =, <를 알맞게 써넣으세요.

3+9 ○ 5+8

서술형

09 운동장에 남학생이 6명, 여학생이 9명 있습니다. 운동장에 있는 학생은 모두 몇 명인지 풀이 과정을 쓰고, 답을 구해 보세요.

____

____

____

____

답 ____________

10 □ 안에 알맞은 수를 써넣으세요.

4+ 7 =11

4+□=12

4+□=13

11 색칠된 칸의 덧셈식과 합이 같은 식 2개를 주어진 표에서 찾아 써 보세요.

9+7	8+7	7+7
9+8	8+8	7+8
9+9	8+9	7+9

□+□, □+□

12 차가 6인 식을 찾아 ○표 하세요.

12−8	11−5	13−5
( )	( )	( )

13 민지는 과자 11개 중에서 2개를 먹었습니다. 남은 과자는 몇 개인지 식을 쓰고, 답을 구해 보세요.

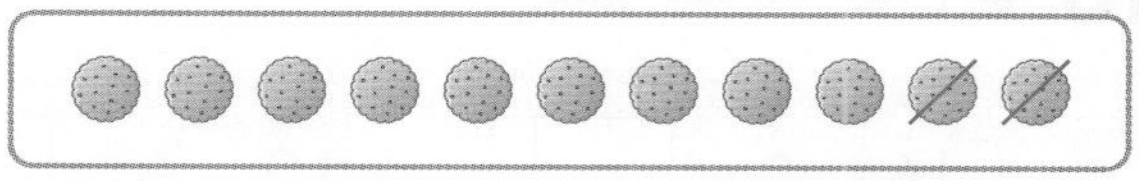

식 ____________

답 ____________

14 같은 색 주머니에서 수를 골라 뺄셈식을 완성해 보세요.

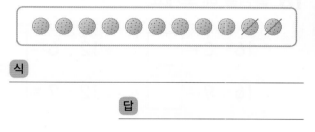

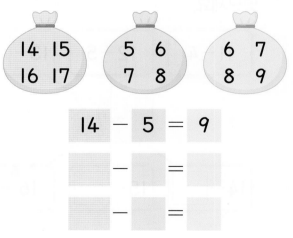

14 − 5 = 9

□ − □ = □

□ − □ = □

4 단원

15 차가 작은 것부터 차례로 기호를 써 보세요.

㉠ 12−3	㉡ 11−8
㉢ 14−6	㉣ 13−7

(　　　　　　　　　　)

16 뺄셈을 해 보세요.

$16-8=\square$
$16-9=\square$

$12-6=\square$
$12-7=\square$

17 차가 7이 되도록 □ 안에 알맞은 수를 써넣으세요.

11−4　　12−5　　13−□

=7

14−□　　15−□　　16−9

18 5장의 수 카드 중에서 2장을 골라 한 번씩만 사용하여 합이 가장 큰 덧셈식을 만들고, 합을 구해 보세요.

4　5　9　6　7

$\square+\square=\square$

서술형

19 가장 큰 수와 가장 작은 수의 차는 얼마인지 풀이 과정을 쓰고, 답을 구해 보세요.

5　11　6　9　14

답

20 서진이와 채아 중에서 수수깡을 누가 몇 개 더 많이 가지고 있는지 구해 보세요.

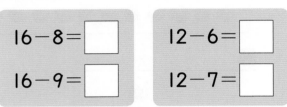

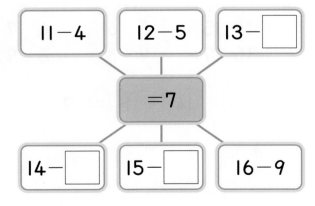

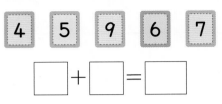

나는 수수깡 15개 중에서 9개를 사용했어.
나는 빨간색 수수깡 3개와 파란색 수수깡 9개를 가지고 있어.
서진
채아

(　　　　　　), (　　　　　　)

단원 평가 B단계

4. 덧셈과 뺄셈(2)

점수 /

01 더하는 수만큼 △를 그리고, □ 안에 알맞은 수를 써넣으세요.

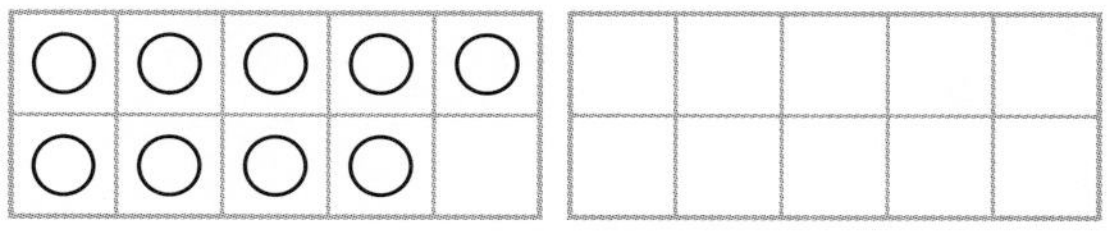

9＋5＝□

02 덧셈을 해 보세요.

3＋8＝□

03 빵이 몇 개 더 많은지 구해 보세요.

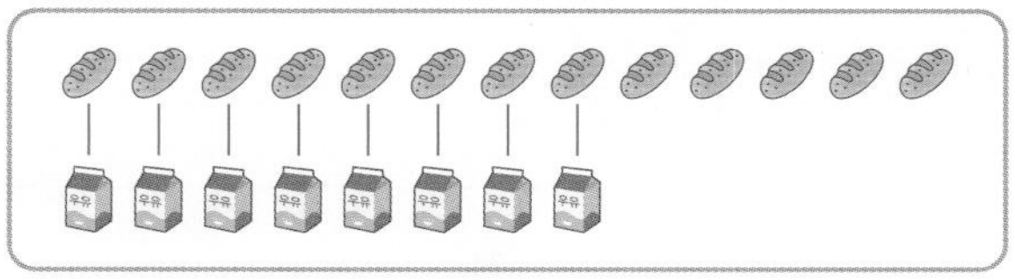

빵이 □개 더 많습니다.

04 12－4를 10개씩 묶음에서 한 번에 빼서 구해 보세요.

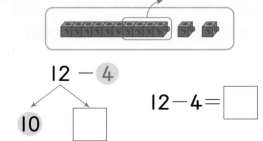

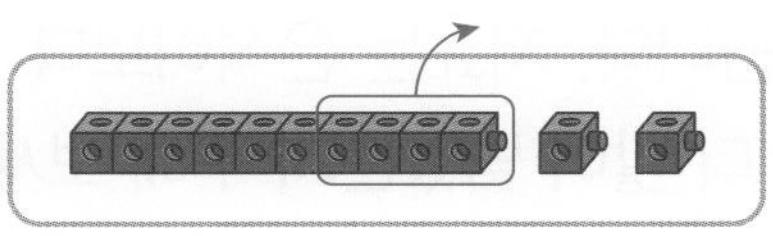

12 － 4
10 □

12－4＝□

05 □ 안에 알맞은 수를 써넣으세요.

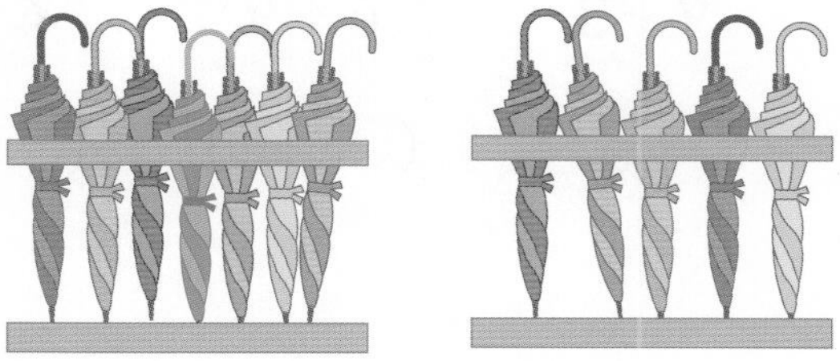

7 ＋ 5 ＝ □
2 □

06 빈칸에 알맞은 수를 써넣으세요.

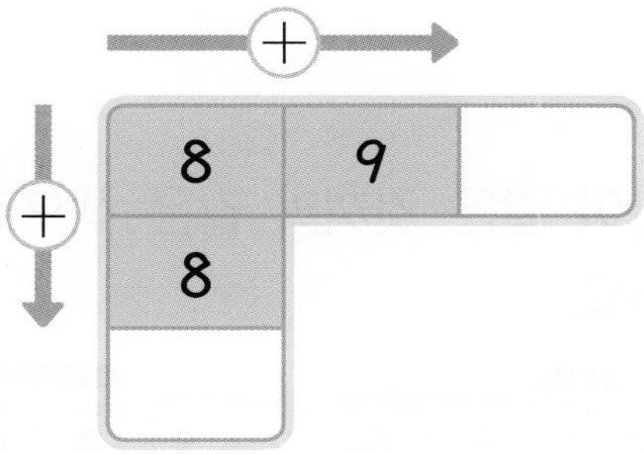

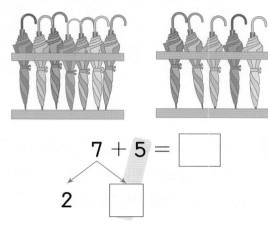

07 준서는 연필을 6자루 가지고 있었는데 형에게 6자루를 더 받았습니다. 지금 준서가 가지고 있는 연필은 모두 몇 자루인지 식을 쓰고, 답을 구해 보세요.

식

답

08 합이 가장 큰 식을 찾아 ○표, 가장 작은 식을 찾아 △표 하세요.

9+3	6+9	4+7
(　　)	(　　)	(　　)

09 빨간색 도미노와 파란색 도미노의 점의 수의 합이 같도록 빈칸에 점을 그리고, □ 안에 알맞은 수를 써넣으세요.

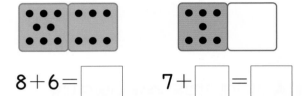

8+6=□　　　7+□=□

10 합이 같은 것끼리 같은 색으로 칠해 보세요.

11 □ 안에 알맞은 수를 써넣어 덧셈식을 완성해 보세요.

5+8=13

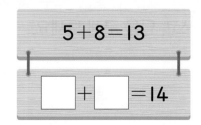

□+□=14

12 빈칸에 두 수의 차를 써넣으세요.

17	8

서술형

13 차가 3인 식을 찾아 기호를 쓰려고 합니다. 풀이 과정을 쓰고, 답을 구해 보세요.

㉠ 14−8　㉡ 15−9　㉢ 11−8

답

14 줄넘기를 지효는 16번, 은석이는 9번 넘었습니다. 지효는 은석이보다 줄넘기를 몇 번 더 많이 넘었는지 구해 보세요.

(　　　　　)

15 빈 곳에 알맞은 수를 써넣으세요.

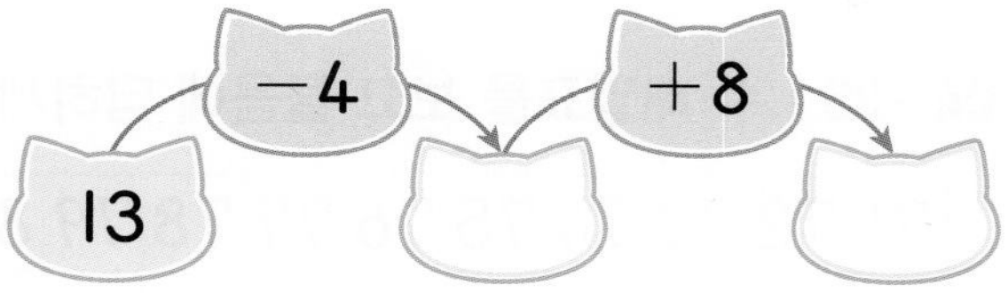

16 주어진 뺄셈식과 차가 같은 식을 1개만 써 보세요.

12−8

→ □−□

17 차가 같은 식을 찾아 보기 와 같이 ◯, △, □표 하세요.

보기

13−5 (◯) 11−6 (△) 14−7 (□)

13−8 (△)	15−7	12−7
12−5	14−9	14−6
15−8	13−6	16−8

서술형

18 윤아와 재희가 고른 수 카드입니다. 카드에 적힌 두 수의 합이 더 큰 사람은 누구인지 풀이 과정을 쓰고, 답을 구해 보세요.

답

19 같은 모양은 같은 수를 나타냅니다. ♥에 알맞은 수를 구해 보세요.

2+9=◆

◆−3=♥

(　　　　　　)

20 꺼낸 공에 적힌 두 수의 차가 더 큰 사람이 이기는 놀이를 하고 있습니다. 세호가 이기려면 어떤 수가 적힌 공을 꺼내야 할까요?

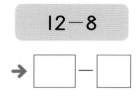

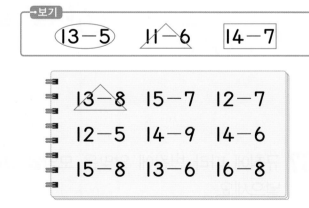

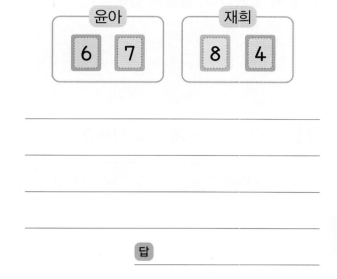

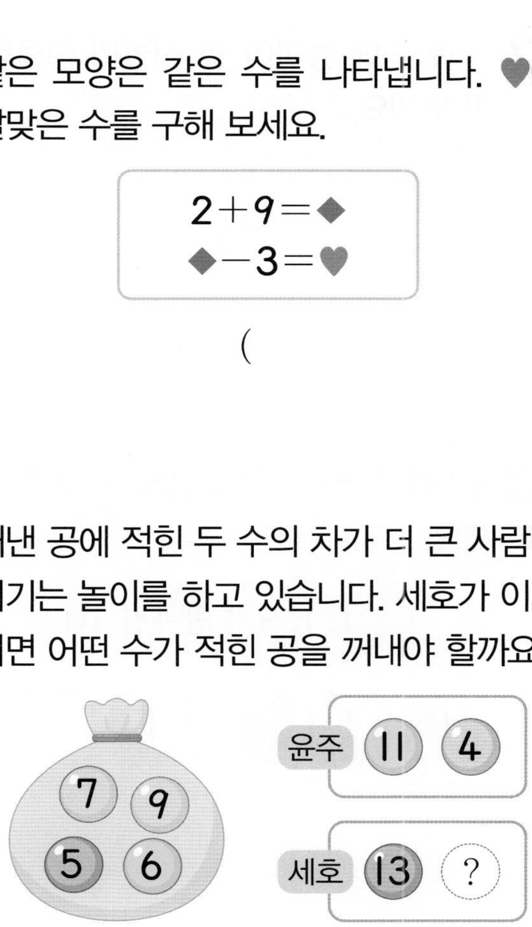

(　　　　　　)

| 01~02 | **규칙에 따라 신발장에 운동화와 구두가 놓여 있습니다. 물음에 답하세요.**

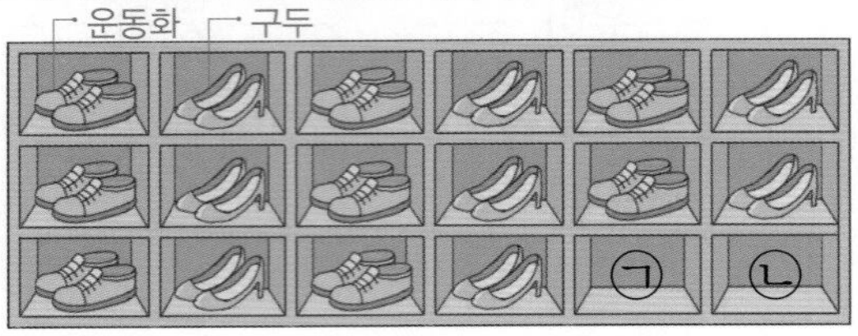

01 반복되는 부분에 ○표 하세요.

 ( )

 ( )

02 ㉠과 ㉡에 놓아야 할 신발의 종류를 각각 써 보세요.

㉠ ( )
㉡ ( )

03 규칙에 따라 빈칸에 알맞은 수를 써넣으세요.

1, 1, 9가 반복됩니다.

1 - 1 - 9 - 1 - □ - □

| 04~05 | **수 배열표를 보고 물음에 답하세요.**

71	72	73	74	75	76	77	78	79	80
81	82	83	84	85	86	87	88	89	90
91	92	93	94	95					

04 ▒▒ 에 있는 수의 규칙을 찾아 □ 안에 알맞은 수를 써넣으세요.

□부터 시작하여 ↓ 방향으로

□씩 커집니다.

05 규칙에 따라 ▒▒ 에 알맞은 수를 써넣으세요.

06 규칙에 따라 ○, △로 나타내 보세요.

○	○	△	△				

07 규칙에 따라 빈칸에 알맞은 모양을 그려 넣으세요.

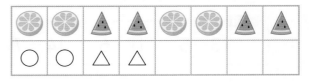

08 규칙을 바르게 말한 사람에 ○표 하세요.

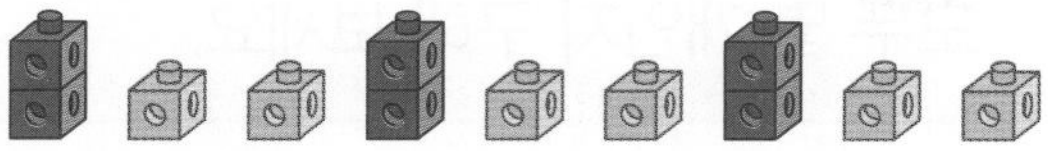

색이 파란색,
노란색, 노란색으로
반복돼.
개수가 2개, 2개,
1개씩 반복돼.

(　　　)　　(　　　)

09 보기 와 다른 규칙으로 주사위에 점을 그려 넣으세요.

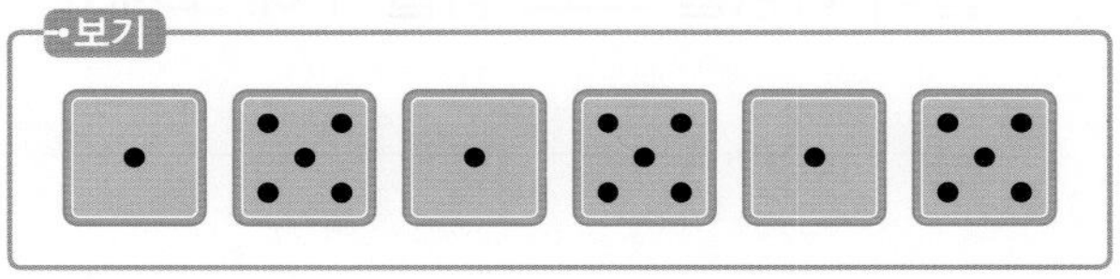
보기

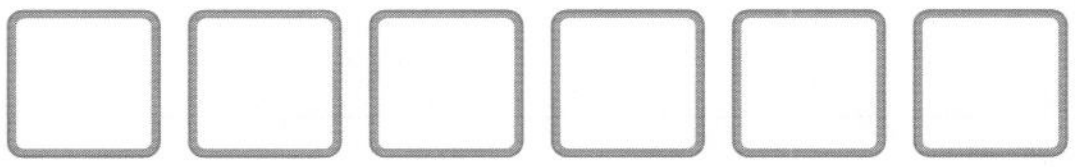

10 ♡, ◇ 모양으로 규칙을 만들어 깃발을 꾸며 보세요.

11 규칙을 만들어 무늬를 색칠해 보세요.

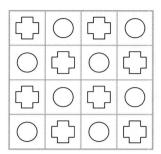

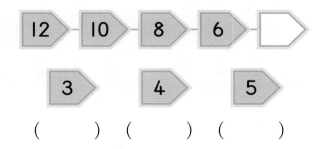

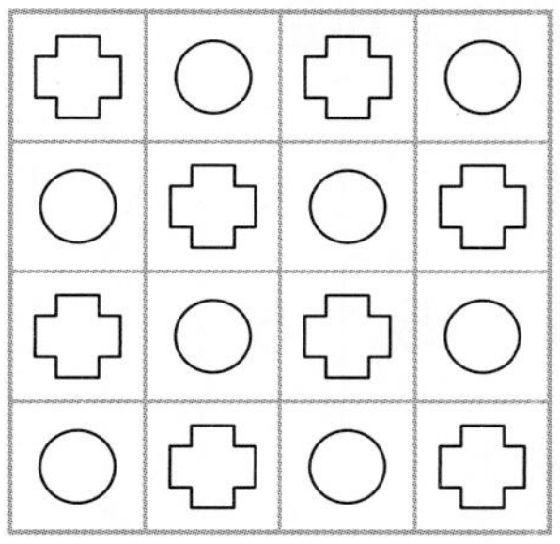

12 규칙에 따라 빈 곳에 알맞은 수를 찾아 ○표 하세요.

12 - 10 - 8 - 6 - □

3　　4　　5

(　　　)　(　　　)　(　　　)

13 규칙을 만들어 빈칸에 알맞은 수를 써넣고, 규칙을 말해 보세요.

2 - □ - □ - □ - □ - □

____

14 규칙에 따라 색칠해 보세요.

51	52	53	54	55	56	57	58	59	60
61	62	63	64	65	66	67	68	69	70

5 단원

15 서로 다른 규칙이 나타나게 빈칸에 알맞은 수를 써넣으세요.

1		
4	5	6
7		

1	4	7
2		8
		9

16 규칙에 따라 빈칸에 주사위를 그리고, 알맞은 수를 써넣으세요.

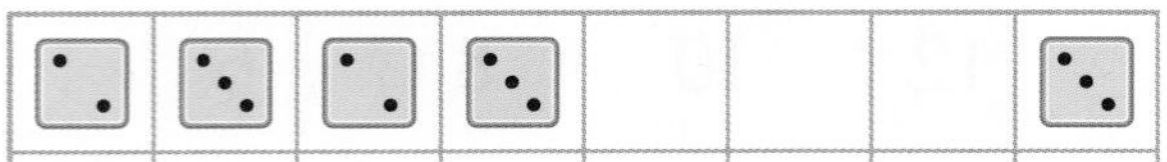

2	3	2		2	3	2	

서술형

17 규칙에 따라 2, 4를 사용하여 나타내려고 합니다. ㉠에 알맞은 수는 무엇인지 풀이 과정을 쓰고, 답을 구해 보세요.

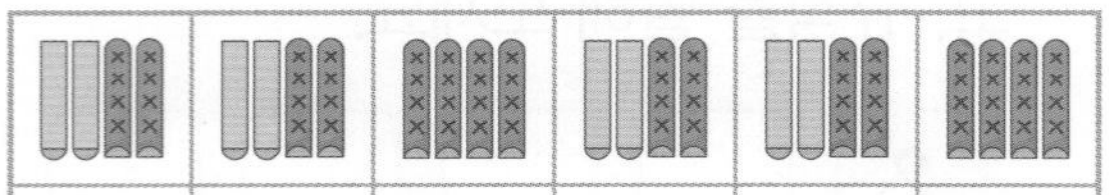

2	2	4			㉠

답

18 규칙에 따라 빈칸에 들어갈 펼친 손가락은 모두 몇 개인지 구해 보세요.

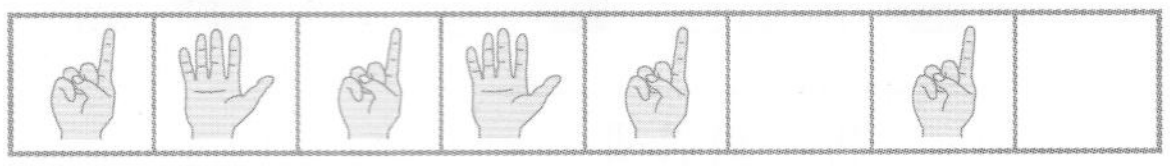

(   )

| 19~20 | **수 배열표를 보고 물음에 답하세요.**

46	47	48	49	50
51	52	53	54	55
56	57			★

서술형

19 규칙에 따라 ★에 알맞은 수는 얼마인지 풀이 과정을 쓰고, 답을 구해 보세요.

답

20 색칠한 수와 같은 규칙으로 빈칸에 알맞은 수를 써넣으세요.

20 - ☐ - ☐ - ☐ - ☐

단원 평가 B단계 5. 규칙 찾기

점수 ╱

01 참외와 토마토를 놓아 규칙을 만든 것입니다. 규칙을 찾아 □ 안에 알맞은 말을 써넣으세요.

참외, □, □가 반복됩니다.

02 규칙에 따라 빈칸에 알맞은 색을 칠해 보세요.

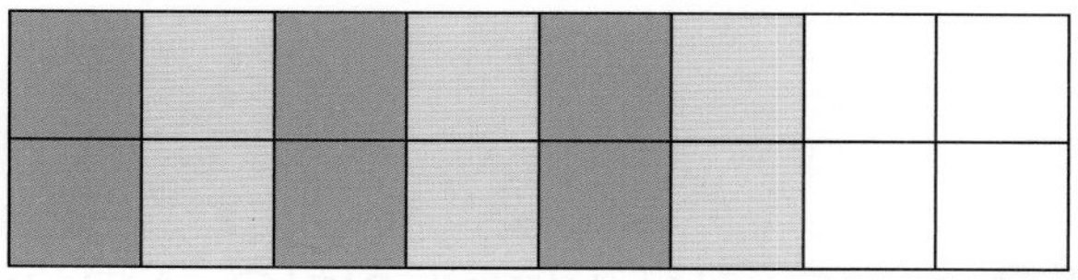

03 규칙에 따라 빈 곳에 알맞은 수를 써넣으세요.

3
6
9
12

04 색칠한 수에는 어떤 규칙이 있는지 □ 안에 알맞은 수를 써넣으세요.

21	22	23	24	25	26	27	28	29	30
31	32	33	34	35	36	37	38	39	40
41	42	43	44	45	46	47	48	49	50
51	52	53	54	55	56	57	58	59	60

□부터 시작하여 □씩 커집니다.

05 규칙을 □, ◇로 나타낸 것입니다. 알맞은 모양에 ○표 하세요.

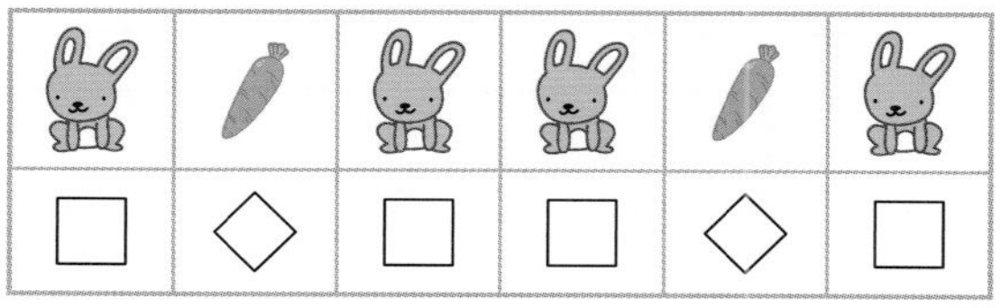

토끼를 (□, ◇)로, 당근을 (□, ◇)로 나타낸 것입니다.

06 다은이가 말한 규칙에 따라 물건을 놓은 것에 ○표 하세요.

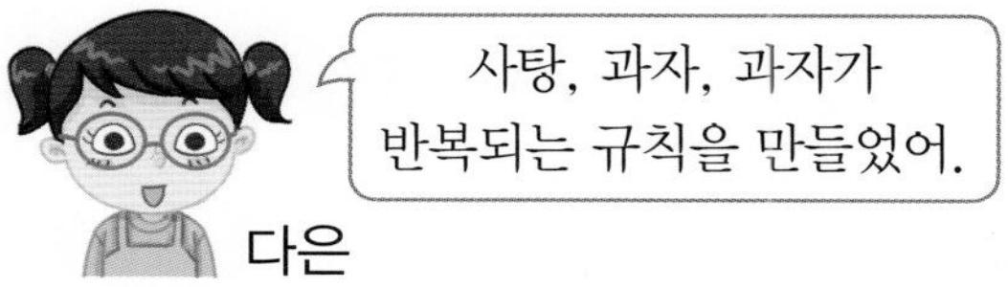
사탕, 과자, 과자가
반복되는 규칙을 만들었어.
다은

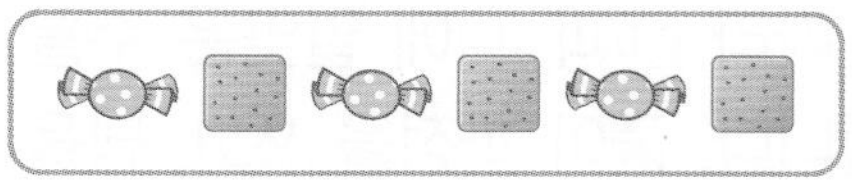 (　　)

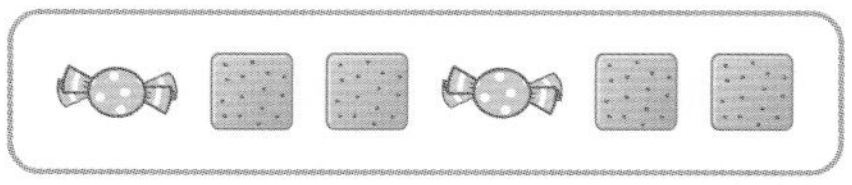 (　　)

07 규칙에 따라 빈칸에 알맞은 모양을 그리고, 색칠해 보세요.

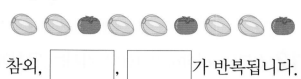

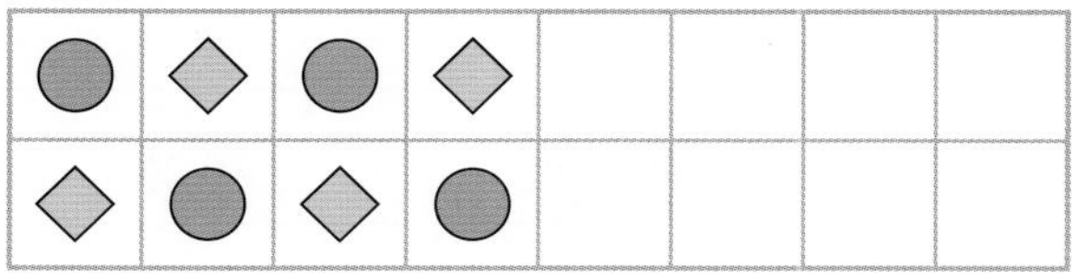

5 단원

08 보기 에서 두 가지 모양을 골라 규칙을 만들어 보세요.

보기
◆ ★ ● ■ ♥

09 수 배열에서 규칙을 찾아 말해 보세요.

3 - 8 - 3 - 8 - 3 - 8

____

서술형

10 규칙에 따라 ㉠과 ㉡에 알맞은 수를 구하려고 합니다. 풀이 과정을 쓰고, 답을 구해 보세요.

㉠ - 12 - 14 - 16 - ㉡ - 20

____

____

____

____

답 ㉠: ______ , ㉡: ______

11 규칙에 따라 빈칸에 알맞은 수를 써넣으세요.

55 - 54 - 53 - ☐ - ☐ - 50

12 6부터 시작하여 10씩 커지는 규칙에 따라 색칠해 보세요.

1	2	3	4	5	6	7	8	9	10
11	12	13	14	15	16	17	18	19	20
21	22	23	24	25	26	27	28	29	30

13 규칙을 찾아 빈칸에 알맞은 수를 써넣으세요.

100	99	98		96
95		93		91
90	89		87	86
85	84	83		

14 규칙에 따라 ㉠에 알맞은 수를 구해 보세요.

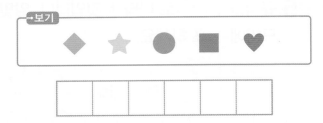

4	2	4	2		㉠

( )

15 규칙에 따라 빈칸에 들어갈 몸동작을 찾아 ○표 하세요.

()

16 규칙을 찾아 여러 가지 방법으로 나타내 보세요.

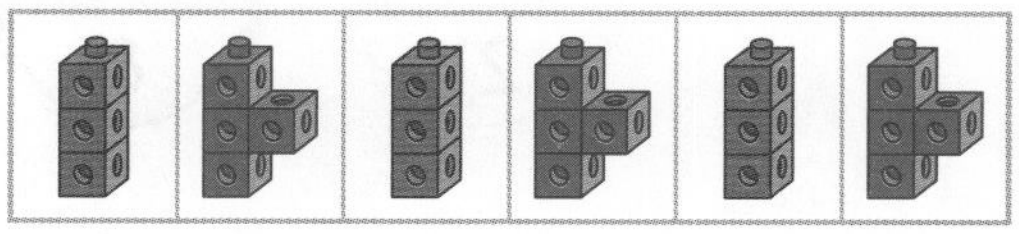

수	3	4				
모양	ㅣ	ㅏ				

17 규칙에 따라 ◇와 ◎로 나타낸 것입니다. ㉠, ㉡, ㉢ 중에서 ◇가 들어갈 곳을 찾아 기호를 써 보세요.

◇	◎	◎	◇	◎	㉠	㉡	㉢

( )

18 규칙에 따라 지우개와 가위를 놓고 있습니다. 11번째에 놓아야 할 물건을 써 보세요.

1번째

( )

19 서로 다른 규칙에 따라 수를 배열한 것입니다. □ 안에 알맞은 수가 더 작은 것의 기호를 써 보세요.

㉠ 25－35－25－35－25－□
㉡ 40－38－36－34－32－□

( )

서술형

20 수 배열표를 보고 ♠와 ★에 알맞은 수를 각각 구하려고 합니다. 풀이 과정을 쓰고, 답을 구해 보세요.

71	72	73	74				♠	
		83	84	85				90
							★	

답 ♠: , ★:

5 단원

01 그림을 보고 □ 안에 알맞은 수를 써넣으세요.

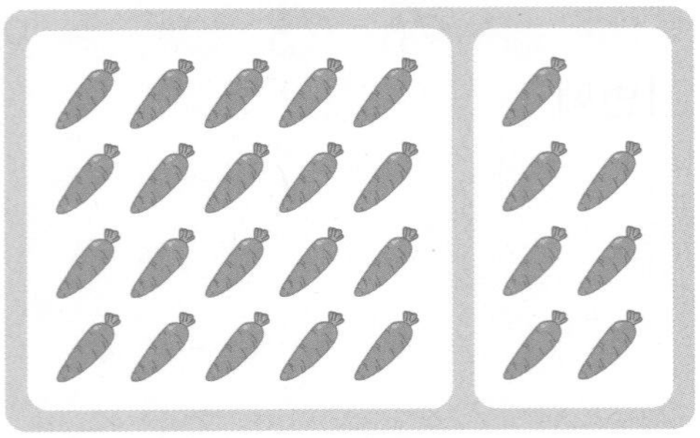

20+□=□

02 30+40을 계산한 값은 얼마인가요? (　　　)

① 40　② 50　③ 60
④ 70　⑤ 80

03 뺄셈을 해 보세요.

$$\begin{array}{r} 87 \\ -\ \ 5 \\ \hline \square \end{array}$$

04 □ 안에 알맞은 수를 써넣으세요.

50 → −30 → □

05 빈칸에 알맞은 수를 써넣으세요.

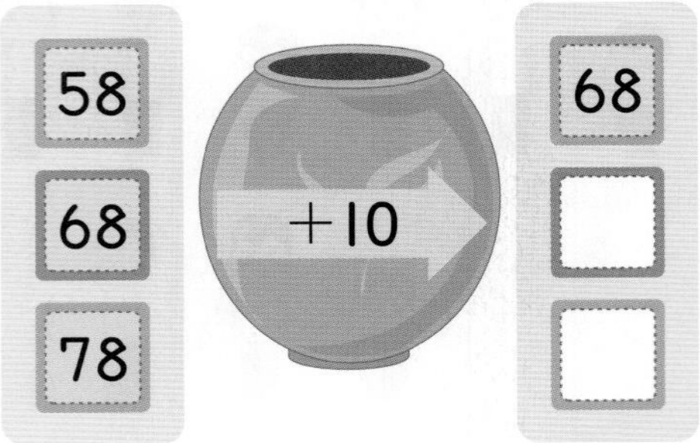

06 두 수의 합을 구해 보세요.

(　　　　　　)

07 잘못 계산한 것에 ×표 하세요.

42+5=47	51+4=91
(　　)	(　　)

08 합이 같은 것을 찾아 색칠해 보세요.

20+60　50+40

10+50　40+30　20+40

09 빨간색 풍선이 22개, 파란색 풍선이 24개 있습니다. 풍선은 모두 몇 개인지 식을 쓰고, 답을 구해 보세요.

식
  2 2
+ ☐
―――
  ☐

답 ________

10 합이 가장 작은 덧셈을 말한 사람은 누구인가요?

(　　　　　　)

11 빈칸에 알맞은 수를 써넣으세요.

−	2	4	6
86	84		

12 주원이는 크레파스를 39자루 가지고 있었습니다. 그중에서 동생에게 2자루를 주었다면 주원이에게 남은 크레파스는 몇 자루인지 구해 보세요.

(　　　　　　)

13 차를 구하여 이어 보세요.

76−12 •	• 40
90−50 •	• 56
58−2 •	• 64

서술형

14 가장 큰 수와 가장 작은 수의 차를 구하려고 합니다. 풀이 과정을 쓰고, 답을 구해 보세요.

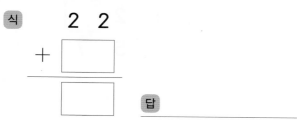

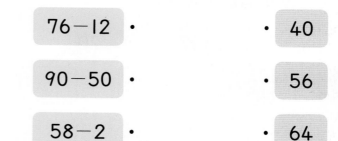

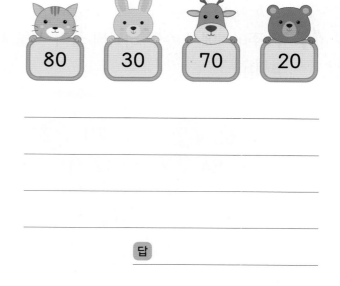

답 ________

15 계산 결과가 가장 큰 것을 찾아 ○표, 가장 작은 것을 찾아 △표 하세요.

43+5	53−3	42+2
(　　)	(　　)	(　　)

서술형
16 ㉠에 알맞은 수는 얼마인지 풀이 과정을 쓰고, 답을 구해 보세요.

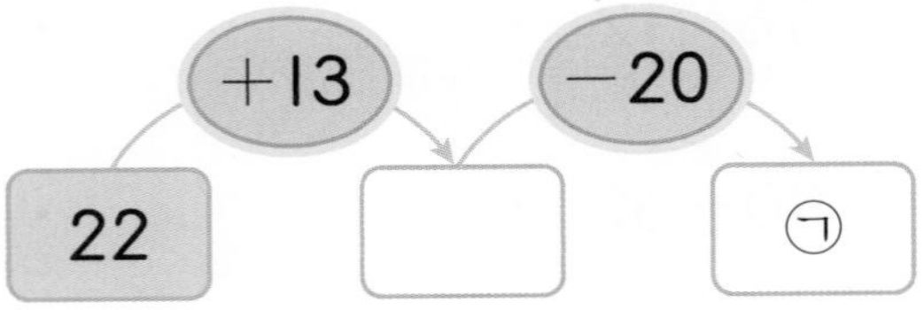

답

17 두 주머니에서 수를 하나씩 골라 식을 써 보세요.

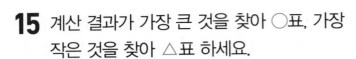

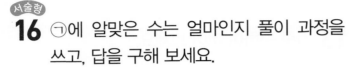

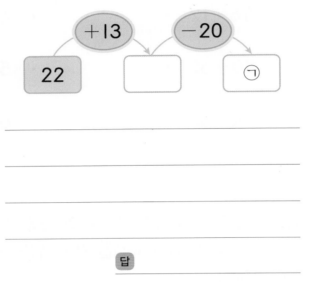

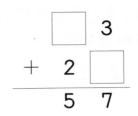

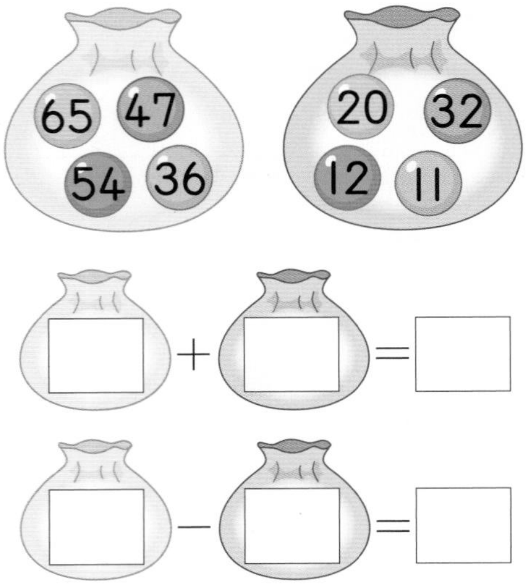

18 □ 안에 알맞은 수를 써넣으세요.

$$\begin{array}{r} \square\ 3 \\ +\ 2\ \square \\ \hline 5\ 7 \end{array}$$

19 방과 후 수업을 신청한 학생 수를 나타낸 것입니다. 배드민턴과 바둑 중에서 어느 수업을 신청한 학생이 몇 명 더 많은지 구해 보세요.

배드민턴

남학생	22명
여학생	4명

바둑

남학생	11명
여학생	12명

(　　　　　), (　　　　　)

20 0부터 9까지의 수 중에서 □ 안에 들어갈 수 있는 수를 모두 구해 보세요.

57−44>1□

(　　　　　)

단원 평가 B단계 6. 덧셈과 뺄셈(3)

점수 /

01 갈색 달걀이 22개, 흰색 달걀이 4개 있습니다. 달걀은 모두 몇 개인지 이어 세기로 구해 보세요.

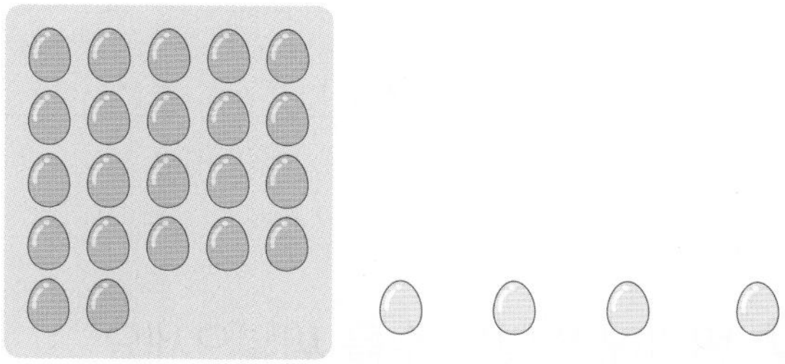

22 23 24 □ □

22+□=□

02 □ 안에 알맞은 수를 써넣으세요.

	3	1
+	2	5
		□

➔

	3	1
+	2	5
	□	□

03 뺄셈을 해 보세요.

56−4=□

04 차가 적힌 색연필과 같은 색으로 칠해 보세요.

70−20

05 □ 안에 알맞은 수를 써넣으세요.

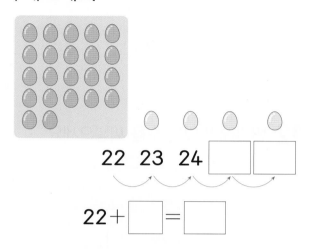

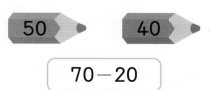

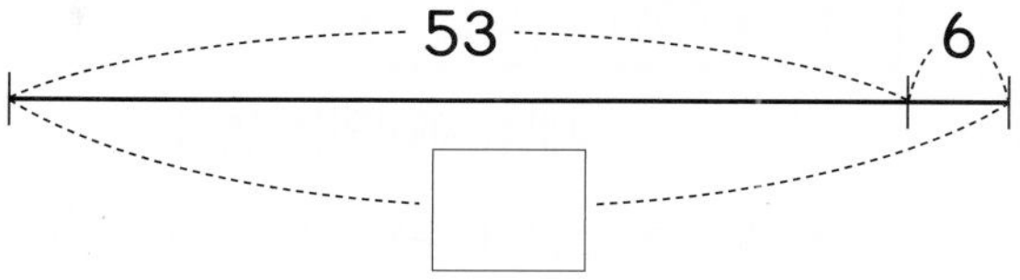

서술형

06 31+4를 다음과 같이 계산하였습니다. 잘못 계산한 이유를 쓰고, 바르게 계산해 보세요.

	3	1
+	4	
	7	1

➔ 바른 계산

이유

07 합이 같은 것끼리 이어 보세요.

10+50 •	• 40+40
20+60 •	• 50+20
40+30 •	• 30+30

6 단원

08 지민이의 일기를 읽고 영화관에 있던 사람은 모두 몇 명인지 구해 보세요.

○월 ○일 ○요일	
제목: 재미있는 영화	
가족들과 함께 만화 영화를 보러 영화관에 갔다. 영화관에 있는 남자는 44명, 여자는 34명이었다. 가족들과 함께 재미있는 영화를 봐서 즐겁고 행복했다.	

(   )

09 두 수의 합과 차를 각각 구해 보세요.

75   3

합 (   )

차 (   )

10 빈 곳에 두 수의 차를 써넣으세요.

11 연서는 종이학을 56개 접으려고 합니다. 지금까지 종이학을 22개 접었다면 앞으로 몇 개 더 접어야 하는지 식을 쓰고, 답을 구해 보세요.

식

답

12 빈칸에 알맞은 수를 써넣으세요.

(→ —, ↓ —)

79	45	
38	5	

13 계산 결과를 비교하여 ○ 안에 >, =, <를 알맞게 써넣으세요.

$15+22$ ○ $59-26$

14 친구들이 말하는 수를 각각 구해 보세요.

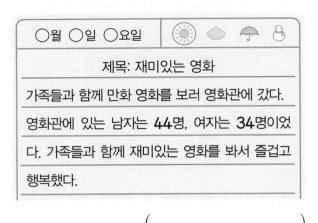

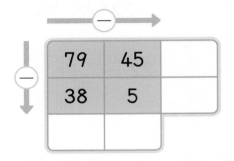

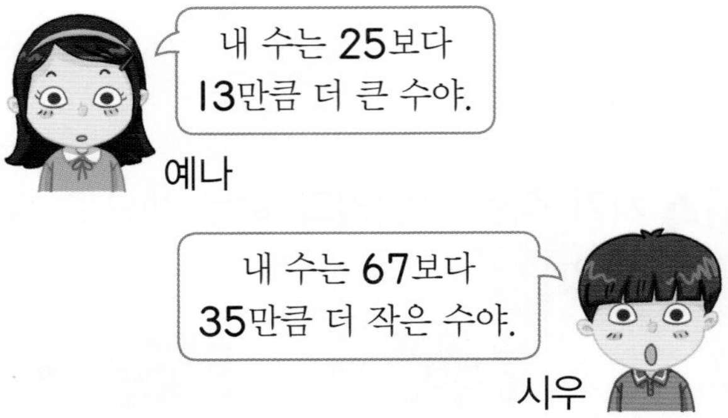

내 수는 25보다 13만큼 더 큰 수야.
예나
내 수는 67보다 35만큼 더 작은 수야.
시우

예나의 수: [   ], 시우의 수: [   ]

15 덧셈을 하고, 바로 다음에 올 덧셈식을 써 보세요.

27+10=☐

27+20=☐

27+30=☐

☐+☐=☐

| 16~17 | 진열대에 놓인 인형을 보고 물음에 답하세요.

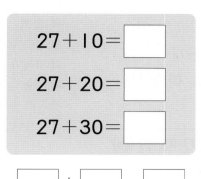

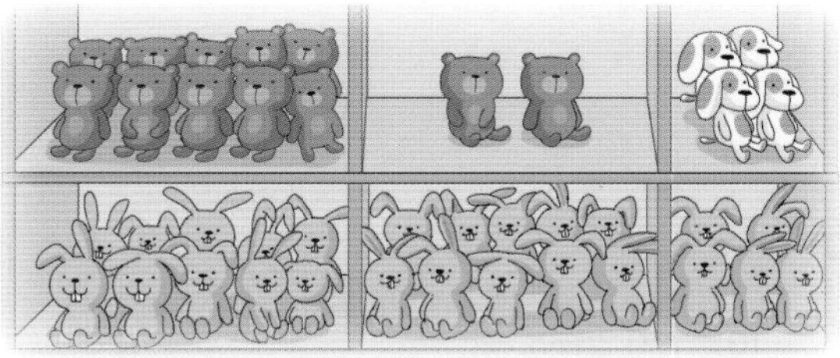

16 곰 인형과 강아지 인형은 모두 몇 개인지 덧셈식으로 나타내 보세요.

☐+☐=☐

17 토끼 인형은 곰 인형보다 몇 개 더 많은지 뺄셈식으로 나타내 보세요.

☐−☐=☐

18 3장의 수 카드 중에서 2장을 골라 한 번씩만 사용하여 가장 큰 몇십몇을 만들었습니다. 만든 수와 남은 수의 차를 구해 보세요.

7 4 5

( )

서술형

19 같은 모양은 같은 수를 나타냅니다. ★에 알맞은 수는 얼마인지 풀이 과정을 쓰고, 답을 구해 보세요.

29−8=■

■+■=★

답

20 계산 결과가 홀수인 사람은 누구인지 써 보세요.

- 지훈: 13+3
- 연아: 33−21
- 효주: 27−10

( )

6 단원

2학기 총정리 개념

1단원 100까지의 수

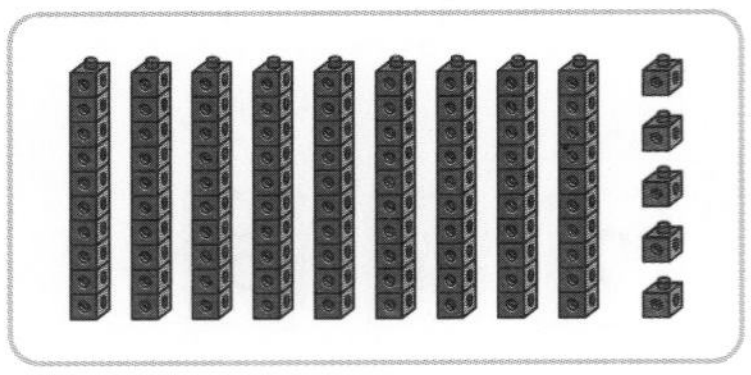

10개씩 묶음 9개와 낱개 5개
➔ 쓰기 95 읽기 구십오, 아흔다섯

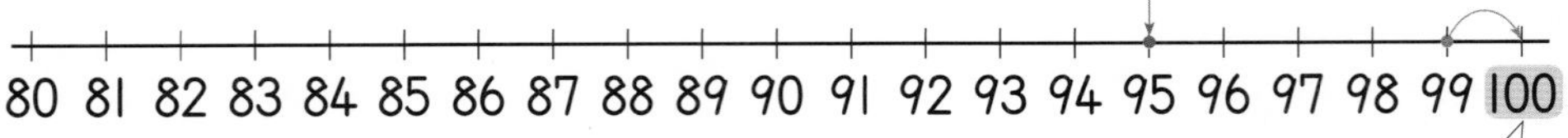

99보다 1만큼 더 큰 수를 100이라 하고, 백이라고 읽어.

다음에 배워요
- 백, 몇백
- 세 자리 수 쓰고 읽기
- 각 자리의 숫자가 나타내는 수
- 세 자리 수의 크기 비교하기

2단원 덧셈과 뺄셈(1)

- 세 수의 덧셈과 뺄셈

$2+3+4=9$ (2+3=5, 5+4=9)

두 수를 먼저 더하고, 나머지 수를 더해.

$8-5-2=1$ (8−5=3, 3−2=1)

앞에서부터 두 수씩 차례로 계산해.

- 10을 만들어 더하기

$2+8+3=13$ (2+8=10, 10+3=13)

앞의 두 수로 10을 먼저 만들어.

$6+3+7=16$ (3+7=10, 6+10=16)

뒤의 두 수로 10을 먼저 만들어.

다음에 배워요
- 다양한 방법으로 덧셈하기
- (몇)+(몇)=(십몇)
- 다양한 방법으로 뺄셈하기
- (십몇)−(몇)=(몇)

3단원 모양과 시각

- 여러 가지 모양

뾰족한 부분이 4군데, 곧은 선이 있어!

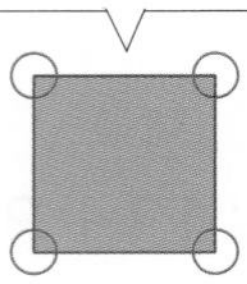

뾰족한 부분이 3군데, 곧은 선이 있어!

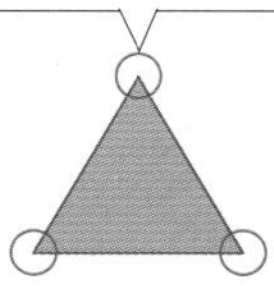

둥근 부분만 있어!

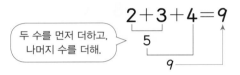

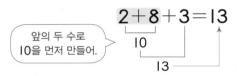

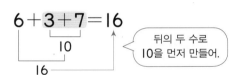

- 시각

짧은바늘: 5
긴바늘: 12
➔ 5시

짧은바늘: 3과 4 사이
긴바늘: 6
➔ 3시 30분

다음에 배워요
- 삼각형, 사각형, 원
- 쌓기나무로 여러 가지 모양 만들기
- 몇 시 몇 분
- 하루의 시간, 달력

4단원 덧셈과 뺄셈(2)

• (몇)+(몇)=(십몇)

5에 5를 더해 10을 만들고, 남은 3을 더해.

5 + 8 = 13
(8 → 5, 3)

8에 2를 더해 10을 만들고, 남은 3을 더해.

5 + 8 = 13
(5 → 3, 2)

• (십몇)−(몇)=(몇)

12에서 2를 빼서 10을 만들고, 남은 2를 빼.

12 − 4 = 8
(4 → 2, 2)

10에서 4를 먼저 빼고, 남은 2를 더해.

12 − 4 = 8
(12 → 10, 2)

> **다음에 배워요**
> • 받아올림이 없는 두 자리 수의 덧셈
> • 받아내림이 없는 두 자리 수의 뺄셈

5단원 규칙 찾기

• ● ▲ ● ▲ ● ▲ ● ▲ → ●, ▲이 반복됩니다.

• 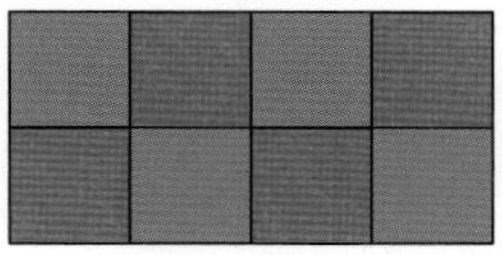 → 첫째 줄: 파란색, 빨간색이 반복됩니다.
둘째 줄: 빨간색, 파란색이 반복됩니다.

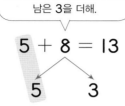

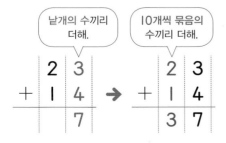

• 1 - 4 - 4 - 1 - 4 - 4 → 1, 4, 4가 반복됩니다.

2 - 4 - 6 - 8 - 10 - 12 → 2부터 시작하여 2씩 커집니다.

> **다음에 배워요**
> • 무늬, 쌓은 모양에서 규칙 찾기
> • 덧셈표, 곱셈표에서 규칙 찾기
> • 생활에서 규칙 찾기

6단원 덧셈과 뺄셈(3)

• 덧셈

낱개의 수끼리 더해. → 10개씩 묶음의 수끼리 더해.

	2	3
+	1	4
		7

→

	2	3
+	1	4
	3	7

• 뺄셈

낱개의 수끼리 빼. → 10개씩 묶음의 수끼리 빼.

	5	4
−	3	1
		3

→

	5	4
−	3	1
	2	3

> **다음에 배워요**
> • 받아올림이 있는 두 자리 수의 덧셈
> • 받아내림이 있는 두 자리 수의 뺄셈

MEMO

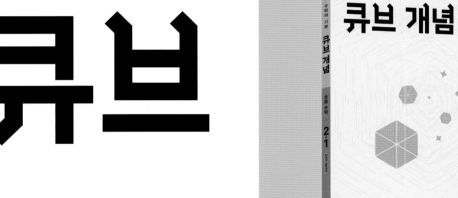

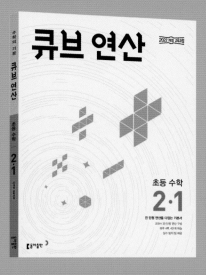

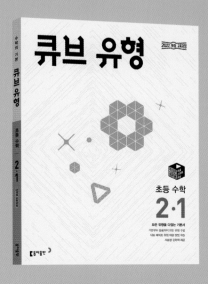

평가북

백점 수학 1·2

초등학교 학년 반 번 이름

백점

수학 1·2

해설북

- 한눈에 보이는 **정확한 답**
- 한번에 이해되는 **자세한 풀이**

모바일
빠른 정답

동아출판

차례

백점 수학 빠른 정답

QR코드를 찍으면 **정답과 풀이**를 쉽고 빠르게 확인할 수 있습니다.

모바일 빠른 정답

1. 100까지의 수

1회 개념 학습 6~7쪽

확인 1 (1) 70 (2) 80 확인 2 8, 0 / 80

1 9, 90

2 예 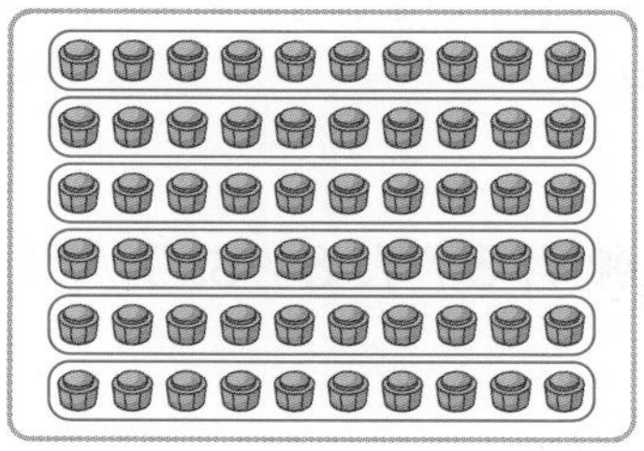 / 6, 0, 60

3 80 / 90

4 (○) (   ) (○)

5 70 / 일흔

6 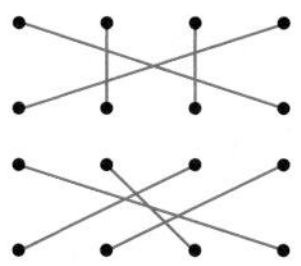

1 10개씩 묶음이 9개이므로 90입니다.

2 10개씩 묶어 보면 10개씩 묶음 6개와 낱개 0개이므로 60입니다.

3 • 10개씩 묶음 7개를 70이라고 합니다.
• 10개씩 묶음 8개를 80이라고 합니다.
• 10개씩 묶음 9개를 90이라고 합니다.

참고 10개씩 묶음 ■개는 ■0입니다.

4 10개씩 묶음 8개를 80이라 하고, 팔십 또는 여든이라고 읽습니다.

참고 아흔은 90으로, 10개씩 묶음 9개입니다.

5 10개씩 묶음 7개와 낱개 0개이므로 70입니다. 70은 칠십 또는 일흔이라고 읽습니다.

6 • 70은 칠십 또는 일흔이라고 읽습니다.
• 60은 육십 또는 예순이라고 읽습니다.
• 90은 구십 또는 아흔이라고 읽습니다.
• 80은 팔십 또는 여든이라고 읽습니다.

1회 문제 학습 8~9쪽

01 (1) 90 (2) 80

02 예 8, 8

03 

04 90개

05 70 / 칠십, 일흔

06 60개

07 예 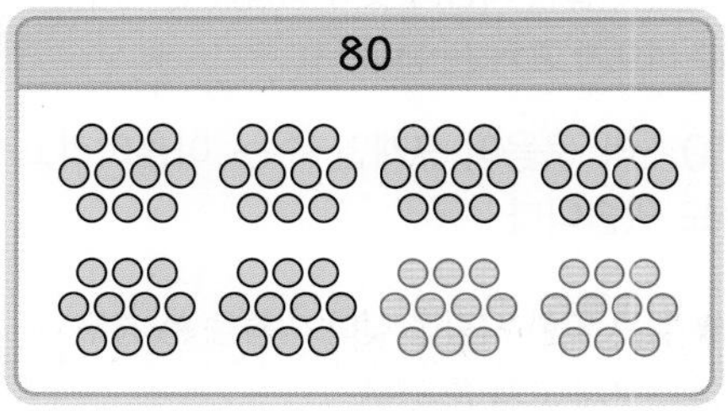

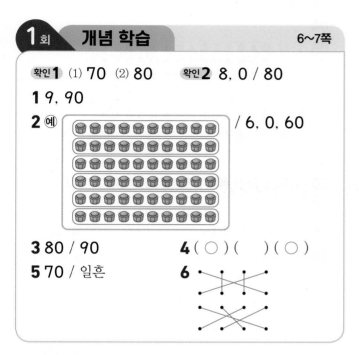

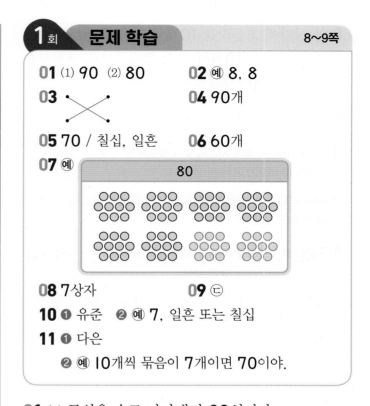

08 7상자

09 ㉢

10 ❶ 유준 ❷ 예 7, 일흔 또는 칠십

11 ❶ 다은
❷ 예 10개씩 묶음이 7개이면 70이야.

01 (1) 구십을 수로 나타내면 90입니다.
(2) 여든을 수로 나타내면 80입니다.

02 ■0은 10개씩 묶음 ■개입니다.
따라서 2개의 □ 안에 같은 수를 써넣습니다.

참고 □ 안에 '6, 6', '7, 7', '8, 8', '9, 9' 중 한 가지를 선택하여 써넣습니다.

03 • 10개씩 묶음이 7개이면 70이고, 칠십 또는 일흔이라고 읽습니다.
• 10개씩 묶음이 6개이면 60이고, 육십 또는 예순이라고 읽습니다.

04 10개씩 묶음 9개는 90이므로 과자는 모두 90개입니다.

05 10개씩 묶어 보면 10개씩 묶음 7개와 낱개 0개이므로 70입니다.
70은 칠십 또는 일흔이라고 읽습니다.

06 10개씩 묶음 6개는 60이므로 소미가 마스크 줄을 만드는 데 사용한 구슬은 모두 60개입니다.

07 80은 10개씩 묶음 8개이고, 10개씩 묶음 6개가 그려져 있으므로 10개씩 묶음 2개를 더 그립니다.

08 한 상자에 초콜릿을 10개씩 담을 수 있고, 주어진 초콜릿은 10개씩 묶음 7개이므로 초콜릿을 모두 담으려면 7상자가 필요합니다.

09 ㉠ 90 ㉡ 90 ㉢ 80

10

채점 기준			
	❶ 잘못 말한 사람을 찾아 이름을 쓴 경우	3점	5점
	❷ 바르게 고쳐 쓴 경우	2점	

참고 '10개씩 묶음이 9개인 수는 아흔이라고 읽어.'라고 고칠 수도 있습니다.

11

채점 기준			
	❶ 잘못 말한 사람을 찾아 이름을 쓴 경우	3점	5점
	❷ 바르게 고쳐 쓴 경우	2점	

참고 '10개씩 묶음이 6개이면 60이야.'라고 고칠 수도 있습니다.

2회 개념 학습 10~11쪽

확인1 4, 64 확인2 8 / 58
1 6 / 76 2 육십이 / 예순둘
3 97 4 (○) (○) ( )
5 75 / 94 6 57

1 10개씩 묶음 7개와 낱개 6개를 76이라고 합니다.

2 주의 10개씩 묶음의 수와 낱개의 수를 두 가지 방법 중 같은 방법으로 읽어야 합니다.
'육십둘', '예순이'로 읽지 않도록 합니다.

3 10개씩 묶음 9개와 낱개 7개이므로 97입니다.

4 63은 육십삼 또는 예순셋이라고 읽습니다.

5 10개씩 묶음 ■개와 낱개 ▲개는 ■▲입니다.

6 10개씩 묶음 5개와 낱개 7개이므로 57입니다.
57은 오십칠 또는 쉰일곱이라고 읽습니다.

2회 문제 학습 12~13쪽

01 (1) 68 (2) 96 02 ( )
(○)
03 77 / 칠십칠, 일흔일곱
04 ⑤
05 (1) 예

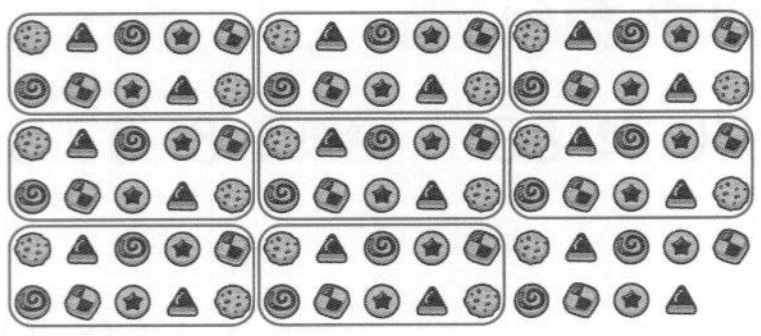

(2) 8, 9 / 89
06 ㉡
07 (위에서부터) 예 7, 8 / 7, 8 / 8, 7 / 78, 87
08 서진
09 ❶ 3 ❷ 7, 73 답 73개
10 ❶ 낱개 15개는 10개씩 1상자와 낱개 5개로 나타낼 수 있습니다.
❷ 따라서 은서가 가지고 있는 머리끈은 10개씩 9상자와 낱개 5개이므로 모두 95개입니다.
답 95개

01 (1) 육십팔 → 68
(2) 아흔여섯 → 96

02 86은 10개씩 묶음 8개와 낱개 6개입니다.
참고 위: 10개씩 묶음 6개와 낱개 7개이므로 67입니다.

03 감자의 수는 10개씩 묶음 7개와 낱개 7개이므로 77입니다.
77은 칠십칠 또는 일흔일곱이라고 읽습니다.

04 ⑤ 92는 구십이 또는 아흔둘이라고 읽습니다.

05 (2) 10개씩 묶어 보면 10개씩 묶음 8개와 낱개 9개이므로 89입니다.

06 ■▲ → 10개씩 묶음 ■개와 낱개 ▲개
참고 ㉠ 10개씩 묶음 4개와 낱개 8개는 48입니다.

07 두 수 ■와 ▲를 골라 만들 수 있는 수는 ■▲와 ▲■입니다.

08 10개씩 묶음 7개와 낱개 6개이므로 76입니다. 76은 칠십육 또는 일흔여섯이라고 읽습니다.

09

채점 기준			
	❶ 낱개 13개를 10개씩 묶음과 낱개의 수로 나타낸 경우	2점	5점
	❷ 사과는 모두 몇 개인지 구한 경우	3점	

10

채점 기준			
	❶ 낱개 15개를 10개씩 묶음과 낱개의 수로 나타낸 경우	2점	5점
	❷ 은서가 가지고 있는 머리끈은 모두 몇 개인지 구한 경우	3점	

3회 개념 학습 14~15쪽

확인1 오십칠 **확인2** 75

1 68, 70 / 68, 70 **2** 100

3 61, 63 **4** ( ) (○)

5 (위에서부터) 83 / 87 / 93 / 96, 100

6 (위에서부터) 56, 58 / 72, 74 / 79, 81

1 • 69보다 1만큼 더 작은 수는 69 바로 앞의 수인 68입니다.
• 69보다 1만큼 더 큰 수는 69 바로 뒤의 수인 70입니다.

2 99보다 1만큼 더 큰 수를 100이라고 합니다.

3 59부터 수를 순서대로 써 보면 59−60−61−62−63입니다.

4 일흔다섯 번 신발장 ➔ 칠십오 번 신발장

5 81부터 100까지의 수를 순서대로 씁니다.

6 • 어떤 수보다 1만큼 더 작은 수는 어떤 수 바로 앞의 수입니다.
• 어떤 수보다 1만큼 더 큰 수는 어떤 수 바로 뒤의 수입니다.

3회 문제 학습 16~17쪽

01 65

02

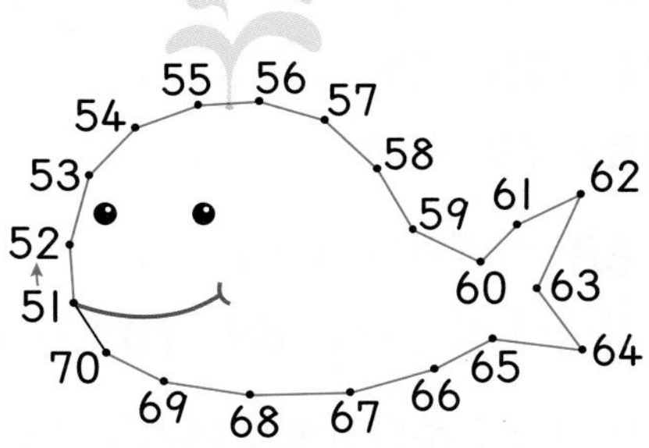

03 89, 88, 86 **04** 94, 93

05 채아 **06** 81

07

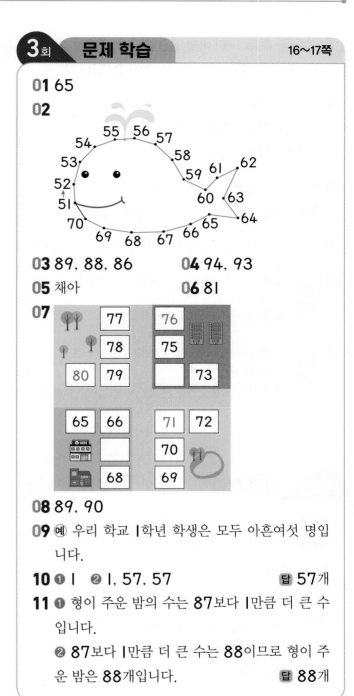

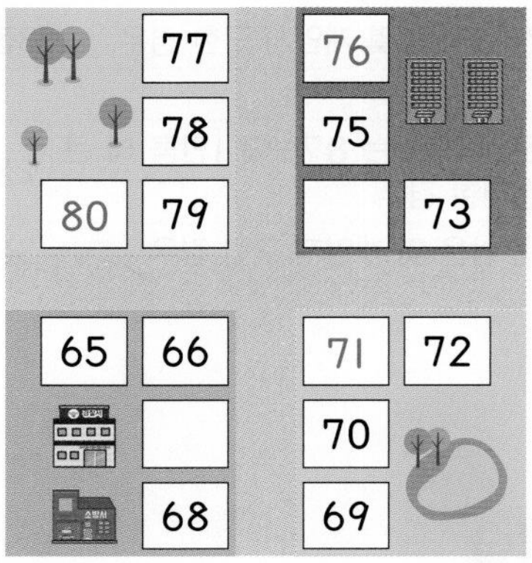

08 89, 90

09 예 우리 학교 1학년 학생은 모두 아흔여섯 명입니다.

10 ❶ 1 ❷ 1, 57, 57 답 57개

11 ❶ 형이 주운 밤의 수는 87보다 1만큼 더 큰 수입니다.
❷ 87보다 1만큼 더 큰 수는 88이므로 형이 주운 밤은 88개입니다. 답 88개

01 64와 66 사이의 수는 65입니다.

02 51부터 70까지의 수를 순서대로 잇습니다.

03 90부터 순서를 거꾸로 하여 수를 써 보면 90−89−88−87−86입니다.

04 92부터 95까지의 수를 순서대로 써 보면 92−93−94−95이므로 92와 95 사이의 수는 93, 94입니다.

개념북 1 단원

06 여든을 수로 나타내면 80입니다. 80보다 1만큼 더 큰 수는 80 바로 뒤의 수인 81입니다.

07 · 69 - 70 - 71 - 72
· 73 - 74 - 75 - 76
· 77 - 78 - 79 - 80

08 팔십팔 ➔ 88, 아흔하나 ➔ 91
88과 91 사이에 있는 수는 89, 90입니다.

09 수를 바르게 읽도록 주의하며 이야기를 만듭니다.

10

채점 기준			
채점 기준	❶ 동생이 캔 감자의 수는 58보다 1만큼 더 작은 수임을 설명한 경우	2점	5점
	❷ 동생이 캔 감자는 몇 개인지 구한 경우	3점	

11

채점 기준			
채점 기준	❶ 형이 주운 밤의 수는 87보다 1만큼 더 큰 수임을 설명한 경우	2점	5점
	❷ 형이 주운 밤은 몇 개인지 구한 경우	3점	

4회 개념 학습 18~19쪽

확인 1 $>$

확인 2 남는 것이 없는 수 / 짝수

1 61, 작습니다 / 61, 큽니다

2 작습니다 / $<$

3 예 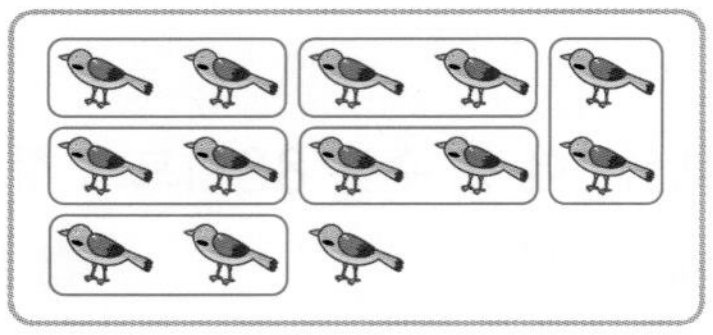 / 홀수

4 (위에서부터) 58, 66 / ( ) (○)

5

1	2	3	4	5
6	7	8	9	10
11	12	13	14	15
16	17	18	19	20

6 (1) $<$ (2) $>$

1 46과 61의 10개씩 묶음의 수를 비교하면 46은 61보다 작고, 61은 46보다 큽니다.

2 10개씩 묶음의 수가 같으므로 낱개의 수를 비교하면 83은 89보다 작습니다. ➔ $83<89$

3 둘씩 짝을 지을 때 하나가 남으므로 홀수입니다.

4 58과 66의 10개씩 묶음의 수를 비교하면 $5<6$이므로 더 큰 수는 66입니다.

5 둘씩 짝을 지을 때 남는 것이 없는 수는 빨간색, 하나가 남는 수는 파란색으로 색칠합니다.

6 (1) 10개씩 묶음의 수를 비교하면 $6<7$이므로 $60<70$입니다.
(2) 10개씩 묶음의 수가 같고 낱개의 수를 비교하면 $8>1$이므로 $88>81$입니다.

4회 문제 학습 20~21쪽

01 ( ) (○)

02 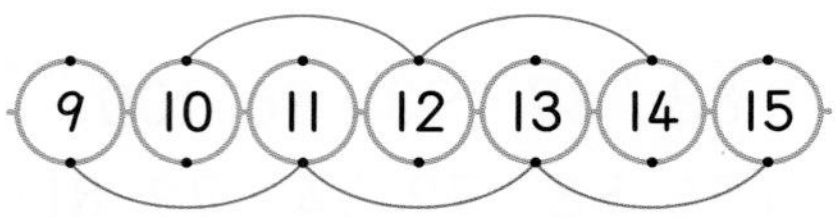

03 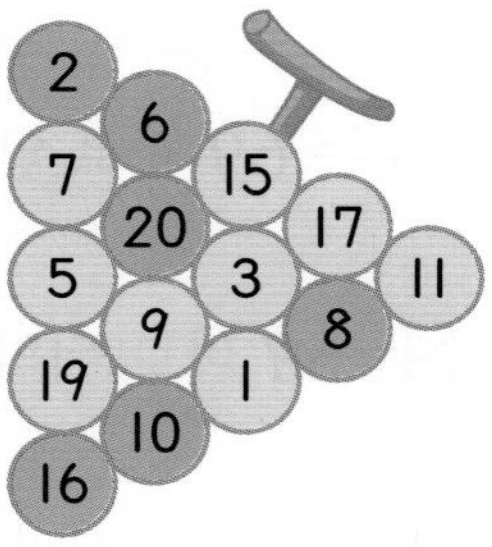

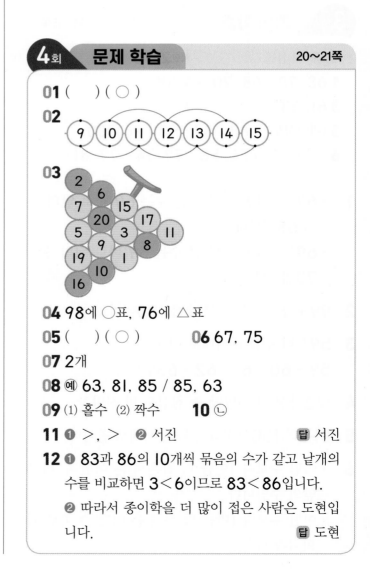

04 98에 ○표, 76에 △표

05 ( ) (○)

06 67, 75

07 2개

08 예 63, 81, 85 / 85, 63

09 (1) 홀수 (2) 짝수

10 ㉡

11 ❶ $>$, $>$ ❷ 서진 답 서진

12 ❶ 83과 86의 10개씩 묶음의 수가 같고 낱개의 수를 비교하면 $3<6$이므로 $83<86$입니다.
❷ 따라서 종이학을 더 많이 접은 사람은 도현입니다. 답 도현

01 10개씩 묶음의 수를 비교하면 7＜9이므로 더 큰 수는 91입니다.

02 • 짝수는 낱개의 수가 0, 2, 4, 6, 8이므로 10, 12, 14입니다.
• 홀수는 낱개의 수가 1, 3, 5, 7, 9이므로 9, 11, 13, 15입니다.

03 낱개의 수가 0, 2, 4, 6, 8이면 짝수이므로 보라색으로 색칠하고, 낱개의 수가 1, 3, 5, 7, 9이면 홀수이므로 노란색으로 색칠합니다.

04 10개씩 묶음의 수를 비교하면 9＞8＞7이므로 가장 큰 수는 98이고, 가장 작은 수는 76입니다.

05 • 왼쪽 상자: 19와 3은 홀수, 10은 짝수입니다.
• 오른쪽 상자: 5, 1, 17은 모두 홀수입니다.

06 • 10개씩 묶음의 수가 7보다 작은 수인 67은 76보다 작습니다.
• 10개씩 묶음의 수가 7로 같고 낱개의 수가 6보다 작은 75는 76보다 작습니다.

07 낱개의 수가 0, 2, 4, 6, 8이면 짝수입니다. 따라서 짝수는 18, 4로 모두 2개입니다.

08 세 수를 골라 크기를 비교합니다.
10개씩 묶음의 수가 다르면 10개씩 묶음의 수가 클수록 더 크고, 10개씩 묶음의 수가 같으면 낱개의 수가 클수록 더 큽니다.

09 (1) 의자를 둘씩 짝을 지을 때 하나가 남으므로 의자의 수는 홀수입니다.
(2) 의자를 1개 더 놓고 둘씩 짝을 지을 때 남는 것이 없으므로 의자의 수는 짝수입니다.

10 79와 놓여져 있는 수의 크기를 각각 비교합니다.
79는 77보다 크고 83보다 작으므로 77과 83 사이인 ㉡에 놓아야 합니다.

11

채점 기준			
	❶ 71과 69의 크기를 비교한 경우	4점	5점
	❷ 딱지를 더 많이 모은 사람을 찾아 쓴 경우	1점	

12

채점 기준			
	❶ 83과 86의 크기를 비교한 경우	4점	5점
	❷ 종이학을 더 많이 접은 사람을 찾아 쓴 경우	1점	

5회 응용 학습 22~25쪽

01 1단계 9, 10	2단계 10
02 13	03 74
04 1단계 9, 5	2단계 95
05 67	06 98, 56
07 1단계 큰	2단계 7, 8, 9
08 6, 7, 8, 9	09 2개
10 1단계 57	2단계 58
11 70	12 88

01 1단계 8과 11 사이에 있는 수에 8과 11은 포함되지 않으므로 8과 11 사이에 있는 수는 9, 10입니다.
2단계 9와 10 중에서 짝수는 10입니다.
참고 짝수는 낱개의 수가 0, 2, 4, 6, 8이고, 홀수는 낱개의 수가 1, 3, 5, 7, 9입니다.

02 12와 15 사이에 있는 수는 13, 14입니다.
이 중에서 홀수는 13입니다.
주의 12와 15 사이에 있는 수에 12와 15는 포함되지 않습니다.

03 73과 79 사이에 있는 수는 74, 75, 76, 77, 78이고 이 중에서 낱개의 수가 5보다 작은 수는 74입니다.

04 1단계 9＞5＞4이므로 가장 큰 수는 9, 둘째로 큰 수는 5입니다.
2단계 가장 큰 수인 9를 10개씩 묶음의 수에 놓고, 둘째로 큰 수인 5를 낱개의 수에 놓으면 만들 수 있는 가장 큰 몇십몇은 95입니다.

개념북 1단원

05 세 수의 크기를 비교하면 6<7<8이므로 10개씩 묶음의 수에 가장 작은 수인 6을 놓고, 낱개의 수에 둘째로 작은 수인 7을 놓아야 합니다. 따라서 만들 수 있는 가장 작은 몇십몇은 67입니다.

06 네 수의 크기를 비교하면 9>8>6>5입니다.
- 만들 수 있는 가장 큰 몇십몇은 10개씩 묶음의 수에 가장 큰 수인 9를 놓고, 낱개의 수에 둘째로 큰 수인 8을 놓은 98입니다.
- 만들 수 있는 가장 작은 몇십몇은 10개씩 묶음의 수에 가장 작은 수인 5를 놓고, 낱개의 수에 둘째로 작은 수인 6을 놓은 56입니다.

07 2단계 0부터 9까지의 수 중에서 6보다 큰 수는 7, 8, 9이므로 □ 안에 들어갈 수 있는 수는 7, 8, 9입니다.

08 55와 5□의 10개씩 묶음의 수가 같으므로 낱개의 수를 비교하면 □ 안에는 5보다 큰 수가 들어가야 합니다.
따라서 0부터 9까지의 수 중에서 □ 안에 들어갈 수 있는 수는 6, 7, 8, 9입니다.

09 □4와 78의 낱개의 수를 비교하면 4<8인데 □4가 78보다 크므로 □ 안에는 7보다 큰 수가 들어가야 합니다.
따라서 1부터 9까지의 수 중에서 □ 안에 들어갈 수 있는 수는 8, 9로 모두 2개입니다.

10 1단계 어떤 수보다 1만큼 더 작은 수가 56이므로 어떤 수는 56보다 1만큼 더 큰 수인 57입니다.
2단계 57보다 1만큼 더 큰 수는 58입니다.

11 어떤 수보다 1만큼 더 큰 수가 72이므로 어떤 수는 72보다 1만큼 더 작은 수인 71입니다.
따라서 어떤 수보다 1만큼 더 작은 수는 71보다 1만큼 더 작은 수인 70입니다.

12 ■보다 1만큼 더 큰 수가 90이므로 ■에 알맞은 수는 90보다 1만큼 더 작은 수인 89입니다.
따라서 89보다 1만큼 더 작은 수는 88이므로 ★에 알맞은 수는 88입니다.

6회 마무리 평가 26~29쪽

01 8, 80
02 7, 4
03 98
04 59, 60
05 <
06 짝수
07 70 / 일흔
08 52
09 84개
10 구십팔
11 유준
12 (위에서부터) 75 / 77, 79, 80 / 83, 84, 86, 87
13
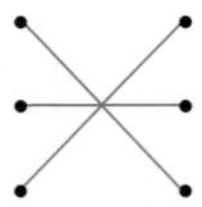
14 3개
15 >
16 (   )(△)(○)
17 ❶ 85와 78의 10개씩 묶음의 수를 비교하면 8>7이므로 85>78입니다.
❷ 따라서 종이비행기를 더 많이 접은 사람은 규상입니다.
답 규상
18 3개
19 물개, 기린
20 ❶ 사과는 10개씩 묶음 3개가 있습니다.
❷ 사과가 80개가 되려면 10개씩 묶음 8개가 있어야 하므로 10개씩 묶음 8−3=5(개)가 더 있어야 합니다.
답 5개
21 54, 58 / 72, 91
22 하율, 지훈, 세진
23 93
24 51
25 ❶ 54부터 수의 순서를 거꾸로 하여 수를 4개 쓰면 54, 53, 52, 51입니다.
❷ 따라서 민지네 가족의 의자 번호를 수의 순서대로 쓰면 51, 52, 53, 54입니다.
답 51, 52, 53, 54

01 10개씩 묶음 8개는 80입니다.

02 74는 10개씩 묶음 7개와 낱개 4개입니다.

03 아흔여덟을 수로 나타내면 98입니다.

04 57부터 수를 순서대로 써 보면
57−58−59−60−61입니다.

05 10개씩 묶음의 수를 비교하면 6<7이므로
65<72입니다.

06 둘씩 짝을 지을 때 남는 것이 없으므로 10은 짝수입니다.

07 10개씩 묶음 7개와 낱개 0개는 70이고, 칠십 또는 일흔이라고 읽습니다.

08 10개씩 묶음 5개와 낱개 2개이므로 52입니다.

09 10개씩 묶음 8개와 낱개 4개는 84입니다.
따라서 진우가 가지고 있는 젤리는 모두 84개입니다.

10 상황에 맞게 수를 표현하여 이야기를 완성합니다.

11 채아: 예순하나 쪽을 육십일 쪽으로 읽어야 합니다.

12 73부터 87까지의 수를 순서대로 써넣습니다.

13
- 78보다 1만큼 더 큰 수는 78 바로 뒤의 수인 79입니다.
- 61보다 1만큼 더 작은 수는 61 바로 앞의 수인 60입니다.
- 90보다 1만큼 더 작은 수는 90 바로 앞의 수인 89입니다.

14 77부터 81까지의 수를 순서대로 써 보면
77, 78, 79, 80, 81입니다.
따라서 77과 81 사이에 있는 수는
78, 79, 80으로 모두 3개입니다.

15 97과 92의 10개씩 묶음의 수는 같고 낱개의 수를 비교하면 7>2이므로 97>92입니다.

16 세 수의 10개씩 묶음의 수를 비교하면 7>6>5이므로 가장 큰 수는 71이고, 가장 작은 수는 57입니다.

17

채점 기준			
	❶ 85와 78의 크기를 비교한 경우	3점	4점
	❷ 종이비행기를 더 많이 접은 사람을 찾아 쓴 경우	1점	

18 낱개의 수가 1, 3, 5, 7, 9이면 홀수입니다.
따라서 홀수는 11, 15, 19로 모두 3개입니다.

19 낱개의 수가 0, 2, 4, 6, 8인 수는 6과 8이므로 동물의 수가 짝수인 동물은 물개, 기린입니다.

20

채점 기준			
	❶ 사과는 10개씩 묶음 몇 개 있는지 구한 경우	2점	4점
	❷ 80개가 되려면 10개씩 묶음 몇 개가 더 있어야 하는지 구한 경우	2점	

21 주어진 수 중에서 70보다 작은 수는 58, 54이고 70보다 큰 수는 91, 72입니다.
- 54는 58보다 작습니다. ➔ 54<58
- 72는 91보다 작습니다. ➔ 72<91

22 62보다 1만큼 더 큰 수는 63이므로 지훈이가 딴 딸기는 63개입니다.
67, 62, 63의 10개씩 묶음의 수는 같고 낱개의 수를 비교하면 7>3>2이므로
67>63>62입니다.
따라서 딸기를 많이 딴 사람부터 차례로 이름을 쓰면 하율, 지훈, 세진입니다.

23 세 수의 크기를 비교하면 9>3>2이므로 10개씩 묶음의 수에 가장 큰 수인 9를 놓고, 낱개의 수에 둘째로 큰 수인 3을 놓아야 합니다.
따라서 만들 수 있는 가장 큰 몇십몇은 93입니다.

24 10개씩 묶음의 수가 5이고 낱개의 수가 1인 수는 51이므로 민지의 의자 번호는 51입니다.

25

채점 기준			
	❶ 54부터 수의 순서를 거꾸로 하여 수를 4개 쓴 경우	3점	4점
	❷ 민지네 가족의 의자 번호를 수의 순서대로 쓴 경우	1점	

2. 덧셈과 뺄셈(1)

1회 개념 학습 32~33쪽

확인1 (위에서부터) 3 / 3, 8

확인2 (위에서부터) 6 / 6, 4

1 (   ) (○)   **2** 3

3 (1) (위에서부터) 9 / 7 / 7, 9

(2) (위에서부터) 3 / 4 / 4, 3

4 예

○	○	○	⊘	⊘
⊘	⊘	⊘		

/ 3

5 (1) 8 (2) 2   **6**

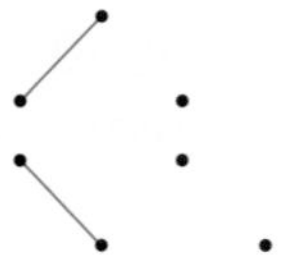

1 4와 1을 더하면 5가 되고, 그 수에 2를 더하면 7이 됩니다. → 4+1+2=7

2 7에서 1을 빼면 6이 되고, 그 수에서 3을 빼면 3이 됩니다. → 7−1−3=3

3 (1) 3과 4를 더하면 7이 되고, 그 수에 2를 더하면 9가 됩니다. → 3+4+2=9

(2) 6에서 2를 빼면 4가 되고, 그 수에서 1을 빼면 3이 됩니다. → 6−2−1=3

4 ○ 8개 중 3개에 /을 그리고, 2개에 /을 더 그려 지우면 ○ 3개가 남습니다.
→ 8−3−2=3

5 (1) 2+2=4이고, 4+4=8이므로
2+2+4=8입니다.

(2) 9−2=7이고, 7−5=2이므로
9−2−5=2입니다.

6 보라색 종이컵 3개, 노란색 종이컵 1개, 초록색 종이컵 4개를 모두 더하는 덧셈식은 3+1+4입니다. 3과 1을 더하면 4가 되고, 그 수에 4를 더하면 8이 됩니다. → 3+1+4=8

1회 문제 학습 34~35쪽

01 2, 3, 4 또는 3, 2, 4

02 9   **03** 9

04

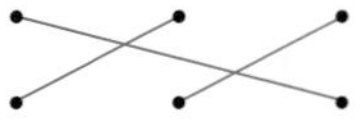

05 (   ) (×)

06 예

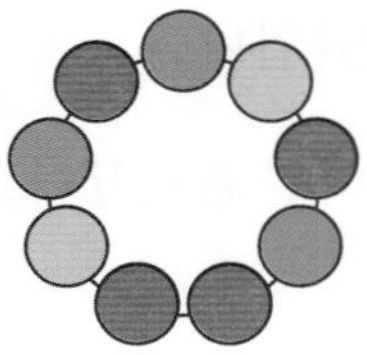

/ 예 4, 2, 3, 9

07 8개   **08** 예 2, 4 / 2, 4, 3

09 예

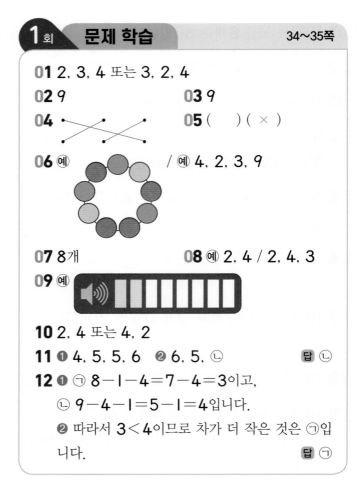

10 2, 4 또는 4, 2

11 ❶ 4, 5, 5, 6 ❷ 6, 5, ㉡   답 ㉡

12 ❶ ㉠ 8−1−4=7−4=3이고,
㉡ 9−4−1=5−1=4입니다.
❷ 따라서 3<4이므로 차가 더 작은 것은 ㉠입니다.   답 ㉠

01 9개에서 2개와 3개를 덜어 내면 9−2−3=4 또는 9−3−2=4로 뺄셈식을 만들 수 있습니다.

02 2와 5를 더하면 7이 되고, 그 수에 2를 더하면 9가 됩니다.

03 1+5=6이고, 6+3=9이므로
1+5+3=9입니다.

04 • 8−5−1=3−1=2

• 7−2−5=5−5=0

• 6−2−3=4−3=1

05 • 7−5−1=2−1=1(○)

• 8−2−4=6−4=2(×)

06 세 가지 색으로 팔찌를 색칠하고, 색깔별로 세어서 덧셈식으로 나타냅니다.

07 (승재가 오늘 먹은 젤리의 수)
=(아침에 먹은 젤리의 수)
+(점심에 먹은 젤리의 수)
+(저녁에 먹은 젤리의 수)
=2+5+1=7+1=8(개)

08 붕어빵 9개 중에서 내가 먹는 개수와 누나에게 주는 개수를 차례로 뺍니다.

09 8−3−3=5−3=2 ➔ 2칸만큼 색칠합니다.

10 2와 더하여 8이 되는 수는 6이고, 주어진 수 중 합하여 6이 되는 두 수는 2와 4입니다.
➔ 2+2+4=8 또는 2+4+2=8

11

채점 기준			
	❶ ㉠과 ㉡을 각각 계산한 경우	3점	5점
	❷ 합이 더 큰 것의 기호를 쓴 경우	2점	

12

채점 기준			
	❶ ㉠과 ㉡을 각각 계산한 경우	3점	5점
	❷ 차가 더 작은 것의 기호를 쓴 경우	2점	

2회 개념 학습 36~37쪽

확인1 9, 10 / 10　　확인2 10 / 10

1 1, 10　　**2** 10 / 10

3 (1) 7 (2) 9

4 (1) 6 (2) 5 (3) 예  / 7, 3

5 (1) 10 (2) 6

6 예 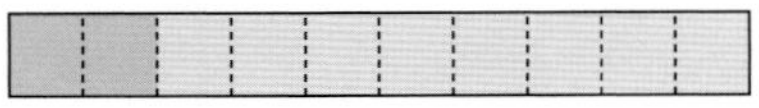 / 2, 8

1 물고기 9마리가 있는 어항에 1마리를 더 넣으면 물고기는 모두 10마리가 됩니다. ➔ 9+1=10

2 2와 8이 서로 바뀌어도 합은 10으로 같습니다.

3 (1) ■ 3개와 ▲ 7개를 더하면 모두 10개가 됩니다. ➔ 3+7=10
(2) ■ 1개와 ▲ 9개를 더하면 모두 10개가 됩니다. ➔ 1+9=10

4 (1) 왼쪽의 점 4개와 오른쪽의 점 6개를 합하면 모두 10개가 됩니다.
➔ 4+6=10
(2) 왼쪽의 점 5개와 오른쪽의 점 5개를 합하면 모두 10개가 됩니다.
➔ 5+5=10
(3) 왼쪽의 점은 7개이고 3개가 더 있으면 10개가 되므로 오른쪽에 점 3개를 그립니다.
➔ 7+3=10

5 (2) 4와 더해서 10이 되는 수는 6입니다.

6 1과 9, 2와 8, 3과 7, 4와 6, 5와 5, 6과 4, 7과 3, 8과 2, 9와 1을 더하면 10이 됩니다.

2회 문제 학습 38~39쪽

01 1 / 9　　**02** (○) (　) (○)

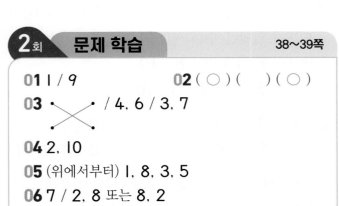

03  / 4, 6 / 3, 7

04 2, 10

05 (위에서부터) 1, 8, 3, 5

06 7 / 2, 8 또는 8, 2

07 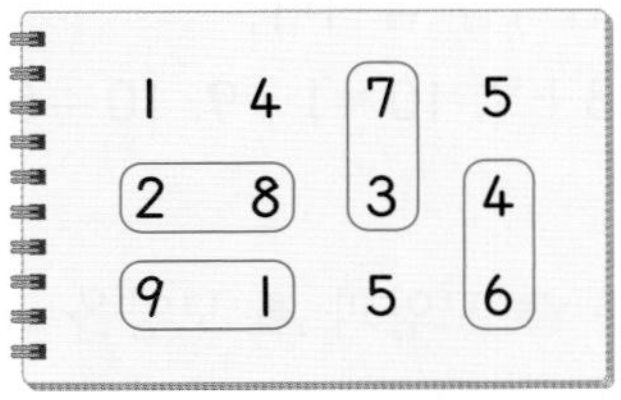

/ 예 7, 3 / 예 9, 1 / 예 4, 6

08 예 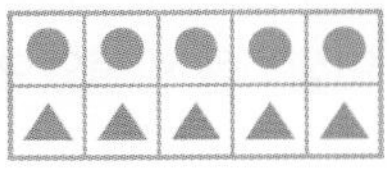 / 5, 5, 5, 5

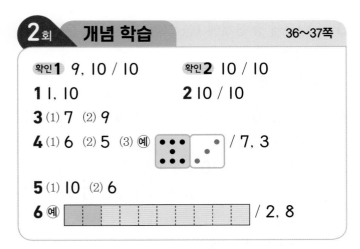

09 ❶ 2 ❷ 2, 10, 10　　답 10병

10 ❶ 소라가 모은 딱지의 수와 우재가 모은 딱지의 수를 더하면 되므로 1+9를 계산합니다.
❷ 1+9=10이므로 소라와 우재가 모은 딱지는 모두 10장입니다.　　답 10장

개념북 2 단원

01 9+1=10, 1+9=10

➔ 9와 1이 서로 바뀌어도 합은 10으로 같습니다.

02 5+5=10, 7+2=9, 6+4=10

➔ 합이 10이 되는 식은 5+5, 6+4입니다.

03 • 3과 더해서 10이 되는 수는 7이므로 연결 모형 3개와 7개를 잇습니다.

➔ 10=3+7

• 4와 더해서 10이 되는 수는 6이므로 연결 모형 4개와 6개를 잇습니다.

➔ 10=4+6

04 햄버거 8개를 사면 2개를 더 받을 수 있으므로 모두 10개를 받을 수 있습니다.

➔ 8+2=10

05 파란색 부분과 분홍색 부분의 수를 더하여 10이 되도록 알맞은 수를 써넣습니다.

➔ 1+9=10, 2+8=10,
5+5=10, 7+3=10

06 • 로봇 7개와 3개를 더하면 모두 10개가 됩니다.

• 인형 2개와 8개를 더하면 모두 10개가 됩니다.

07 10이 되는 두 수를 찾아 묶고, 이를 이용하여 10=□+□의 덧셈식을 씁니다.

참고 덧셈식을 10=3+7, 10=1+9, 10=6+4로 쓸 수도 있습니다.

08 더해서 10이 되도록 ● 모양과 ▲ 모양을 그리고, 만든 덧셈식을 설명합니다.

[평가 기준] ● 모양과 ▲ 모양을 그리고, 그린 각 모양의 수를 세어 쓴 다음 10이 되는 덧셈식을 만들었으면 정답으로 인정합니다.

09

채점 기준			
	❶ 문제에 알맞은 덧셈식을 쓴 경우	2점	5점
	❷ 주스는 모두 몇 병인지 구한 경우	3점	

10

채점 기준			
	❶ 문제에 알맞은 덧셈식을 쓴 경우	2점	5점
	❷ 소라와 우재가 모은 딱지는 모두 몇 장인지 구한 경우	3점	

3회 개념 학습 40~41쪽

확인1 5, 6, 7 / 5　　확인2 1, 9 / 9, 1

1 (1) 7 (2) 2, 8　　**2** 6 / 6

3 예

○	○	∅	∅	∅
∅	∅	∅	∅	∅

/ 2

4 (1) 4 (2) 5, 5　　**5** (1) 9 (2) 3

6 예 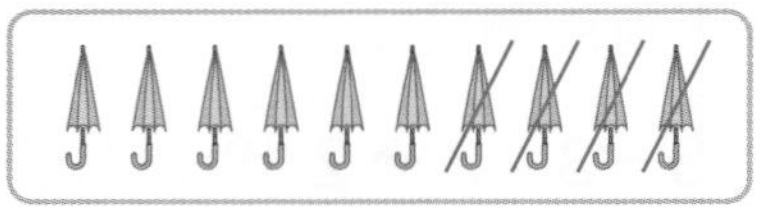 / 4

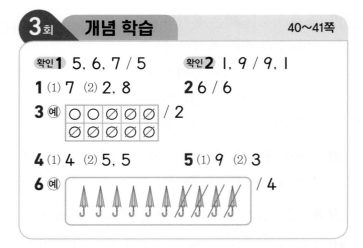

1 (1) 주스 10잔 중에서 3잔을 마셨으므로 남아 있는 주스는 7잔입니다.

➔ 10−3=7

(2) 비둘기 10마리 중에서 2마리가 날아갔으므로 남아 있는 비둘기는 8마리입니다.

➔ 10−2=8

2 10은 4와 6으로 가르기할 수 있으므로 10−4=6입니다.

3 ○ 10개 중 8개에 /을 그려 지우면 ○ 2개가 남습니다.

➔ 10−8=2

4 (1) 구슬 10개에서 6개를 빼면 4개가 남습니다.

➔ 10−6=4

(2) 빨간색 구슬 10개와 파란색 구슬 5개를 하나씩 짝 지어 보면 빨간색 구슬 5개가 남습니다.

➔ 10−5=5

5 (1) 10에서 1을 빼면 9입니다.

(2) 10에서 7을 빼면 3입니다.

참고 10에서 1, 2, 3, ..., 9를 빼면 뺄셈 결과는 9, 8, 7, ..., 1이 됩니다.

6 우산 10개 중 4개에 /을 그려 지우면 우산 6개가 남습니다.

➔ 10−4=6

3회 문제 학습 42~43쪽

01 6 / 6　　**02** 

03 3　　**04** (　)(○)

05 9

06 (위에서부터) 7, 행 / 6, 복 / 8, 해

07 예  / 7, 7, 3

08 2개　　**09** 4, 6

10 ㉠

11 ❶ 5　❷ 5, 5　　답 5개

12 ❶ 세주의 오른손에 있는 동전의 수를 세어 보면 2개입니다.

❷ 따라서 세주의 왼손에는 동전이 10－2＝8(개) 있습니다.　　답 8개

01 10에서 빼는 수가 4이면 뺄셈 결과가 6이고, 10에서 빼는 수가 6이면 뺄셈 결과가 4입니다. 따라서 □ 안에 알맞은 수는 6입니다.

02 10－8＝2, 10－5＝5

03 큰 수에서 작은 수를 뺍니다.
➔ 10－7＝3

04 10－6＝4, 10－3＝7
➔ 4＜7이므로 차가 더 큰 것은 10－3입니다.

05 10에서 빼는 수가 1이면 뺄셈 결과가 9이고, 10에서 빼는 수가 9이면 뺄셈 결과가 1입니다. 따라서 □ 안에 공통으로 들어갈 수 있는 수는 9입니다.

06 · 10－3＝7 ➔ 행
· 10－4＝6 ➔ 복
· 10－2＝8 ➔ 해

07 10에서 빼는 수만큼 /을 그리고, 만든 뺄셈식을 설명해 봅니다.

08 10－8＝2이므로 소담이는 예지보다 화살을 2개 더 많이 넣었습니다.

09 풍선 10개 중 4개가 날아가 버렸으므로 남은 풍선은 10－4＝6(개)입니다.

10 ㉠ 10－1＝9이므로 □＝1입니다.
㉡ 10－6＝4이므로 □＝4입니다.
㉢ 10－5＝5이므로 □＝5입니다.
➔ 1＜4＜5이므로 □ 안에 들어갈 수가 가장 작은 것은 ㉠입니다.

11

채점 기준			
채점 기준	❶ 민준이의 왼손에 있는 바둑돌의 수를 센 경우	2점	5점
	❷ 민준이의 오른손에는 바둑돌이 몇 개 있는지 구한 경우	3점	

12

채점 기준			
채점 기준	❶ 세주의 오른손에 있는 동전의 수를 센 경우	2점	5점
	❷ 세주의 왼손에는 동전이 몇 개 있는지 구한 경우	3점	

개념북 2 단원

4회 개념 학습 44~45쪽

확인1 3, 13　　확인2 2, 12

1 (위에서부터) 5, 10 / 15

2 17

3 예 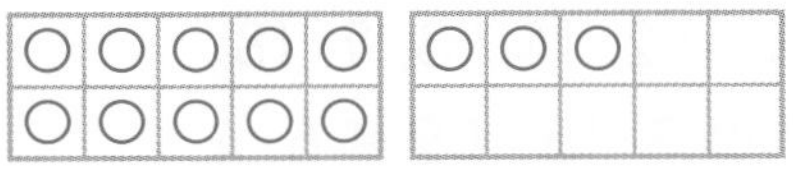 / 3, 13

4 (계산 순서대로) 10, 12, 12

5 (계산 순서대로) (1) 10, 16, 16　(2) 10, 18, 18

6 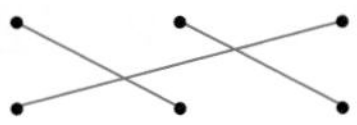

1 사탕 3개와 7개를 더하면 10개가 되고, 5개를 더 더하면 모두 15개가 됩니다.

2 연결 모형 10개에 7개를 더하면 모두 17개가 되므로 10＋7＝17입니다.

3 ○ 5개와 5개를 그리면 ○는 10개가 되고, 나머지 3개를 더 그리면 ○는 모두 13개가 됩니다.
➔ $5+5+3=13$

4 6과 4를 먼저 더하여 10을 만든 다음 10과 2를 더합니다.
➔ $6+4+2=10+2=12$

5 합이 10이 되는 두 수를 먼저 더하여 10을 만든 다음 10과 나머지 수를 더합니다.

6 • $1+9+6=10+6=16$
• $2+5+5=2+10=12$
• $6+4+9=10+9=19$

4회 문제 학습 46~47쪽

01 ( ) (○) (○)

02 5 [3 7] / $5+(3+7)=15$

03 (1) 17 (2) 19

04

05 5, 5, 16 **06** 3, 4, 6, 13

07 (왼쪽 식부터) 2, 14 / 3, 7, 18

08 (1) 1, 19 (2) 3, 15 **09** 예 6, 4

10 ❶ 5, 14, 6, 16 ❷ 16, 14, 나 답 나

11 ❶ 수 카드의 세 수의 합을 각각 구하면 시원이는 $8+1+9=18$, 규리는 $4+6+2=12$입니다.
❷ $12<18$이므로 수 카드의 세 수의 합이 더 작은 사람은 규리입니다. 답 규리

01 • $4+9+1=4+10=14$
• $4+6+8=10+8=18$

02 3과 7을 먼저 더하여 10을 만든 다음 5와 10을 더합니다.
➔ $5+3+7=5+10=15$

03 (1) $5+5+7=10+7=17$
(2) $9+6+4=9+10=19$

04 2와 8을 먼저 더하여 10을 만든 다음 10과 6을 더합니다. ➔ $2+8+6=10+6=16$

05 세 사람이 걸은 고리는 각각 6개, 5개, 5개입니다.
➔ $6+5+5=6+10=16$(개)

06 동화책의 수: 3, 과학책의 수: 4, 위인전의 수: 6
➔ (지난달에 읽은 책의 수)
=(동화책의 수)+(과학책의 수)+(위인전의 수)
$=3+4+6=3+10=13$(권)

07 위에서부터 화살표를 따라가면서 도토리의 수를 더합니다.
• 왼쪽: $8+2+4=10+4=14$
• 오른쪽: $8+3+7=8+10=18$

08 먼저 밑줄 친 두 수의 합이 10이 되도록 ○ 안에 알맞은 수를 써넣은 다음 10과 나머지 한 수를 더합니다.
(1) 9와 더하여 10이 되는 수는 1입니다.
➔ $1+9+9=10+9=19$
(2) 7과 더하여 10이 되는 수는 3입니다.
➔ $5+7+3=5+10=15$

09 합이 10이 되는 두 수를 골라야 하므로 수 카드 3과 7 또는 6과 4를 골라 덧셈식을 완성합니다.
➔ $1+3+7=11$, $1+7+3=11$,
$1+6+4=11$, $1+4+6=11$

10

채점 기준			
	❶ 가와 나의 세 수의 합을 각각 구한 경우	3점	5점
	❷ 세 수의 합이 더 큰 것의 기호를 쓴 경우	2점	

11

채점 기준			
	❶ 수 카드의 세 수의 합을 각각 구한 경우	3점	5점
	❷ 수 카드의 세 수의 합이 더 작은 사람을 쓴 경우	2점	

5회 응용 학습 48~51쪽

01 1단계 10 2단계 3
02 6
03 예 
04 1단계 10
2단계 예 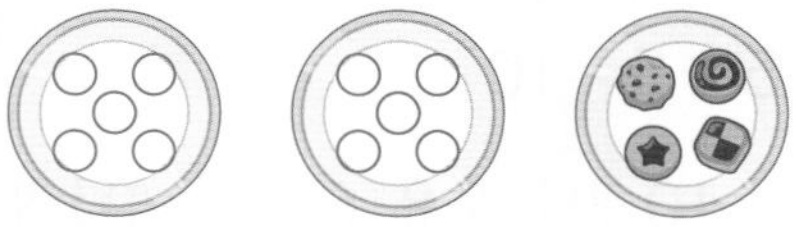
3단계 예 5, 5
05 예 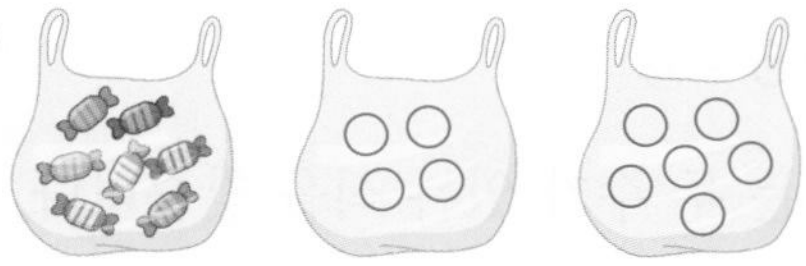 / 4, 6
06 ㉠, ㉣
07 1단계 5 2단계 9
08 7
09 9
10 1단계 7 2단계 8, 9
11 1, 2, 3
12 7

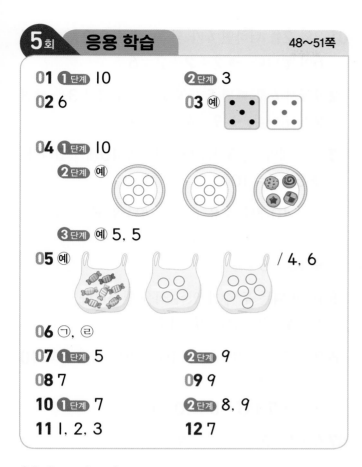

01 1단계 4+6=10
2단계 7+㉠=10이고, 7과 더하여 10이 되는 수는 3이므로 ㉠에 알맞은 수는 3입니다.

02 6+8+2=6+10=16
9+1+㉠=10+㉠=16이므로 ㉠에 알맞은 수는 6입니다.

03 소희가 가진 그림 카드에 그려진 점의 수의 합은 2+8=10입니다.
민규가 가진 그림 카드 1장의 점의 수가 5이고, 5와 더하여 10이 되는 수는 5이므로 민규의 나머지 그림 카드에 점 5개를 그립니다.

04 1단계 □+□+4=14에서 10+4=14이므로 □+□=10입니다.
2단계 합이 10개가 되도록 빈 접시에 ○를 그립니다.
3단계 각각의 접시에 그린 ○의 수를 □ 안에 써넣습니다.

05 7+□+□=17에서 7+10=17이므로 □+□=10입니다.
합이 10개가 되도록 빈 봉지에 ○를 그리고, 각각의 봉지에 그린 ○의 수를 □ 안에 써넣습니다.

06 □+□+9=19에서 10+9=19이므로 □+□=10입니다.
따라서 합이 10이 되는 두 수를 짝 지은 것을 모두 찾으면 ㉠, ㉣입니다.

07 1단계 10−5=5이므로 ■=5입니다.
2단계 ■+3+1=▲에서 5+3+1=8+1=9이므로 ▲=9입니다.

08 • 8−2−3=6−3=3이므로 ●=3입니다.
• ●+★=10에서 3+★=10입니다. 3과 더해서 10이 되는 수는 7이므로 ★=7입니다.

09 • 5+▲=10에서 5와 더해서 10이 되는 수는 5이므로 ▲=5입니다.
• 10−8=2이므로 ♣=2입니다.
• ▲+♣+2=◆에서 5+2+2=7+2=9이므로 ◆=9입니다.

10 1단계 2+2+3=4+3=7
2단계 □ 안에는 7보다 큰 수가 들어가야 하므로 □ 안에 들어갈 수 있는 수는 8, 9입니다.

11 9−1−4=8−4=4이므로 4>□입니다.
□ 안에는 4보다 작은 수가 들어가야 하므로 □ 안에 들어갈 수 있는 수는 1, 2, 3입니다.

12 • 10−2=8이므로 8>□입니다.
➔ □ 안에 들어갈 수 있는 수는 1, 2, 3, 4, 5, 6, 7입니다.
• 1+3+2=6이므로 6<□입니다.
➔ □ 안에 들어갈 수 있는 수는 7, 8, 9입니다.
따라서 □ 안에 공통으로 들어갈 수 있는 수는 7입니다.

6회 마무리 평가 52~55쪽

01 6

02 (위에서부터) 2 / 5 / 5, 2

03 5, 5, 10

04 6, 4

05 (   )
(○)
(   )

06 18

07 9

08 3

09 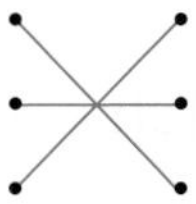

10 10 / 10

11  / 8

12 (위에서부터) 3, 5 / 4

13 ㉢

14 ❶ 유미가 산 사탕의 수에서 동생에게 준 사탕의 수를 빼면 되므로 $10-3$을 계산합니다.
❷ $10-3=7$이므로 유미에게 남은 사탕은 7개입니다.
답 7개

15 3

16 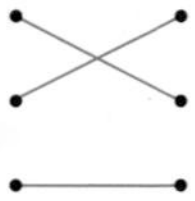

17 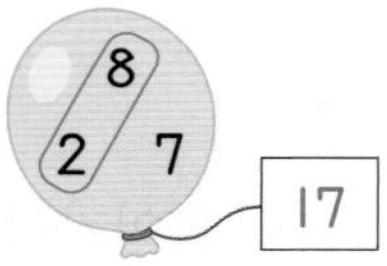

18 (○) (   )

19 7, 16 / 8, 14 / 6, 11

20 예 4, 3

21 9

22 7

23 ❶ $3+\square+\square=13$에서 $3+10=13$이므로 $\square+\square=10$입니다.
❷ 따라서 합이 10이 되는 두 수를 보기에서 찾으면 1과 9입니다.
답 1, 9

24 $3+2+2=7$ / $2+3+3=8$

25 ❶ 혜주의 점수의 합은 $2+3+1=6$(점)이고, 선호의 점수의 합은 $1+3+3=7$(점)입니다.
❷ 따라서 $7>6$이므로 점수의 합이 더 높은 사람은 선호입니다.
답 선호

01 2와 2를 더하면 4가 되고, 그 수에 2를 더하면 6이 됩니다. ➔ $2+2+2=6$

02 9에서 4를 빼면 5가 되고, 그 수에서 3을 빼면 2가 됩니다. ➔ $9-4-3=2$

03 ● 5개와 ▲ 5개를 더하면 모두 10개가 됩니다.
➔ $5+5=10$

04 도넛 10개와 우유 6개를 하나씩 짝 지어 보면 도넛이 4개 남습니다.
➔ $10-6=4$

05 10이 되는 두 수가 있는 식을 찾습니다.
$6+4+7=10+7=17$

06 7과 3을 먼저 더하여 10을 만든 다음 8과 10을 더합니다.
➔ $8+7+3=8+10=18$

07 $6+1+2=7+2=9$

08 $8-3-2=5-2=3$

09 • $9-3-3=6-3=3$
• $5-2-1=3-1=2$
• $6-3-2=3-2=1$

10 4와 6이 서로 바뀌어도 합은 10으로 같습니다.

11 2와 더해서 10이 되는 수는 8입니다.

12 $1+9=10$, $3+7=10$,
$5+5=10$, $6+4=10$

13 ㉠ $10-2=8$
㉡ $10-5=5$
㉢ $10-8=2$
➔ 차가 2인 것은 ㉢입니다.

14

채점 기준			
채점 기준	❶ 문제에 알맞은 뺄셈식을 쓴 경우	2점	4점
	❷ 유미에게 남은 사탕은 몇 개인지 구한 경우	2점	

15 10에서 빼는 수가 7이면 뺄셈 결과가 3이고, 10에서 빼는 수가 3이면 뺄셈 결과가 7입니다. 따라서 □ 안에 공통으로 들어갈 수 있는 수는 3입니다.

16 • $9+1+4=10+4=14$

• $4+6+8=10+8=18$

• $2+7+3=2+10=12$

17 8과 2를 먼저 더하여 10을 만든 다음 10과 7을 더합니다.

➔ $8+2+7=10+7=17$

18 • $7+5+5=7+10=17$ ➔ 홀수

• $1+9+8=10+8=18$ ➔ 짝수

19 먼저 밑줄 친 두 수의 합이 10이 되도록 ○ 안에 알맞은 수를 써넣은 다음 10과 나머지 수를 더합니다.

20 9에서 순서대로 뺐을 때 2가 나와야 하므로 5와 2 또는 4와 3을 골라 뺄셈식을 완성합니다.

➔ $9-5-2=2$, $9-2-5=2$,
$9-4-3=2$, $9-3-4=2$

21 • $7+3=10$이므로 ♥$=10$입니다.

• ♥$-1=$◆에서 $10-1=9$이므로 ◆$=9$입니다.

22 $10-4=6$이므로 $6<$□입니다.
□ 안에는 6보다 큰 수가 들어가야 하므로 7, 8, 9가 들어갈 수 있고 이 중 가장 작은 수는 7입니다.

23

채점 기준			
	❶ □+□=10임을 아는 경우	2점	4점
	❷ □ 안에 들어갈 수 있는 두 수를 찾아 쓴 경우	2점	

24 • 현우: $3+2+2=5+2=7$

• 민지: $2+3+3=5+3=8$

25

채점 기준			
	❶ 혜주와 선호의 점수의 합을 각각 구한 경우	2점	4점
	❷ 점수의 합이 더 높은 사람을 쓴 경우	2점	

3. 모양과 시각

1회 개념 학습 58~59쪽

확인 1 (1) △ (2) □ 확인 2 (1) □ (2) ○

1

2
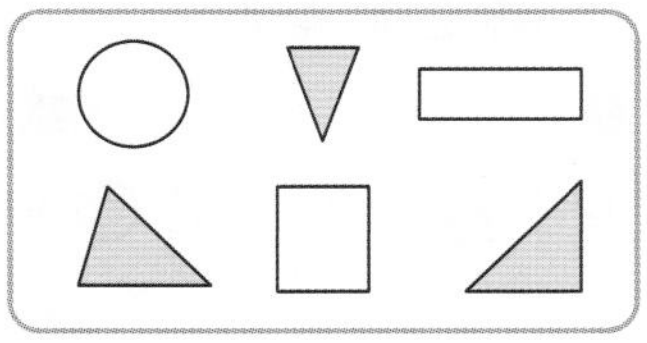

3 (1) (2) (3)
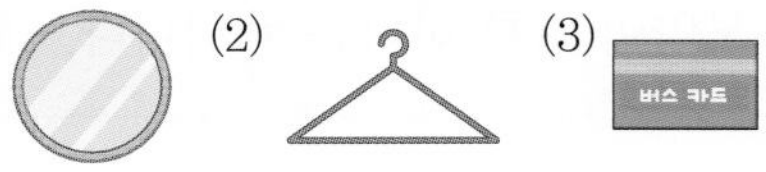

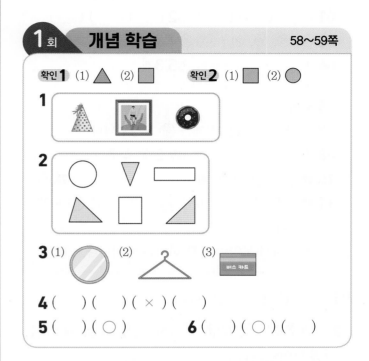

4 ( ) ( ) (×) ( )

5 ( ) (○) 6 ( ) (○) ( )

1 액자에서 □ 모양을 찾을 수 있습니다.
고깔모자는 △ 모양, 도넛은 ○ 모양입니다.

2 △ 모양은 모두 3개입니다.

3 (1) ○ 모양인 것은 거울입니다.
삼각김밥은 △ 모양, 동화책은 □ 모양입니다.
(2) △ 모양인 것은 옷걸이입니다.
냄비 뚜껑은 ○ 모양, 편지 봉투는 □ 모양입니다.
(3) □ 모양인 것은 버스 카드입니다.
방석은 ○ 모양, 수박 조각은 △ 모양입니다.

4 왼쪽부터 셋째 모양은 △ 모양입니다.

5 • 왼쪽: 지폐는 □ 모양, 김밥과 과녁은 ○ 모양입니다.
• 오른쪽: 과자, 바퀴, 액자가 모두 ○ 모양입니다.
➔ ○ 모양끼리 바르게 모은 것은 오른쪽입니다.

6 초콜릿은 □ 모양입니다.
□ 모양인 것은 필통입니다.
참고 동전은 ○ 모양이고, 단추는 △ 모양입니다.

개념북 3 단원

1회 문제 학습 60~61쪽

01 (   ) (   ) (×) **02** (○) (△) (□)

03 ㉠, ㉣, ㉦, ㉨ / ㉡, ㉧ / ㉢, ㉤, ㉥

04  **05** 3개

06 규하

07 예 내 방에 있는 시계는 ● 모양입니다.

08 소리 **09** 2개, 4개

10 ❶ ● / ■ / ● ❷ ㉡ 답 ㉡

11 ❶ ㉠은 ▲ 모양, ㉡은 ▲ 모양, ㉢은 ● 모양입니다.
❷ 따라서 모양이 다른 하나는 ㉢입니다. 답 ㉢

01 신문지는 ■ 모양입니다.

02 훌라후프는 ● 모양, 삼각자는 ▲ 모양, 계산기는 ■ 모양입니다.

03 크기나 색깔이 달라도 모양이 같은 것을 찾습니다.

04 • 표지판, 바퀴: ● 모양
• 조각 피자, 시계: ▲ 모양
• 액자, 모니터: ■ 모양

05  → 3개

06 • 선우: 오렌지는 ● 모양이고, 지우개와 편지 봉투는 ■ 모양입니다.
• 규하: 공책, 리모컨, 색종이가 모두 ■ 모양입니다.
• 민정: 도넛과 100원짜리 동전은 ● 모양이고, 삼각김밥은 ▲ 모양입니다.

07 집에 있는 물건 중에서 ■, ▲, ● 모양을 찾아 말로 표현해 봅니다.

08 • ● 모양: 시계, 액자 → 2개
• ■ 모양: 거울 → 1개
• ▲ 모양: 샌드위치 → 1개
따라서 알맞게 이야기한 사람은 소리입니다.

09 색종이를 점선을 따라 모두 자르면 오른쪽과 같이 ■ 모양 2개와 ▲ 모양 4개가 생깁니다.

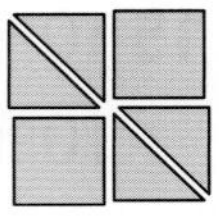

10

채점 기준			
❶ ㉠, ㉡, ㉢의 모양을 각각 아는 경우	4점	5점
❷ 모양이 다른 하나를 찾아 기호를 쓴 경우	1점	

11

채점 기준		
❶ ㉠, ㉡, ㉢의 모양을 각각 아는 경우	4점	5점
❷ 모양이 다른 하나를 찾아 기호를 쓴 경우	1점	

2회 개념 학습 62~63쪽

확인 **1** (   ) (   ) (○)

확인 **2** (   ) (○) (   )

1 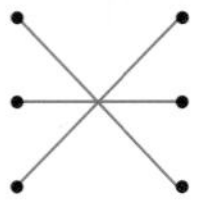 **2** (○) (   ) (   )

3 (   ) (○) (   )

4 2개 **5** 4 / 4 / 5

6 예 

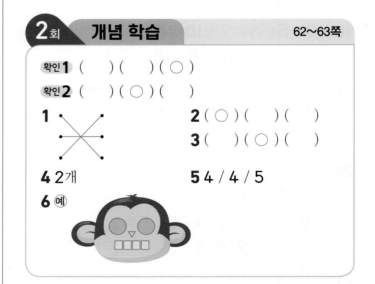

1 주어진 물건을 본뜨면 컵은 ● 모양, 연필꽂이는 ▲ 모양, 쌓기나무는 ■ 모양이 나옵니다.

2 필통은 보이는 모든 부분이 ■ 모양이므로 필통을 찰흙 위에 찍으면 ■ 모양이 나옵니다.

3 ■ 모양은 뾰족한 부분이 4군데 있고, ● 모양은 뾰족한 부분이 없습니다.

4 ■ 모양 1개, ▲ 모양 6개, ● 모양 2개를 이용하여 꾸몄습니다.

5 ■ 모양 4개, ▲ 모양 4개, ● 모양 5개를 이용하여 만들었습니다.

6 예 원숭이의 눈은 ● 모양 2개, 코는 ▲ 모양 1개, 입은 ■ 모양 4개를 이용하여 꾸몄습니다.

2회 문제 학습 64~65쪽

01 (○) (○) (   ) **02** (   ) (   ) (×)

03 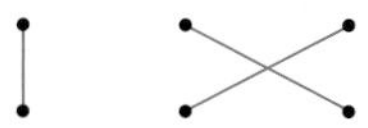 **04** 2, 7, 1

05 (   ) (   ) (○) **06** 3개

07 예 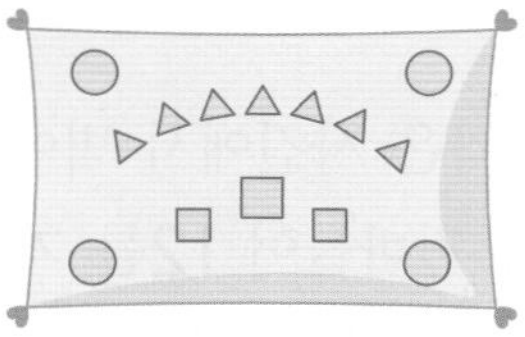

08 (   ) (   ) (○)

09 4, 3

10 예 ▲ 모양은 곧은 선이 있고, ● 모양은 곧은 선이 없습니다.

01 ■ 모양 6개와 ▲ 모양 8개를 이용하여 만들었습니다.

02 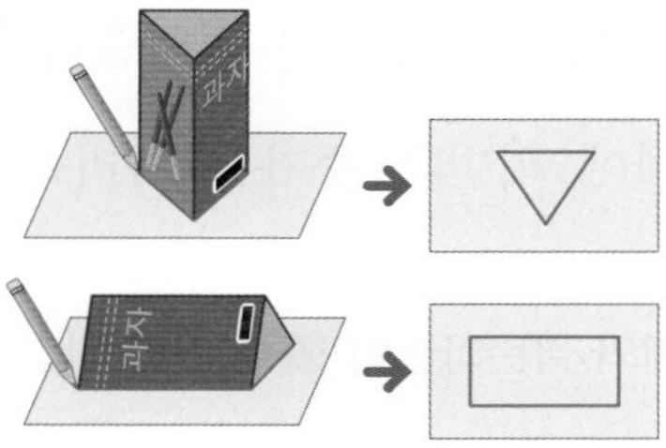

03 • 2명이 양팔을 이용하여 ■ 모양을 만들었습니다.
• 1명이 손가락을 이용하여 ● 모양을 만들었습니다.
• 3명이 몸 전체를 이용하여 ▲ 모양을 만들었습니다.

04 ■ 모양 2개, ▲ 모양 7개, ● 모양 1개를 이용하여 에펠 탑을 만들었습니다.

05 • ■ 모양은 둥근 부분이 없습니다.
• ● 모양은 뾰족한 부분이 없습니다.
• ▲ 모양은 뾰족한 부분이 3군데 있습니다.

06 뾰족한 부분이 없는 모양은 ● 모양입니다.
● 모양의 접시는 모두 3개입니다.

07 ■, ▲, ● 모양을 이용하여 베개를 자유롭게 꾸며 봅니다.

08 ■ 모양 5개, ▲ 모양 4개, ● 모양 7개를 이용했습니다.
→ 7 > 5 > 4이므로 가장 많이 이용한 모양은 ● 모양입니다.

09

채점 기준		
	■ 모양과 ▲ 모양의 다른 점을 알맞게 답한 경우	5점

10

채점 기준		
	▲ 모양과 ● 모양의 또 다른 점을 알맞게 답한 경우	5점

[평가 기준] '▲ 모양은 곧은 선이 있고, ● 모양은 곧은 선이 없다.' 또는 '▲ 모양은 둥근 부분이 없고, ● 모양은 둥근 부분이 있다.'라는 표현이 있으면 정답으로 인정합니다.

3회 개념 학습 66~67쪽

확인 **1** 6, 12, 6

확인 **2** 2, 12 / 

1 (1) ○ (2) ○ (3) × **2** (1) 3 (2) 12

3 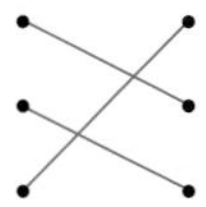 **4** 

5  / 10

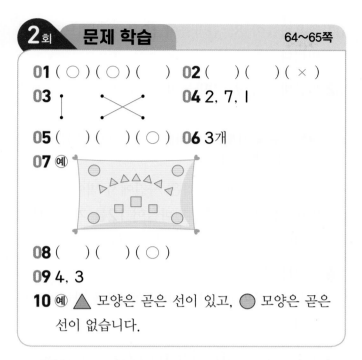

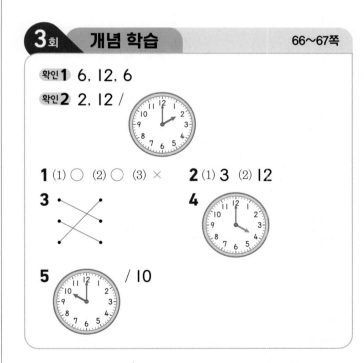

1 (3) 짧은바늘은 8, 긴바늘은 12를 가리킵니다.

2 (1) 짧은바늘이 3, 긴바늘이 12를 가리키므로 3시입니다.
(2) 짧은바늘이 12, 긴바늘이 12를 가리키므로 12시입니다.

개념북 3단원

3 • 짧은바늘이 11, 긴바늘이 12를 가리키므로 11시 입니다.
• 짧은바늘이 9, 긴바늘이 12를 가리키므로 9시 입니다.
• 짧은바늘이 1, 긴바늘이 12를 가리키므로 1시 입니다.

4 디지털시계가 나타내는 시각은 4시입니다.
따라서 짧은바늘이 4를 가리키도록 그립니다.

5 짧은바늘이 10, 긴바늘이 12를 가리키므로 10시 입니다.

3회 문제 학습 68~69쪽

01 ㉡
02 (○) ( )
03 7시
04

05 10, 12
06 (위에서부터) 예

/ 3

07 6시
08

09 ㉢
10 ❶

❷ 예 학교, 예 국어 수업

11 ❶

❷ 예 이번 주 토요일 5시에 엄마, 아빠와 공원에서 자전거를 타고 싶습니다.

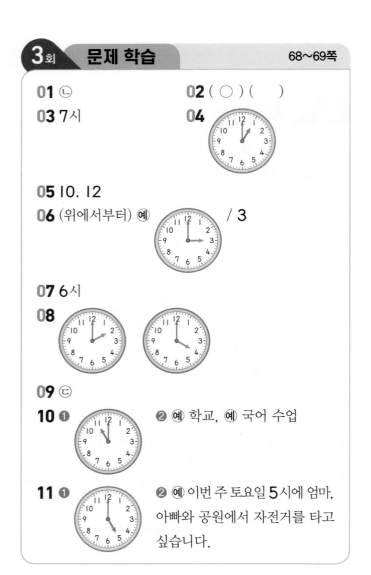

01 짧은바늘이 8, 긴바늘이 12를 가리키므로 8시 입니다.

02 짧은바늘이 9, 긴바늘이 12를 가리키는 시계에 ○표 합니다.
참고 오른쪽 시계는 짧은바늘이 10, 긴바늘이 12를 가리키므로 10시입니다.

03 공연이 끝나자마자 찍은 사진에서 벽에 걸린 시계의 짧은바늘이 7, 긴바늘이 12를 가리키므로 공연이 7시에 끝났음을 알 수 있습니다.

04 한 시는 1시입니다.
1시는 짧은바늘이 1, 긴바늘이 12를 가리키도록 그립니다.

05 • 짧은바늘이 10, 긴바늘이 12를 가리키므로 10시입니다. ➔ 10시에 체조를 했습니다.
• 짧은바늘이 12, 긴바늘이 12를 가리키므로 12시입니다. ➔ 12시에 점심을 먹었습니다.

06 짧은바늘이 □ 안에 써넣은 숫자를 가리키도록 그립니다.
참고 ■시에는 시계의 짧은바늘이 ■를 가리킵니다.

07 시계의 짧은바늘이 6, 긴바늘이 12를 가리키므로 6시입니다.
따라서 소라는 6시에 책을 읽습니다.

08 • 그림 그리기: 2시이므로 짧은바늘이 2를 가리키도록 그립니다.
• 피아노 치기: 4시이므로 짧은바늘이 4를 가리키도록 그립니다.

09 ㉠ 짧은바늘이 10, 긴바늘이 12를 가리킵니다.
㉡ 짧은바늘이 7, 긴바늘이 12를 가리킵니다.
㉢ 짧은바늘과 긴바늘이 모두 12를 가리킵니다.
➔ 시계의 짧은바늘과 긴바늘이 같은 숫자를 가리킬 때는 12시이므로 ㉢입니다.

10

채점 기준			
	❶ 시계에 11시를 바르게 나타낸 경우	3점	5점
	❷ 어제 11시에 한 일을 이야기한 경우	2점	

11

채점 기준			
	❶ 시계에 5시를 바르게 나타낸 경우	3점	5점
	❷ 이번 주 토요일 5시에 하고 싶은 일을 이야기한 경우	2점	

[평가 기준] 토요일 5시에 하는 것이 가능한 일을 이야기했으면 정답으로 인정합니다.

4회 개념 학습 70~71쪽

확인 **1** 4, 6, 4, 30

확인 **2** 5, 6 / 

1 (1) 1, 30 (2) 3, 30 (3) 9, 30

2 (1)  (2) 

3 

4 

5  / 12, 30

1 (1) 짧은바늘이 1과 2 사이, 긴바늘이 6을 가리키므로 1시 30분입니다.
(2) 짧은바늘이 3과 4 사이, 긴바늘이 6을 가리키므로 3시 30분입니다.
(3) 짧은바늘이 9와 10 사이, 긴바늘이 6을 가리키므로 9시 30분입니다.

2 ■시 30분을 시계에 나타낼 때는 긴바늘이 6을 가리키도록 그립니다.

참고 ■시 30분일 때 짧은바늘은 ■와 ■+1 사이를 가리킵니다.

3 • 짧은바늘이 6과 7 사이, 긴바늘이 6을 가리키므로 6시 30분입니다.
• 짧은바늘이 2와 3 사이, 긴바늘이 6을 가리키므로 2시 30분입니다.
• 짧은바늘이 8과 9 사이, 긴바늘이 6을 가리키므로 8시 30분입니다.

4 디지털시계가 나타내는 시각은 11시 30분입니다. 따라서 긴바늘이 6을 가리키도록 그립니다.

5 짧은바늘이 12와 1 사이, 긴바늘이 6을 가리키므로 12시 30분입니다.

4회 문제 학습 72~73쪽

01 (   ) (○)

02 1시 30분

03 찬우

04 

05 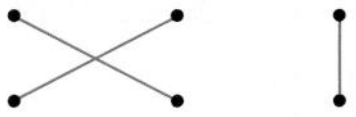

06 (○) (○) (   )

07 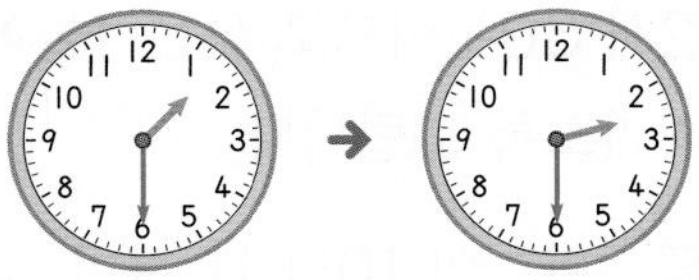

08 

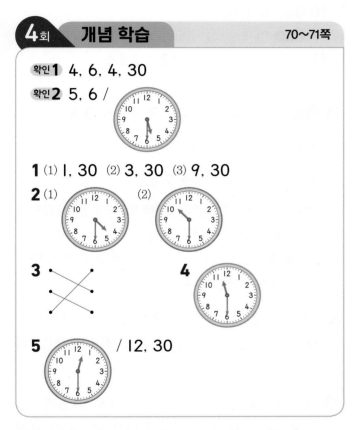

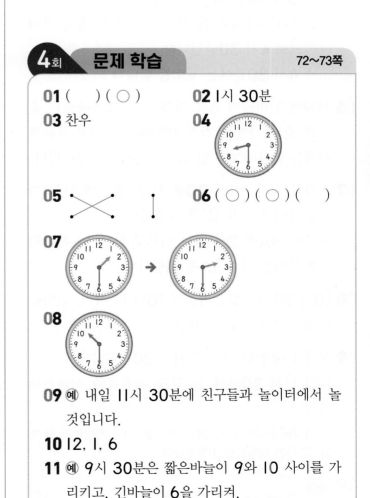

09 예 내일 11시 30분에 친구들과 놀이터에서 놀 것입니다.

10 12, 1, 6

11 예 9시 30분은 짧은바늘이 9와 10 사이를 가리키고, 긴바늘이 6을 가리켜.

01 짧은바늘이 11과 12 사이, 긴바늘이 6을 가리키는 시계에 ○표 합니다.

개념북 3 단원

02 짧은바늘이 1과 2 사이, 긴바늘이 6을 가리키므로 1시 30분입니다.

03 짧은바늘이 5와 6 사이, 긴바늘이 6을 가리키므로 5시 30분입니다.
따라서 시각을 바르게 말한 사람은 찬우입니다.

04 8시 30분은 긴바늘이 6을 가리키도록 그립니다.

05 • 짧은바늘이 6, 긴바늘이 12를 가리키므로 6시입니다.
→ 6시에는 TV를 봅니다.
• 짧은바늘이 3과 4 사이, 긴바늘이 6을 가리키므로 3시 30분입니다.
→ 3시 30분에는 책을 읽습니다.
• 짧은바늘이 4와 5 사이, 긴바늘이 6을 가리키므로 4시 30분입니다.
→ 4시 30분에는 청소를 합니다.

06 시계의 긴바늘이 6을 가리킬 때 짧은바늘은 숫자와 숫자 사이를 가리켜야 하므로 가장 오른쪽 시계는 짧은바늘과 긴바늘이 잘못 그려졌습니다.

07 • 시작 시각은 1시 30분이므로 짧은바늘이 1과 2 사이를 가리키도록 그립니다.
• 마침 시각은 2시 30분이므로 짧은바늘이 2와 3 사이를 가리키도록 그립니다.

08 10시 30분은 짧은바늘이 10과 11 사이, 긴바늘이 6을 가리키도록 그립니다.

09 시계가 나타내는 시각은 11시 30분입니다.
내일 11시 30분에 할 일을 자유롭게 이야기해 봅니다.
[평가 기준] 내일 11시 30분에 하는 것이 가능한 일을 이야기했으면 정답으로 인정합니다.

10

채점 기준	잘못된 곳을 찾아 바르게 고친 경우	5점

11

채점 기준	잘못된 곳을 찾아 바르게 고친 경우	5점

5회 응용 학습 74~77쪽

01 1단계 3, 1, 2	2단계 □
02 ○	**03** ○, □, △
04 1단계 2시	2단계 간식 먹기
05 일기 쓰기	**06** 개인 달리기
07 1단계 9개	2단계 4개
3단계 5개	
08 1개	**09** 민지, 4개
10 1단계 6시 30분, 7시	
2단계 어제	
11 수호	**12** 수영하기

01 1단계 • □ 모양: ◆, ▬, ◆ → 3개
• △ 모양: ▽ → 1개
• ○ 모양: ●, ● → 2개
주의 ⬠은 뾰족한 부분이 5군데 있으므로 □ 모양도 아니고, △ 모양도 아닙니다.
2단계 3>2>1이므로 개수가 가장 많은 모양은 3개인 □ 모양입니다.

02 □ 모양: 3개, △ 모양: 2개, ○ 모양: 1개
→ 1<2<3이므로 개수가 가장 적은 모양은 1개인 ○ 모양입니다.

03 □ 모양: 4개, △ 모양: 3개, ○ 모양: 8개
→ 8>4>3이므로 개수가 많은 모양부터 차례로 그리면 ○ 모양, □ 모양, △ 모양입니다.

04 1단계 짧은바늘이 2, 긴바늘이 12를 가리키므로 2시입니다.
2단계 2시에 할 일을 계획표에서 찾아보면 간식 먹기입니다.

05 짧은바늘이 8과 9 사이, 긴바늘이 6을 가리키므로 8시 30분입니다.
→ 8시 30분에 할 일을 계획표에서 찾아보면 일기 쓰기입니다.

06 짧은바늘이 11과 12 사이, 긴바늘이 6을 가리키므로 11시 30분입니다.

➔ 11시 30분은 11시와 12시 사이의 시각이므로 시계가 나타내는 시각에 운동회에서 하는 활동은 개인 달리기입니다.

07 3단계 ● 모양을 ■ 모양보다 9－4＝5(개) 더 많이 이용했습니다.

08 ▲ 모양: 5개, ■ 모양: 6개

➔ ▲ 모양을 ■ 모양보다 6－5＝1(개) 더 적게 이용했습니다.

09

은수: 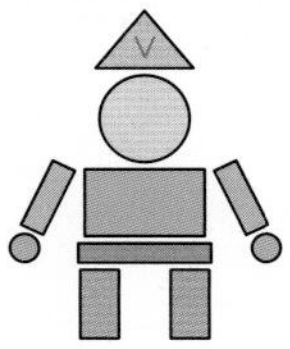 ➔ 1개, 민지: 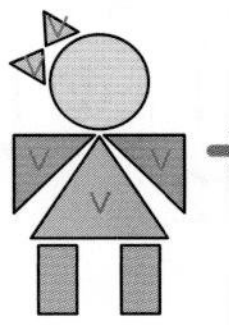 ➔ 5개

➔ 1＜5이므로 민지가 ▲ 모양을 5－1＝4(개) 더 많이 이용했습니다.

10 1단계 • 어제: 짧은바늘이 6과 7 사이, 긴바늘이 6을 가리키므로 6시 30분입니다.

• 오늘: 짧은바늘이 7, 긴바늘이 12를 가리키므로 7시입니다.

2단계 6시 30분과 7시 중에서 더 빠른 시각은 6시 30분이므로 더 일찍 저녁을 먹은 날은 어제입니다.

11 • 수호가 일어난 시각: 9시 30분

• 소민이가 일어난 시각: 8시

➔ 9시 30분과 8시 중에서 더 늦은 시각은 9시 30분이므로 더 늦게 일어난 사람은 수호입니다.

12 심부름하기: 3시 30분, 수영하기: 1시, 숙제하기: 5시 30분

➔ 3시 30분, 1시, 5시 30분 중에서 가장 빠른 시각은 1시이므로 가장 먼저 한 일은 수영하기입니다.

6회 마무리 평가 78~81쪽

01 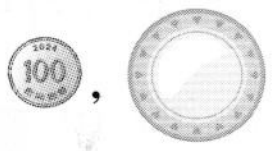

02 ■

03 (　)(　)(○)

04 (　)(○)(　)

05 4, 12, 4

06 7, 30

07

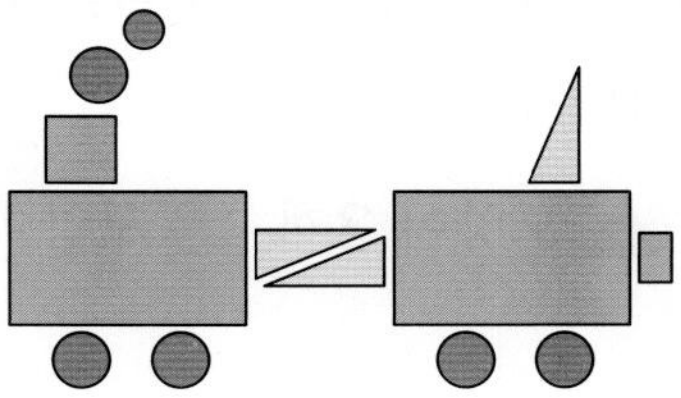

08 (○)(　)

09 (○)(　)(○)

10 (　)(○)(　)

11 2개

12 (　)(○)

13 7개

14 ❶ ▲ 모양 5개, ● 모양 2개를 이용했습니다.

❷ 5＞2이므로 더 많이 이용한 모양은 ▲ 모양입니다.

답 ▲ 모양

15 

16  / 3시

17 

18 ③

19 ❶ 

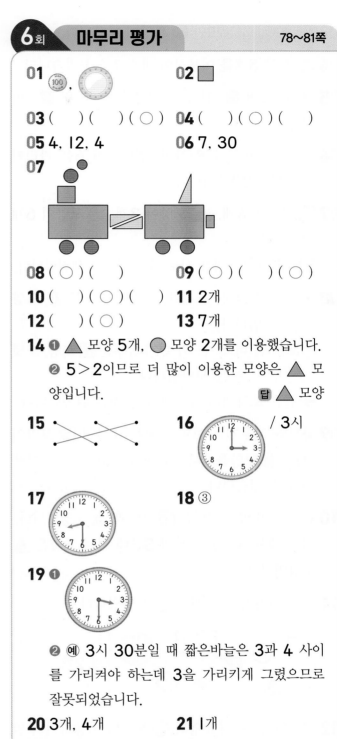

❷ 예 3시 30분일 때 짧은바늘은 3과 4 사이를 가리켜야 하는데 3을 가리키게 그렸으므로 잘못되었습니다.

20 3개, 4개

21 1개

22 도서관 가기

23 ㉢

24 1

25 예 수아는 2시 30분에 물에서 놀고 있는 물개를 보았습니다.

01 손수건은 ■ 모양이고, 과자는 ▲ 모양입니다.

02 액자, 칠판, 딱지는 모두 ■ 모양입니다.

개념북 3단원

03 음료수 캔을 본뜨면 ● 모양이 나옵니다.

04 ▲ 모양 8개를 이용하여 마스크를 꾸몄습니다.

05 짧은바늘이 ■, 긴바늘이 12를 가리키면 ■시입니다.

06 짧은바늘이 7과 8 사이, 긴바늘이 6을 가리키므로 7시 30분입니다.

07 ■ 모양이 4개, ▲ 모양이 3개, ● 모양이 6개 있습니다.
■, ▲, ● 모양을 서로 다른 색으로 색칠합니다.

08 • 왼쪽: 삼각자, 표지판, 옷걸이가 모두 ▲ 모양입니다.
• 오른쪽: 버스 카드와 편지 봉투는 ■ 모양, 도넛은 ● 모양입니다.
➔ 같은 모양끼리 바르게 모은 것은 왼쪽입니다.

09 큐브와 지우개는 보이는 모든 부분이 ■ 모양이므로 ■ 모양을 본뜰 수 있고, 풀은 ● 모양을 본뜰 수 있습니다.

10 곧은 선이 있는 모양은 ■ 모양과 ▲ 모양입니다. 이 중에서 뾰족한 부분이 3군데 있는 모양은 ▲ 모양입니다.

11 곧은 선이 없는 모양은 ● 모양입니다.

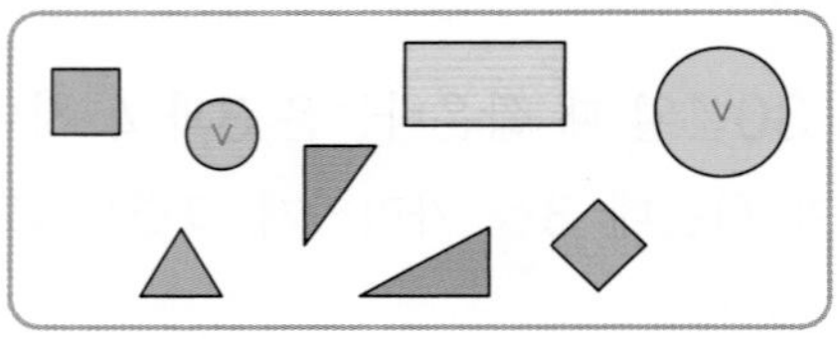
➔ 2개

12 왼쪽의 집은 ■ 모양과 ● 모양만 이용하여 꾸민 집입니다.

13

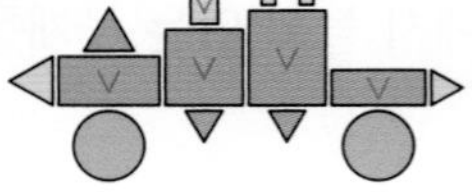
➔ 7개

14

채점 기준			
	❶ ▲ 모양과 ● 모양을 각각 몇 개씩 이용했는지 센 경우	2점	4점
	❷ 더 많이 이용한 모양을 찾은 경우	2점	

15 • 짧은바늘이 6, 긴바늘이 12를 가리키므로 6시입니다.
• 짧은바늘이 10, 긴바늘이 12를 가리키므로 10시입니다.
• 짧은바늘이 5, 긴바늘이 12를 가리키므로 5시입니다.

16 짧은바늘이 3, 긴바늘이 12를 가리키면 3시입니다.

17 8시 30분은 짧은바늘이 8과 9 사이를 가리키도록 그립니다.

18 시계의 짧은바늘이 가리키는 곳은 다음과 같습니다.
① 11 ② 11과 12 사이
③ 12 ④ 12와 1 사이
⑤ 1

19

채점 기준			
	❶ 오른쪽 시계에 시각을 바르게 나타낸 경우	2점	4점
	❷ 잘못된 이유를 쓴 경우	2점	

20

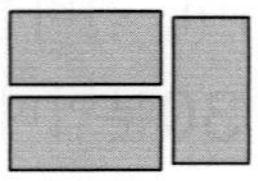
➔ 3개,

➔ 4개

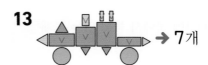

21 ▲ 모양을 정우는 3개, 지나는 4개 이용했습니다.
따라서 정우는 지나보다 ▲ 모양을 4－3＝1(개) 더 적게 이용했습니다.

22 짧은바늘이 10과 11 사이, 긴바늘이 6을 가리키므로 10시 30분입니다. ➔ 도서관 가기

23 ㉠ 3시 30분 ㉡ 2시 ㉢ 4시 30분
➔ ㉢ 4시 30분은 4시보다 늦은 시각이므로 1시와 4시 사이의 시각이 아닙니다.

24 짧은바늘이 1, 긴바늘이 12를 가리키므로 1시입니다.

25

채점 기준		
	시계가 나타내는 시각을 넣어 수아가 한 일을 이야기한 경우	4점

[평가 기준] '2시 30분'을 넣어 수아가 동물원에서 한 일을 그림에 알맞게 이야기했으면 정답으로 인정합니다.

4. 덧셈과 뺄셈(2)

1회 개념 학습 84~85쪽

확인1 10, 11 / 11

확인2 (왼쪽에서부터) 1, 3 / 14

1 10, 13 / 13

2 예

○	○	○	○	○
△	△	△	△	△

△	△	△		

/ 13

3 12

4 (왼쪽에서부터) (1) 5 / 15 (2) 1 / 15

5 (위에서부터) 15, 5

2 △ 5개를 그려 10을 만들고, △ 3개를 더 그리면 13이 됩니다. ➔ 5+8=13

참고 10을 만들어 계산하면 편리하므로 한 개의 십 배열판을 모두 채운 후 나머지 십 배열판을 채웁니다.

3 접시 위에 놓은 과자는 8개입니다. 8에서 4만큼 이어 세면 8 하고 9, 10, 11, 12이므로 과자는 모두 12개입니다.

4 (1) 9를 4와 5로 가르기하여 6과 4를 더해 10을 만들고, 남은 5를 더하면 15가 됩니다.

(2) 6을 5와 1로 가르기하여 9와 1을 더해 10을 만들고, 남은 5를 더하면 15가 됩니다.

5 7을 2와 5로 가르기하여 8과 2를 더해 10을 만들고, 남은 5를 더하면 15가 됩니다.

1회 문제 학습 86~87쪽

01 14

02 (위에서부터) (1) 12, 2 (2) 17, 2

03 (1) 16 (2) 14

04 

05 ( ) ( ) (○) 06 5, 13

07 7+7=14 / 14개

08 예 5, 9, 14 / 예 8, 7, 15

09 예  / 11 / 5, 11

10 예 기찻길, 별 / 7, 5, 12

11 ❶ 9, 2 ❷ 2, 11 답 11

12 ❶ 가장 큰 수는 8, 가장 작은 수는 3입니다.

❷ 따라서 가장 큰 수와 가장 작은 수의 합은 8+3=11입니다. 답 11

01 초록색 모자는 8개, 빨간색 모자는 6개입니다. 8에서 6만큼 이어 세면 8 하고 9, 10, 11, 12, 13, 14이므로 모자는 모두 14개입니다.

02 (1) 6을 4와 2로 가르기하여 6과 4를 더해 10을 만들고, 남은 2를 더하면 12가 됩니다.

(2) 9를 7과 2로 가르기하여 8과 2를 더해 10을 만들고, 남은 7을 더하면 17이 됩니다.

03 (1) 8+8=16
2 6

(2) 5+9=14
4 1

04 3+8=11, 9+4=13, 5+7=12

05 5+6=11, 7+8=15, 9+5=14

06 8개에 5개 더 획득했으므로 8 하고 9, 10, 11, 12, 13입니다. ➔ 8+5=13

07 (상자에 넣은 전체 구슬의 수)
=(상자에 넣은 유리구슬의 수)
+(상자에 넣은 쇠구슬의 수)
=7+7=14(개)

08 2+9=11, 5+6=11, 5+7=12, 8+4=12, 8+6=14를 만들 수도 있습니다.

09 4+7=11
6과 더해 11이 되려면 점을 5개 그려야 합니다.
➔ 6+5=11

개념북 4단원

10 수수깡 12개로 만들 수 있는 경우는 다음과 같습니다.
- 기찻길과 별: $7+5=12$
- 창문과 창문: $6+6=12$

11

채점 기준			
채점 기준	❶ 가장 큰 수와 가장 작은 수를 각각 찾아 쓴 경우	2점	5점
	❷ 가장 큰 수와 가장 작은 수의 합을 구한 경우	3점	

12

채점 기준			
채점 기준	❶ 가장 큰 수와 가장 작은 수를 각각 찾아 쓴 경우	2점	5점
	❷ 가장 큰 수와 가장 작은 수의 합을 구한 경우	3점	

2회 개념 학습 88~89쪽

확인1 (1) 12, 13 (2) 13, 14
확인2 (1) 11 (2) 14
1 15, 16, 17 **2** 12, 13, 14
3 14, 14 / 같습니다
4 16, 16, 16 / 1, 1, 같습니다
5 $7+8$, $8+7$, $9+6$

1 같은 수에 1씩 커지는 수를 더하면 합도 1씩 커집니다.

2 1씩 커지는 수에 같은 수를 더하면 합도 1씩 커집니다.

3 $9+5=14$, $5+9=14$이므로 두 수의 순서를 바꾸어 더해도 합은 같습니다.

4 $9+7=16$, $8+8=16$, $7+9=16$으로 합이 같습니다.

5 ■씩 커지는 수에 ■씩 작아지는 수를 더하면 합은 같으므로 $6+9$와 합이 같은 식은 $7+8$, $8+7$, $9+6$입니다.
참고 $6+9=15$, $7+8=15$, $8+7=15$, $9+6=15$

2회 문제 학습 90~91쪽

01 14, 15, 16 **02** (1) $=$ (2) $>$
03 11, 3 **04** 예 6, 9
05 $8+8$, $7+9$ **06** 도현
07 ( )( )(○)
08
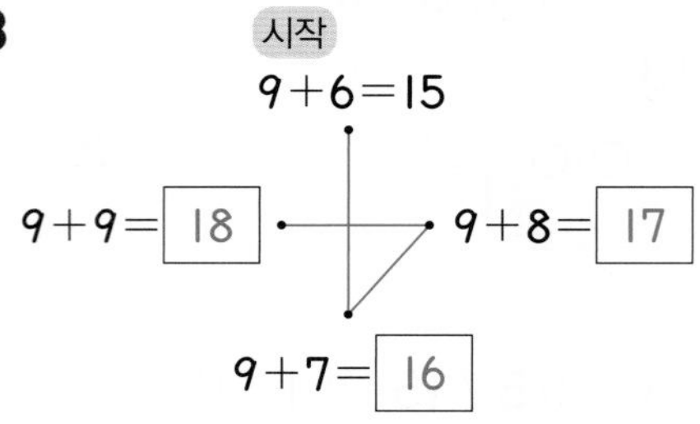

09
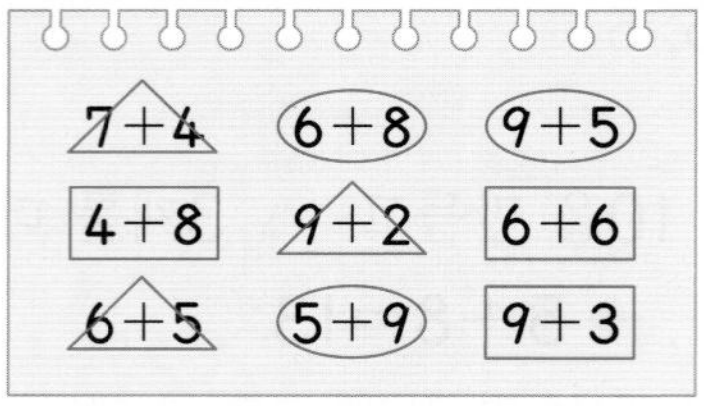

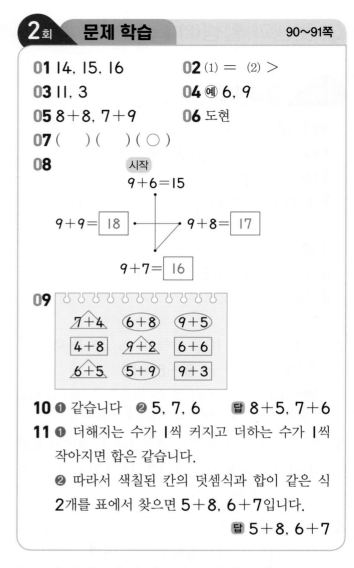

10 ❶ 같습니다 ❷ 5, 7, 6 답 $8+5$, $7+6$
11 ❶ 더해지는 수가 1씩 커지고 더하는 수가 1씩 작아지면 합은 같습니다.
❷ 따라서 색칠된 칸의 덧셈식과 합이 같은 식 2개를 표에서 찾으면 $5+8$, $6+7$입니다.
답 $5+8$, $6+7$

01 1씩 커지는 수에 같은 수를 더하면 합도 1씩 커집니다. ➔ $7+7=14$, $8+7=15$, $9+7=16$

02 (1) 두 수의 순서를 바꾸어 더해도 합은 같습니다.
(2) $4+7$은 $4+6$보다 더하는 수가 1만큼 더 크므로 합도 1만큼 더 큽니다.

03 $3+8=11$입니다. 두 수의 순서를 바꾸어 더해도 합은 같으므로 $8+3=11$입니다.

04 $6+8=14$에서 합이 1만큼 커졌으므로 더하는 수를 1만큼 크게 하여 $6+9=15$로 쓰거나, 더해지는 수를 1만큼 크게 하여 $7+8=15$로 쓸 수 있습니다.

05 ↘ 방향으로 합이 같습니다.
$8+8=16$, $7+9=16$

06 (원숭이가 먹은 딸기의 수)$=8+5=13$(개)
(너구리가 먹은 딸기의 수)$=5+8=13$(개)
➔ 원숭이와 너구리가 먹은 딸기는 13개로 같으므로 바르게 말한 사람은 도현입니다.

07 • 더해지는 수가 1씩 작아지고 더하는 수가 1씩 커지면 합은 같으므로 $7+5$와 $6+6$의 합은 같습니다.
• 두 수의 순서를 바꾸어 더해도 합은 같으므로 $7+5$와 $5+7$의 합은 같습니다.

08 $9+6=15$, $9+7=16$, $9+8=17$, $9+9=18$이므로 합이 15인 식부터 순서대로 잇습니다.

09 • $8+6=14$이므로 $6+8$, $9+5$, $5+9$와 합이 같습니다.
• $4+7=11$이므로 $7+4$, $9+2$, $6+5$와 합이 같습니다.
• $3+9=12$이므로 $4+8$, $6+6$, $9+3$과 합이 같습니다.

10

채점 기준	❶ 합이 같은 식을 찾는 방법을 아는 경우	2점	5점
	❷ 합이 같은 식 2개를 주어진 표에서 찾아 쓴 경우	3점	

11

채점 기준	❶ 합이 같은 식을 찾는 방법을 아는 경우	2점	5점
	❷ 합이 같은 식 2개를 주어진 표에서 찾아 쓴 경우	3점	

3회 개념 학습 92~93쪽

확인**1** 9, 10, 11 / 9
확인**2** (왼쪽에서부터) 4, 10
1 6, 6 / 6 **2** 9
3 (1) 10 (2) 10
4 (왼쪽에서부터) (1) 8 / 2 (2) 1 / 2
5 (위에서부터) 9, 1

2 14에서 5만큼 거꾸로 세면 14 하고 13, 12, 11, 10, 9이므로 남는 달걀은 9개입니다.

3 10개씩 묶음 1개와 낱개 ■개에서 낱개 ■개를 빼면 10개씩 묶음 1개가 남습니다.

4 (1) 11에서 1을 빼서 10을 만들고, 10에서 남은 8을 빼면 2가 됩니다.
(2) 11을 10과 1로 가르기하여 10에서 9를 먼저 빼고, 남은 1을 더하면 2가 됩니다.

5 16에서 6을 빼서 10을 만들고, 10에서 남은 1을 빼면 9가 됩니다.

3회 문제 학습 94~95쪽

01 숟가락, 5 **02** (위에서부터) 7, 4
03 (1) 6 (2) 9 **04**
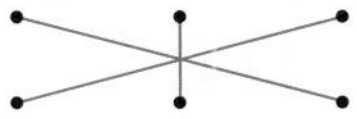
05 ( )
(×) **06** $13-5=8$ / 8개
07 4자리 **08** 8병
09 예 14, 7, 7 / 예 15, 8, 7
10 3장
11 ❶ 8, 6, 6, 5 ❷ 6, 5, 은호 답 은호
12 ❶ 지안이가 가진 공에 적힌 두 수의 차는 $14-9=5$이고, 영서가 가진 공에 적힌 두 수의 차는 $11-5=6$입니다.
❷ 차를 비교하면 $5<6$이므로 이긴 사람은 지안입니다. 답 지안

01 숟가락 12개와 포크 7개를 하나씩 짝 지어 보면 숟가락이 5개 더 많습니다.

02 14를 10과 4로 가르기하여 10에서 7을 먼저 빼고, 남은 4를 더하면 7이 됩니다.

03 (1) $15-9=6$ (15를 5와 4로 가르기) (2) $11-2=9$ (11을 10과 1로 가르기)

04 19−9=10, 13−4=9, 16−8=8

05 12−5는 12에서 2를 빼고 남은 3을 더 빼야 하는데 12에서 2를 빼고 다시 5를 빼서 잘못 계산하였습니다.

06 당근은 13개, 호박은 5개 있습니다.
➔ 13−5=8이므로 당근이 호박보다 8개 더 많습니다.

07 전체 11자리 중에서 7자리가 예약 마감되었습니다.
➔ 11−7=4이므로 예약이 가능한 자리는 4자리입니다.

08 (처음에 가지고 있던 음료수의 수)
=(현재 음료수의 수)−(더 산 음료수의 수)
=15−7=8(병)

09 13−8=5, 13−9=4, 14−9=5, 15−6=9, 16−7=9, 16−9=7을 만들 수도 있습니다.

10 유준이가 사용하고 남은 색종이는 17−9=8(장)입니다.
➔ (소율이가 사용한 색종이의 수)
=(처음 있던 색종이의 수)−(남은 색종이의 수)
=11−8=3(장)

11

채점 기준			
	❶ 카드에 적힌 두 수의 차를 각각 구한 경우	4점	5점
	❷ 이긴 사람을 찾아 쓴 경우	1점	

12

채점 기준			
	❶ 공에 적힌 두 수의 차를 각각 구한 경우	4점	5점
	❷ 이긴 사람을 찾아 쓴 경우	1점	

4회 개념 학습 96~97쪽

확인1 (1) 8, 7 (2) 4, 5 확인2 (1) 3 (2) 9

1 8, 7, 6 **2** 3, 4, 5
3 8, 7 / 작아집니다 **4** 6, 6, 6 / 1, 같습니다
5 13−8, 14−9 **6** 9, 9

1 같은 수에서 1씩 커지는 수를 빼면 차는 1씩 작아집니다.

2 1씩 커지는 수에서 같은 수를 빼면 차도 1씩 커집니다.

3 13에서 빼는 수가 4, 5, 6으로 1씩 커지면 차는 9, 8, 7로 1씩 작아집니다.

5 왼쪽 수와 오른쪽 수가 1씩 커지면 차가 같으므로 12−7과 차가 같은 식은 13−8, 14−9입니다.

6 17−8=9입니다. 왼쪽 수와 오른쪽 수가 1씩 커지면 차가 같으므로 18−9=9입니다.

4회 문제 학습 98~99쪽

01 (위에서부터) 8, 8 / 7, 7 / 6, 6
02 (위에서부터) 8, 7, 6 / 8 / 9
03 (△) (   ) **04** 예나, 채아
05 (1) 7 (2) 예 17, 9
06 (위에서부터) 4 / 5 / 8, 7
07 14, 9 / 14, 9, 5
08

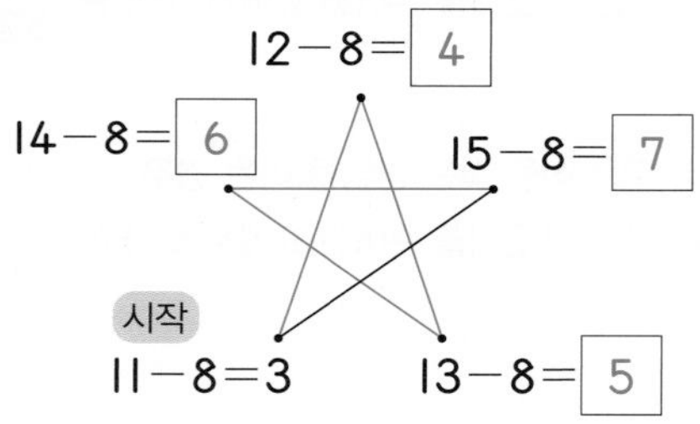

09

11−4	12−4	11−6
16−8	14−9	15−7
14−7	13−6	17−9

10 ❶ 같습니다 ❷ 2, ㉡ 답 ㉡

11 ❶ 왼쪽 수와 오른쪽 수가 똑같이 ■씩 커지거나 작아지면 차가 같습니다.
❷ 따라서 15−9와 차가 같은 식은 왼쪽 수와 오른쪽 수가 똑같이 2씩 작아진 ㉢입니다.
답 ㉢

01 • 1씩 작아지는 수에서 같은 수를 빼면 차도 1씩 작아집니다.
• 같은 수에서 1씩 커지는 수를 빼면 차는 1씩 작아집니다.

02 • 같은 수에서 1씩 커지는 수를 빼면 차는 1씩 작아집니다.
➔ 11－2＝9, 11－3＝8, 11－4＝7, 11－5＝6
• 1씩 커지는 수에서 같은 수를 빼면 차도 1씩 커집니다.
➔ 11－5＝6, 12－5＝7, 13－5＝8, 14－5＝9

03 18－9는 17－9보다 빼지는 수가 1만큼 더 크므로 차도 1만큼 더 큽니다.

04 11－7＝4이고, 13－9는 11－7에서 왼쪽 수와 오른쪽 수가 2씩 커졌으므로 차가 같습니다.

05 • 12－6＝6이므로 왼쪽 수와 오른쪽 수가 1씩 커진 13－7과 차가 같습니다.
• 16－8＝8이므로 11－3, 12－4, 13－5, 14－6, 15－7, 17－9 등과 차가 같습니다.

06 왼쪽 수와 오른쪽 수가 1씩 커지면 차가 같습니다.

07 5, 14, 9 중 가장 큰 수 14를 빼지는 수로 하여 뺄셈식 2개를 만들 수 있습니다.
➔ 14－5＝9, 14－9＝5

08 11－8＝3, 12－8＝4, 13－8＝5, 14－8＝6, 15－8＝7이므로 차가 3인 식부터 순서대로 잇습니다.

09 • 12－7＝5이므로 11－6, 14－9와 차가 같습니다.
• 11－3＝8이므로 12－4, 16－8, 15－7, 17－9와 차가 같습니다.
• 16－9＝7이므로 11－4, 14－7, 13－6과 차가 같습니다.

10

채점 기준			
	❶ 차가 같은 식을 찾는 방법을 아는 경우	2점	5점
	❷ 13－4와 차가 같은 식을 찾아 기호를 쓴 경우	3점	

11

채점 기준			
	❶ 차가 같은 식을 찾는 방법을 아는 경우	2점	5점
	❷ 15－9와 차가 같은 식을 찾아 기호를 쓴 경우	3점	

5회 응용 학습 100~103쪽

01 1단계 큰, 큰
2단계 9, 8, 17 또는 8, 9, 17
02 5, 6, 11 또는 6, 5, 11
03 15, 6, 9
04 1단계 13 2단계 8
05 3 **06** 9
07 1단계 12 2단계 9
08 8 **09** 7, 9
10 1단계 13살 2단계 9살
11 6송이 **12** 9장

01 2단계 수 카드의 수 중에서 가장 큰 수는 9, 둘째로 큰 수는 8입니다. ➔ 9＋8＝17

02 합이 가장 작으려면 가장 작은 수와 둘째로 작은 수를 더해야 합니다.
수 카드의 수 중에서 가장 작은 수는 5, 둘째로 작은 수는 6입니다. ➔ 5＋6＝11

03 차가 가장 크려면 초록색 카드 중 더 큰 15에서 주황색 카드 중 더 작은 6을 빼야 합니다.
➔ 15－6＝9

04 2단계 5＋□＝13입니다.
5＋□＝13 (5, 3) 5에 5를 더해 10을 만들고, 3을 더하면 13이 되므로 □ 안에 알맞은 수는 8입니다.

개념북 4단원

05 $16-7=9$이므로 $12-\square=9$입니다.

$12-\square=9$ 12에서 2를 빼서 10을 만들고,

$\overset{\frown}{2\ \ 1}$ 10에서 1을 빼면 9가 되므로

\square에 알맞은 수는 3입니다.

06 지원이의 뺄셈식을 계산하면 $12-7=5$이므로

$14-\square=5$입니다.

$14-\square=5$ 14에서 4를 빼서 10을 만들고,

$\overset{\frown}{4\ \ 5}$ 10에서 5를 빼면 5가 되므로

\square에 알맞은 수는 9입니다.

07 **2단계** 민주가 이기려면 두 수의 합이 12보다 커야 합니다.

$4+8=12$이고 $4+9=13$이므로 민주는 9가 적힌 공을 꺼내야 합니다.

08 연서가 꺼낸 공에 적힌 두 수의 차는

$14-9=5$이므로 지훈이가 이기려면 두 수의 차가 5보다 작아야 합니다.

$12-7=5$이고 $12-8=4$이므로 지훈이는 8이 적힌 공을 꺼내야 합니다.

09 민규가 꺼낸 공에 적힌 두 수의 합은

$6+8=14$입니다.

소리가 이기려면 두 수의 합이 14보다 커야 하므로 통에 담긴 공 중에서 합이 14보다 크게 되는 두 수를 찾습니다.

➜ $7+9=16$이므로 소리는 7과 9가 적힌 2개의 공을 꺼내야 합니다.

10 **1단계** 진수는 현중이보다 5살 더 많으므로

$8+5=13$(살)입니다.

2단계 주호는 진수보다 4살 더 적으므로

$13-4=9$(살)입니다.

11 백합은 장미보다 3송이 더 많으므로

$9+3=12$(송이)입니다.

➜ 튤립은 백합보다 6송이 더 적으므로

$12-6=6$(송이)입니다.

12 유준이는 붙임딱지를 다은이보다 7장 더 많이 받았으므로 $8+7=15$(장) 받았습니다.

➜ 소율이는 붙임딱지를 유준이보다 6장 더 적게 받았으므로 $15-6=9$(장) 받았습니다.

6회 **마무리 평가**

01 13

02 13

03 15, 14, 13

04 8, 9 / 8

05 (위에서부터) 8, 6

06 8

07 13

08 12개

09 9, 7, 16

10 15, 9, 6

11 ❶ 처음에 가지고 있던 딱지의 수에 더 만든 딱지의 수를 더하면 되므로 $5+7$을 계산합니다.

❷ $5+7=12$이므로 딱지는 모두 12장입니다.

답 12장

12 (위에서부터) 13, 16, 14, 15

13 예 7, 5

14 8, 12 / 4, 8, 12

15 (○) () (○)

16 7개

17 ❶ 5, 6, 7, 8 ❷ 예 1씩 커지는 수에서 같은 수를 빼면 차도 1씩 커집니다.

18 12, 5 / 14, 7

19

시작

$13-5=8$ —— $13-9=\boxed{4}$

$13-6=\boxed{7}$

$13-8=\boxed{5}$

$13-7=\boxed{6}$

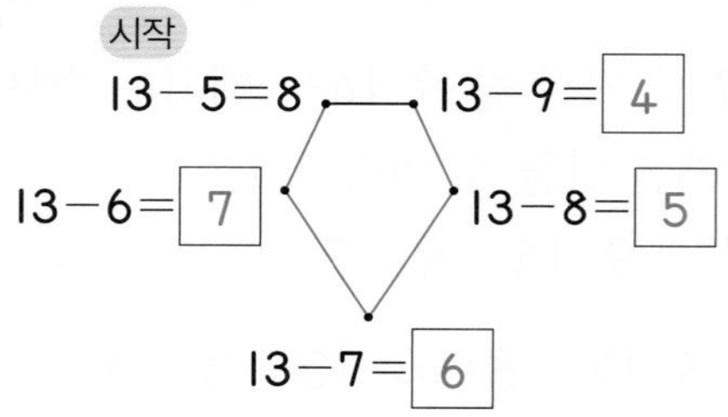

20 현우

21 11, 8, 3

22 3

23 17명

24 $12-5=7$ / 7장

25 ❶ ㉠을 사려면 칭찬 붙임딱지 $8+5=13$(장)이 필요하고, ㉡을 사려면 칭찬 붙임딱지 $3+9=12$(장)이 필요합니다.

❷ 지호는 칭찬 붙임딱지를 12장 가지고 있으므로 지호가 살 수 있는 물건은 ㉡입니다. **답** ㉡

01 초록색 사과는 7개, 빨간색 사과는 6개입니다. 7에서 6만큼 이어 세면 7 하고 8, 9, 10, 11, 12, 13이므로 사과는 모두 13개입니다.

02 5를 3과 2로 가르기하여 8과 2를 더해 10을 만들고, 남은 3을 더하면 13이 됩니다.

03 1씩 작아지는 수에 같은 수를 더하면 합도 1씩 작아집니다.

04 11에서 3만큼 거꾸로 세면 11 하고 10, 9, 8입니다. ➔ 11−3=8

05 16을 10과 6으로 가르기하여 10에서 8을 먼저 빼고, 남은 6을 더하면 8이 됩니다.

06 왼쪽 수와 오른쪽 수가 1씩 커지면 차가 같습니다.

07 4+9=13

08 (도현이와 예나가 모은 구슬의 수)=6+6=12(개)

09 포도주스: 9병, 키위주스: 7병 ➔ 9+7=16

10 오렌지주스: 15병, 포도주스: 9병 ➔ 15−9=6

11

채점 기준			
	❶ 문제에 알맞은 덧셈식을 쓴 경우	2점	4점
	❷ 딱지는 모두 몇 장인지 구한 경우	2점	

12 5+8=13, 9+7=16, 5+9=14, 8+7=15

13 6+5=11에서 합이 1만큼 커졌으므로 더해지는 수를 1만큼 크게 하여 7+5=12로 쓰거나, 더하는 수를 1만큼 크게 하여 6+6=12로 쓸 수 있습니다.

14 12, 8, 4 중 가장 큰 수 12를 계산 결과로 하여 덧셈식 2개를 만들 수 있습니다.
➔ 8+4=12, 4+8=12

15 14−8=6, 12−7=5, 15−9=6

16 전체 우유갑의 수에서 만들기 시간에 사용할 우유갑의 수를 빼면 되므로 15−8을 계산합니다.
➔ 15−8=7이므로 남는 우유갑은 7개입니다.

17

채점 기준			
	❶ 뺄셈을 바르게 한 경우	2점	4점
	❷ 알게 된 점을 알맞게 쓴 경우	2점	

[평가 기준] '왼쪽 수(빼지는 수)가 1씩 커지고 오른쪽 수(빼는 수)가 똑같을 때 차가 1씩 커진다.'라는 내용이 있으면 정답으로 인정합니다.

18 왼쪽 수와 오른쪽 수가 똑같이 ■씩 커지거나 작아지면 차가 같습니다.
따라서 색칠한 칸의 뺄셈식과 차가 같은 식 2개를 표에서 찾으면 12−5, 14−7입니다.

19 13−5=8, 13−6=7, 13−7=6, 13−8=5, 13−9=4이므로 차가 8인 식부터 순서대로 잇습니다.

20 현우가 어제와 오늘 읽은 책은 9+7=16(쪽)이고, 지아가 어제와 오늘 읽은 책은 6+8=14(쪽)입니다.
➔ 16>14이므로 현우가 더 많이 읽었습니다.

21 차가 가장 작으려면 초록색 카드 중 더 작은 11에서 보라색 카드 중 더 큰 8을 빼야 합니다.
➔ 11−8=3

22 • 5+7=12 ➔ ●=12
• ●−9=★에서 12−9=3이므로 ★=3입니다.

23 (안경을 쓴 여학생 수)
=(안경을 쓴 남학생 수)+1=8+1=9(명)
➔ 8+9=17이므로 진서네 반에서 안경을 쓴 학생은 모두 17명입니다.

24 칭찬 붙임딱지는 동화책이 12장, 수첩이 5장 필요합니다.
➔ 12−5=7이므로 동화책은 수첩보다 칭찬 붙임딱지 7장이 더 필요합니다.

25

채점 기준			
	❶ ㉠과 ㉡을 사는 데 필요한 칭찬 붙임딱지의 수를 각각 구한 경우	3점	4점
	❷ ㉠과 ㉡ 중 지호가 살 수 있는 물건의 기호를 쓴 경우	1점	

5. 규칙 찾기

1회 개념 학습 110~111쪽

확인 1 (■ ●) (■ ●) (■ ●) (■ ●) (■ ●)

확인 2 (○)
( )

1 (○) ( )

2 

3 (1) (☾, ☾) (2) (⬆, ⬇)

4 (1)  (2) 

5 (1) 컵 (2) 연필

6 예 ○ ● ○ ● ○ ● ○ ●

1 (▲ ▲)(▲ ▲)(▲ ▲)(▲ ▲)
→ ▲, ▲가 반복됩니다.

2 초코우유, 초코우유, 딸기우유가 반복됩니다.

3 (1) ☾, ☾, ☾이 반복되므로 빈칸에 알맞은 그림은 ☾입니다.
(2) ⬆, ⬇, ⬇가 반복되므로 빈칸에 알맞은 그림은 ⬆입니다.

4 (1) 빨간색, 초록색이 반복되므로 빨간색 다음에는 초록색으로 색칠해야 합니다.
(2) 노란색, 노란색, 파란색이 반복되므로 파란색 다음에는 노란색으로 색칠해야 합니다.

5 반복되는 부분에 표시를 하면서 규칙을 찾습니다.
(1) 물통, 컵, 물통, 컵, 물통, 컵, 물통, 컵
(2) 연필, 자, 연필, 연필, 자, 연필, 연필, 자, 연필

6 예 흰색 바둑돌, 검은색 바둑돌이 반복되는 규칙을 만들었습니다.
[평가 기준] 색깔 규칙이 있도록 흰색 바둑돌과 검은색 바둑돌을 그렸으면 정답으로 인정합니다.

1회 문제 학습 112~113쪽

01 (1) ▲, ▼ (2) ◢, ◢

02 탁구공, 탁구공

03 (○)
( )

04 예 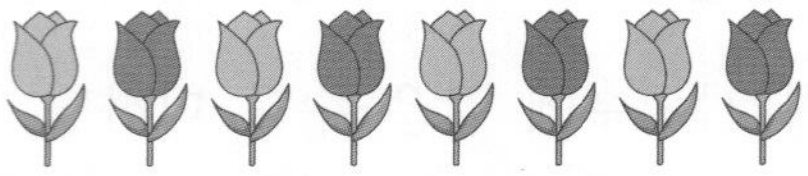

05 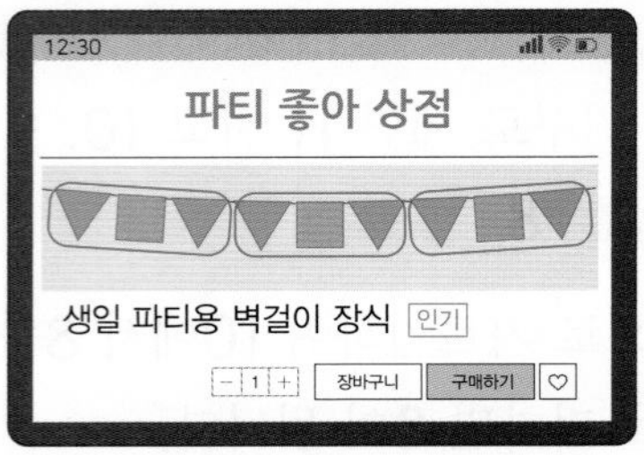

/ 예 ▼, ■, ▼

06 예 흰색 구름, 하늘색 구름

07 다인

08 예 

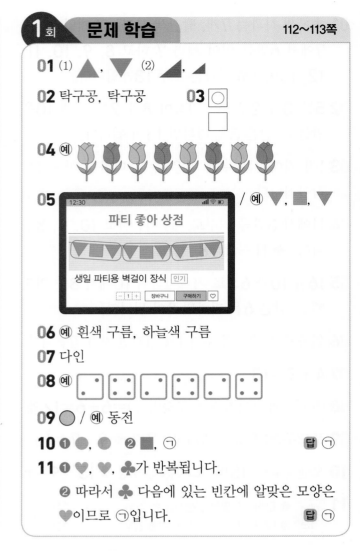

09 ● / 예 동전

10 ❶ ●, ● ❷ ■, ㉠ 답 ㉠

11 ❶ ♥, ♥, ♣가 반복됩니다.
❷ 따라서 ♣ 다음에 있는 빈칸에 알맞은 모양은 ♥이므로 ㉠입니다. 답 ㉠

01 (1) ▲, ▼가 반복됩니다.
(2) ◢, ◢가 반복됩니다.

02 야구공, 탁구공, 탁구공이 반복됩니다.
따라서 야구공 다음에는 탁구공, 탁구공이 들어갑니다.

03 • 위: 치약, 치약, 칫솔이 반복됩니다.(○)
• 아래: 치약, 칫솔이 반복됩니다.(×)

04 **[평가 기준]** 색깔 규칙이 있도록 튤립을 색칠했으면 정답으로 인정합니다.

05 반복되는 부분을 ⬭로 표시해 보면 ▼, ■, ▼가 반복됩니다.

06 베개의 무늬에서 반복되는 부분을 찾아보면 흰색 구름, 하늘색 구름입니다.

07 • 색이 연두색, 주황색, 주황색으로 반복됩니다.
• 개수가 1개, 2개, 2개씩 반복됩니다.

08 예 주사위 점의 수가 2, 4가 반복되도록 놓았습니다.

[평가 기준] 주사위 점의 수에서 반복되는 규칙이 있도록 그렸으면 정답으로 인정합니다.

09 ■, ▲, ●가 반복되므로 빈칸에 알맞은 모양은 ●입니다. ➔ ● 모양의 물건을 1개 찾아 씁니다.

10

채점 기준			
	❶ 규칙을 찾아 쓴 경우	3점	5점
	❷ 빈칸에 알맞은 모양을 찾아 기호를 쓴 경우	2점	

11

채점 기준			
	❶ 규칙을 찾아 쓴 경우	3점	5점
	❷ 빈칸에 알맞은 모양을 찾아 기호를 쓴 경우	2점	

2회 개념 학습 114~115쪽

확인 1 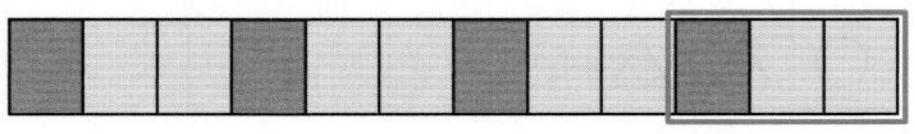

확인 2 2

1 연두색 / 연두색

2 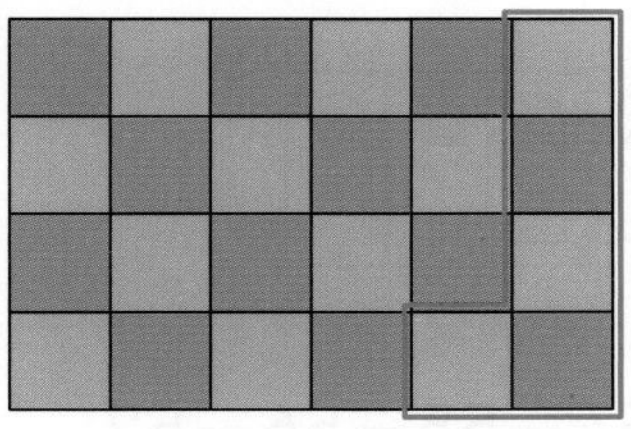

3 예 

4 1, 1

5 35, 33

6 (1) 40, 45 (2) 9, 5

2 • 첫째 줄과 셋째 줄은 파란색, 주황색이 반복됩니다.
• 둘째 줄과 넷째 줄은 주황색, 파란색이 반복됩니다.

3 [평가 기준] 두 가지 모양만을 사용하여 규칙이 있게 그렸으면 정답으로 인정합니다.

5 38부터 시작하여 1씩 작아지도록 수를 써넣습니다. ➔ 38－37－36－35－34－33

6 (1) 20부터 시작하여 5씩 커집니다.
(2) 15부터 시작하여 2씩 작아집니다.

2회 문제 학습 116~117쪽

01 7, 16 / 1, 3

02 예 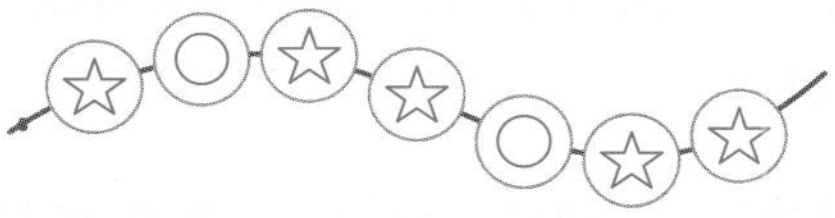

03 채아

04 ㉡

05 예 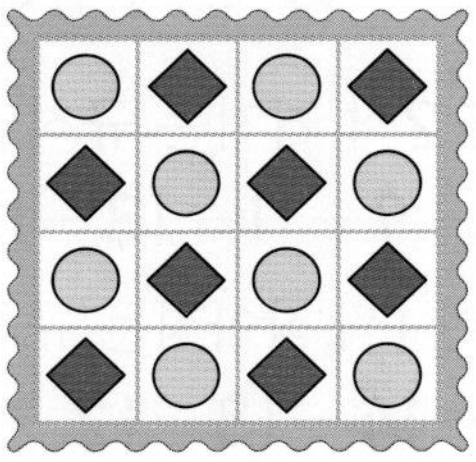

06 (1) 예 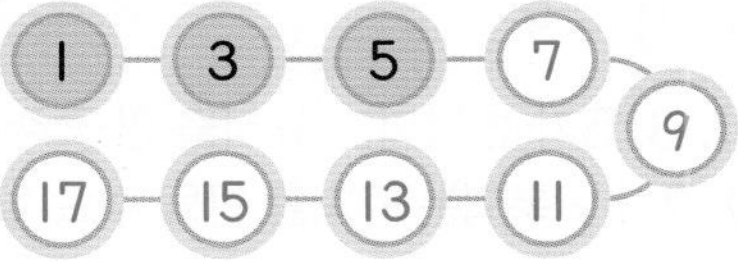

(2) 예 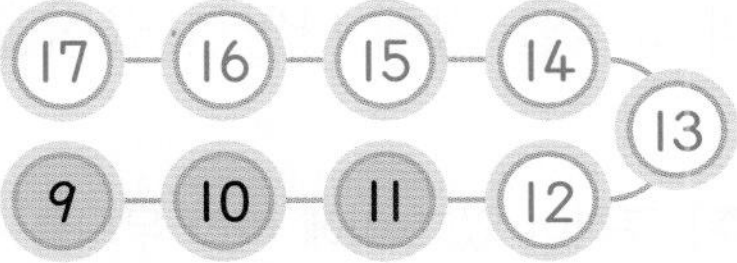

07 예 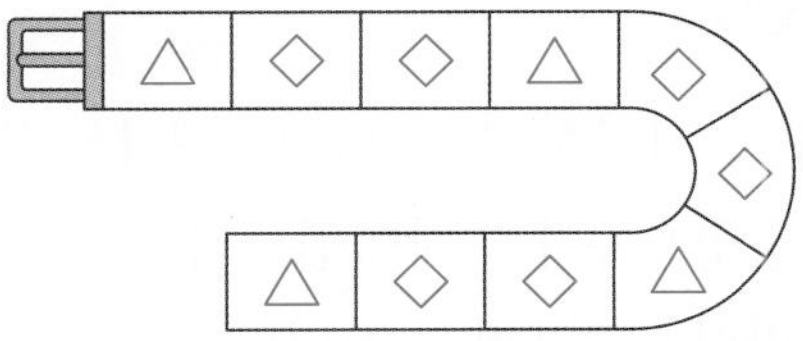

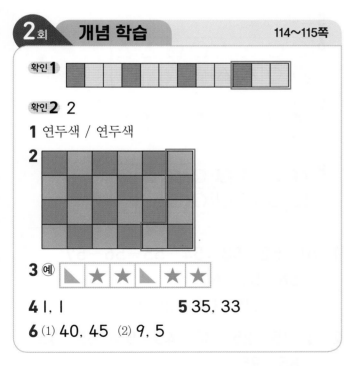

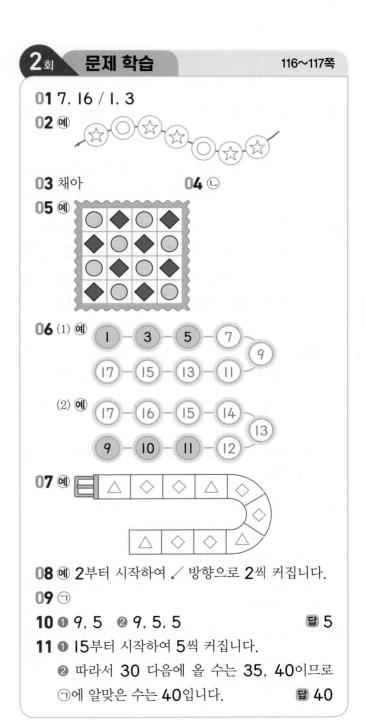

08 예 2부터 시작하여 ↙ 방향으로 2씩 커집니다.

09 ㉠

10 ❶ 9, 5 ❷ 9, 5, 5 답 5

11 ❶ 15부터 시작하여 5씩 커집니다.
❷ 따라서 30 다음에 올 수는 35, 40이므로 ㉠에 알맞은 수는 40입니다. 답 40

개념북 5단원

01 1부터 시작하여 3씩 커지므로 4 다음에는 7, 13 다음에는 16을 써넣습니다.

02 예 ☆, ○, ☆이 반복되는 규칙을 만들어 꾸몄습니다.

[평가 기준] ☆, ○ 모양으로 규칙을 만들어 꾸몄으면 정답으로 인정합니다.

03 • 채아: 빨간색, 파란색이 반복되는 규칙으로 색칠했습니다.(○)

• 시우: 초록색, 초록색, 주황색이 반복되는 규칙으로 색칠했습니다.(×)

04 5, 10, 15, 5, 10, 15이므로 5, 10, 15가 반복됩니다.

05 예 • 첫째 줄과 셋째 줄은 ●, ◆가 반복됩니다.

• 둘째 줄과 넷째 줄은 ◆, ●가 반복됩니다.

06 (1) 예 1부터 시작하여 2씩 커지는 규칙입니다.

➔ 1−3−5−7−9−11−13−15−17

(2) 예 17부터 시작하여 1씩 작아지는 규칙입니다.

➔ 17−16−15−14−13−12−11−10−9

참고 (1) 1, 3, 5가 반복되는 규칙을 만들 수도 있습니다.
(2) 11, 10, 9가 반복되는 규칙을 만들 수도 있습니다.

07 자신만의 규칙을 정해 다양한 규칙을 만들어 봅니다.

[평가 기준] 규칙이 있고 이에 따라 무늬를 꾸몄으면 정답으로 인정합니다.

08 예 • 2부터 시작하여 ↘ 방향으로 1씩 커집니다.

• → 방향으로 1씩 작아집니다.

• ← 방향으로 1씩 커집니다.

[평가 기준] 규칙이 있는 부분을 찾아 바르게 말했으면 정답으로 인정합니다.

09 ㉠ 53부터 시작하여 1씩 작아집니다. ➔ □=49

㉡ 20부터 시작하여 10씩 커집니다. ➔ □=50

따라서 49＜50이므로 □ 안에 알맞은 수가 더 작은 것은 ㉠입니다.

10

채점 기준			
채점 기준	❶ 규칙을 찾아 쓴 경우	3점	5점
	❷ ㉠에 알맞은 수를 구한 경우	2점	

11

채점 기준			
채점 기준	❶ 규칙을 찾아 쓴 경우	3점	5점
	❷ ㉠에 알맞은 수를 구한 경우	2점	

3회 개념 학습 118~119쪽

확인 1 (1) 1 (2) 5　　확인 2 ●

1 1씩　　**2** 10씩

3 80 / 90 / 100

4

11	12	13	14	15	16	17	18	19	20
21	22	23	24	25	26	27	28	29	30
31	32	33	34	35	36	37	38	39	40
41	42	43	44	45	46	47	48	49	50

5 트라이앵글

6

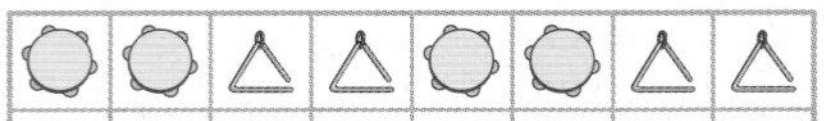

○	○	△	△	○	○	△	△

7

2	4	4	2	4	4

8

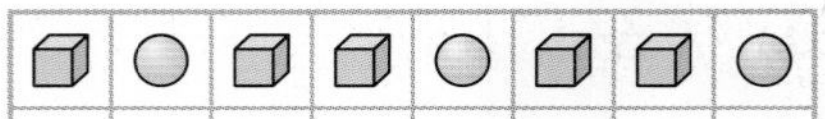

□	○	□	□	○	□	□	○

1 51−52−53−54−55−56−57−58−59−60

➔ → 방향으로 1씩 커집니다.

2 5−15−25−35−45−55−65−75−85−95

➔ ↓ 방향으로 10씩 커집니다.

3 10부터 시작하여 ↓ 방향으로 10씩 커지므로 위에서부터 80, 90, 100을 차례로 써넣습니다.

4 14부터 시작하여 10씩 커지므로 24, 34, 44에 색칠합니다.

5 반복되는 부분을 찾아보면 탬버린, 탬버린, 트라이앵글, 트라이앵글입니다.

6 탬버린을 ○로, 트라이앵글을 △로 나타냅니다.

7 타조, 소, 소가 반복됩니다.
타조를 2로, 소를 4로 나타냅니다.

8 , , 이 반복됩니다.
을 □로, 을 ○로 나타냅니다.

3회 문제 학습 120~121쪽

01 63, 4

02

○	○	×	○	○	×

03 2, 4　　**04** 시원

05 ㉠

06

31	35	39	43	47	51
32	36	40	44	48	52
33	37	41	45	49	53
34	38	42	46	50	54

07

5	3	5	3	5	3

ㄷ	ㄴ	ㄷ	ㄴ	ㄷ	ㄴ

08 예

80	79	78	77	76	75	74	73	72	71
70	69	68	67	66	65	64	63	62	61
60	59	58	57	56	55	54	53	52	51

/ 80부터 시작하여 2씩 작아집니다.

09 69, 70, 71

10 3, 커지고, 1, 커집니다

11 예 왼쪽 서랍장은 ↑ 방향으로 1씩 커지고, 오른쪽 서랍장은 ← 방향으로 1씩 커집니다.

01 63－67－71－75－79－83－87－91－95－99 ➔ 63부터 시작하여 4씩 커집니다.

02 신호등이 초록색, 초록색, 빨간색이 반복됩니다. 초록색 신호등을 ○로, 빨간색 신호등을 ×로 나타냅니다.

03 병아리, 고슴도치, 병아리가 반복됩니다. 병아리를 2로, 고슴도치를 4로 나타내면 2, 4, 2가 반복되므로 ㉠에 알맞은 수는 2, ㉡에 알맞은 수는 4입니다.

04 만세하기, 팔 벌리기가 반복되므로 팔 벌리기 다음에 해야 할 몸동작은 만세하기입니다.
➔ 만세하기를 나타낸 사람은 시원입니다.

05 귤, 포도, 포도가 반복됩니다.
㉠은 귤을 ○로, 포도를 ▽로 나타내어 ○, ▽, ▽가 반복되므로 바르게 나타냈습니다.

06 → 방향으로 4씩 커지고, ↓ 방향으로 1씩 커집니다.

07 , 이 반복됩니다.
- 연결 모형의 개수에 맞게 을 5로, 을 3으로 나타냅니다.
- 모양에 맞게 을 자음자 'ㄷ'으로, 을 자음자 'ㄴ'으로 나타냅니다.

08 [평가 기준] 규칙을 정해 색칠하고, 그 규칙을 바르게 말했으면 정답으로 인정합니다.

09 색칠한 수는 → 방향으로 1씩 커집니다.
따라서 1씩 커지는 규칙에 따라 수를 써 보면 67－68－69－70－71입니다.

10

채점 기준	왼쪽 사물함과 오른쪽 사물함의 수 배열에서 규칙이 어떻게 다른지 설명한 경우	5점

11

채점 기준	왼쪽 서랍장과 오른쪽 서랍장의 수 배열에서 규칙이 어떻게 다른지 설명한 경우	5점

[평가 기준] 왼쪽 서랍장과 오른쪽 서랍장의 수 배열을 → 방향, ← 방향, ↑ 방향, ↓ 방향 등에서 규칙을 찾아 다른 점을 바르게 답했으면 정답으로 인정합니다.

4회 응용 학습 122~125쪽

01 1단계 국자, 뒤집개 2단계 뒤집개
3단계 국자
02 포도
03 6번
04 1단계 1, 5 2단계 27
3단계 37
05 49, 69
06 88
07 1단계 2, 5, 5 2단계 5, 2
3단계 7개
08 9개
09 9
10 1단계 ■, ●, ● 2단계 ●, ●, ■
3단계 ㉣
11 ㉢
12 2개

01 2단계 뒤집개, 국자, 뒤집개가 반복되므로 9번째인 뒤집개 다음에 놓아야 할 물건은 뒤집개입니다.
3단계 뒤집개, 국자, 뒤집개, 뒤집개 다음에 놓아야 할 물건은 국자입니다.

02 포도, 포도, 사과가 반복됩니다.
따라서 9번째인 사과 다음에는 차례로 포도(10번째), 포도(11번째)를 놓아야 합니다.

03 축구공, 축구공, 농구공, 농구공이 반복됩니다.
9번째인 축구공 다음에는 차례로 축구공(10번째), 농구공(11번째), 농구공(12번째)을 놓아야 합니다.
따라서 12번째까지 축구공은 모두 6번 놓입니다.

04 1단계 28－29－30이므로 → 방향으로 1씩 커지고, 23－28이므로 ↓ 방향으로 5씩 커집니다.
2단계 → 방향으로 1씩 커지고 24－25－26－27이므로 ♥에 알맞은 수는 27입니다.
3단계 ↓ 방향으로 5씩 커지고 27－32－37이므로 ★에 알맞은 수는 37입니다.

05
- → 방향으로 1씩 커지고 46－47－48－49이므로 ♣에 알맞은 수는 49입니다.
- ↓ 방향으로 10씩 커지고 49－59－69이므로 ♠에 알맞은 수는 69입니다.

06

70				74	75
78	79	㉠		82	
		◆			

- → 방향으로 1씩 커지고 79－80이므로 ㉠에 알맞은 수는 80입니다.
- ↓ 방향으로 8씩 커지고 80－88이므로 ◆에 알맞은 수는 88입니다.

07 2단계 ㉠ 펼친 손가락 2개 다음에는 5개가 들어갑니다.
㉡ 펼친 손가락 5개, 5개 다음에는 2개가 들어갑니다.
3단계 5＋2＝7(개)

08 주사위 점의 수가 3개, 6개가 반복됩니다.
따라서 빈칸에 들어갈 주사위의 점의 수는 차례로 6개, 3개이므로 모두 6＋3＝9(개)입니다.

09 수 카드의 수는 3, 0, 3이 반복됩니다.
따라서 뒤집혀 있는 수 카드에 적힌 수는 차례로 3, 0, 3, 3이므로 뒤집혀 있는 수 카드에 적힌 수들의 합은 3＋0＋3＋3＝9입니다.

10 3단계 ㉣만 알맞은 모양이 ■입니다.

11 첫째 줄은 노란색, 노란색, 파란색이 반복되고, 둘째 줄은 파란색, 노란색, 노란색이 반복됩니다.
따라서 ㉠은 노란색, ㉡은 노란색, ㉢은 파란색, ㉣은 노란색이므로 알맞은 색이 다른 하나는 ㉢입니다.

12 ▲, ✚, ▲가 반복됩니다.
따라서 빈칸에 들어갈 ▲는 4개, ✚은 2개이므로 ▲는 ✚보다 4－2＝2(개) 더 많습니다.

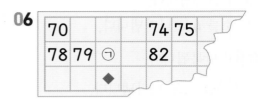

5회 마무리 평가 126~129쪽

01 (   ) (○)　　**02** 파란색

03

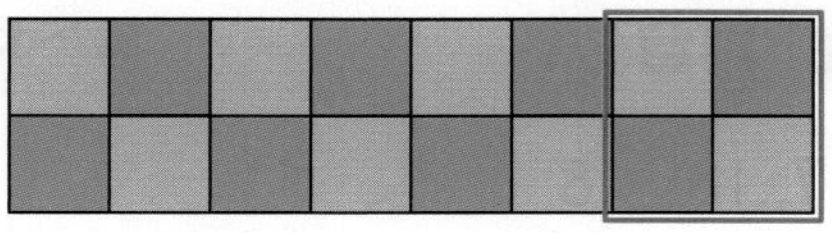

04 1　　**05** 1

06

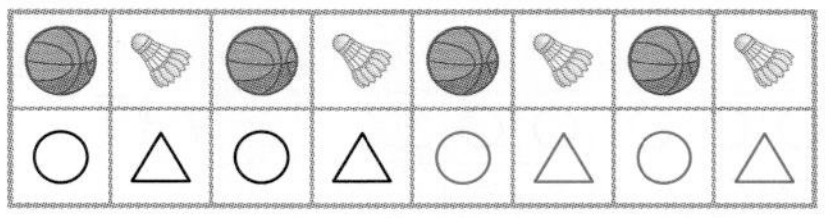

07

↓	↑	↓	↑	↓	↑	↓	↑

08

/ 예 종, 종, 나무

09 유준　　**10** (   ) (○)

11 예

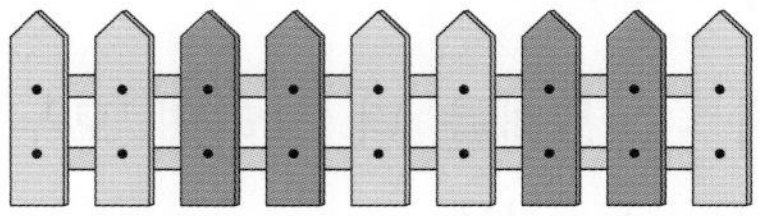

12 예

◇	◇	▽	◇	◇	▽	◇

13 예

14 45, 55　　**15** 2

16 ❶ 색칠한 수는 31부터 시작하여 6씩 커집니다.
❷ 49보다 6만큼 더 큰 수는 55이므로 49 다음에 색칠해야 하는 수는 55입니다. 답 55

17 주영

18

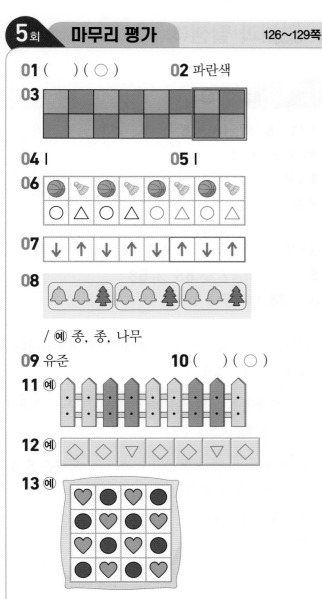

19 ㉡　　**20** 포크

21 ❶ 펼친 손가락이 2개, 5개, 2개가 반복되므로 펼친 손가락이 ㉠에는 5개, ㉡에는 2개 들어갑니다. / ❷ 따라서 ㉠과 ㉡에 들어갈 펼친 손가락은 모두 5+2=7(개)입니다. 답 7개

22 ㉠　　**23** 34, 44, 64

24 ▽, ◇, ▽

25 ❶ 머리 보호대가 빨간색, 빨간색, 파란색, 파란색이 반복됩니다.
❷ 따라서 파란색, 파란색 다음에 있는 빈칸에 알맞은 머리 보호대의 색깔은 빨간색입니다.
답 빨간색

01 작은 휴지통, 작은 휴지통, 큰 휴지통이 반복됩니다.

03 • 첫째 줄은 주황색, 초록색이 반복됩니다.
• 둘째 줄은 초록색, 주황색이 반복됩니다.

04 1, 5가 반복됩니다.

06 농구공, 셔틀콕이 반복됩니다.
농구공을 ○로, 셔틀콕을 △로 나타냅니다.

08 반복되는 부분을 ▭로 표시해 보면 종, 종, 나무가 반복됩니다.

09 컵, 접시, 컵이 반복되므로 빈칸에 알맞은 물건은 컵입니다.

10 • 왼쪽은 2개의 필통에 똑같이 넣지 않았습니다.
• 오른쪽은 연필, 지우개, 자가 놓이는 규칙으로 2개의 필통에 똑같이 넣었습니다.

11 [평가 기준] 두 가지 색으로 규칙을 만들어 색칠했으면 정답으로 인정합니다.

12 예 ◇, ◇, ▽ 모양이 반복되는 규칙을 만들어 꾸몄습니다.
[평가 기준] ◇, ▽ 모양으로 규칙을 만들어 꾸몄으면 정답으로 인정합니다.

13 예 • 첫째 줄과 셋째 줄은 ♡, ●가 반복됩니다.
• 둘째 줄과 넷째 줄은 ●, ♡가 반복됩니다.

14 30부터 시작하여 5씩 커집니다.

15 10부터 시작하여 2씩 작아집니다.
→ 10−8−6−4−2−0

16

채점 기준			
	❶ 규칙을 찾아 쓴 경우	2점	4점
	❷ 49 다음에 색칠해야 하는 수를 구한 경우	2점	

참고 49에서 6만큼 이어 세면 49 하고 50, 51, 52, 53, 54, 55입니다.

17 • 주영: ➡에 있는 수는 76−77−78−79−80이므로 1씩 커집니다.
• 시은: ⬇에 있는 수는 75−80−85이므로 5씩 커집니다.

18 두발자전거, 세발자전거, 세발자전거가 반복됩니다. 두발자전거를 2로, 세발자전거를 3으로 나타냅니다.

19 100원짜리 동전, 100원짜리 동전, 500원짜리 동전이 반복되고, ㉡은 1, 1, 5가 반복됩니다.
➔ 100원짜리 동전을 1로, 500원짜리 동전을 5로 나타낸 것입니다.

참고 ㉠은 5, 5, 1, 1이 반복됩니다.(×)

20 순가락, 포크, 포크가 반복됩니다.
따라서 9번째인 포크 다음에는 차례로 순가락(10번째), 포크(11번째)를 놓아야 합니다.

21

채점 기준			
	❶ ㉠과 ㉡에 들어갈 펼친 손가락의 수를 각각 구한 경우	2점	4점
	❷ ㉠과 ㉡에 들어갈 펼친 손가락은 모두 몇 개인지 구한 경우	2점	

22 ㉠ 69부터 시작하여 2씩 작아집니다. ➔ □=61
㉡ 50부터 시작하여 2씩 커집니다.➔ □=54
따라서 61>54이므로 □ 안에 알맞은 수가 더 큰 것은 ㉠입니다.

23 색칠한 수는 ↓ 방향으로 10씩 커집니다.
따라서 10씩 커지는 규칙에 따라 수를 써 보면 24−34−44−54−64입니다.

24 ▽, ◇, ▽가 반복됩니다.

25

채점 기준			
	❶ 규칙을 찾아 쓴 경우	2점	4점
	❷ 빈칸에 알맞은 머리 보호대의 색깔을 구한 경우	2점	

6. 덧셈과 뺄셈(3)

1회 개념 학습 132~133쪽

확인1 16, 17, 18 / 18
확인2 5 / 4, 5
1 49
2 예

○	○	○	○	○	○	○	△	△	△
○	○	○	○	○	△	△			

/ 17

3 57　　4 5 / 9, 5
5 (1) 63 (2) 47 (3) 88 (4) 58
6 (1) 28 (2) 39

1 10개씩 묶음 4개와 낱개 9개이므로 49입니다.
➔ 40+9=49

2 ○ 12개에 △ 5개를 더 그리면 모두 17개입니다. ➔ 12+5=17

3 십 모형끼리, 일 모형끼리 더하면 십 모형은 5개, 일 모형은 7개입니다.
➔ 54+3=57

참고
$$\begin{array}{r} 5\ 4 \\ +\quad 3 \\ \hline 5\ 7 \end{array}$$

4 낱개의 수끼리 더하고, 10개씩 묶음의 수를 그대로 내려 씁니다.

5 낱개의 수끼리 더하고, 10개씩 묶음의 수를 그대로 내려 씁니다.

(1)
$$\begin{array}{r} 6\ 0 \\ +\quad 3 \\ \hline 6\ 3 \end{array}$$
(2)
$$\begin{array}{r} 4\ 5 \\ +\quad 2 \\ \hline 4\ 7 \end{array}$$

6 낱개의 수끼리 더하고, 10개씩 묶음의 수를 그대로 내려 씁니다.

(1)
$$\begin{array}{r} 2\ 2 \\ +\quad 6 \\ \hline 2\ 8 \end{array}$$
(2)
$$\begin{array}{r} 3\ 6 \\ +\quad 3 \\ \hline 3\ 9 \end{array}$$

1회 문제 학습 134~135쪽

01 56　　02 25
03 88　　04 56, 59
05 13+6=19 / 19명
06 서진　　07 58, 63
08 예 70, 6　　09 28, 36
10 ❶ 26, 36, 29　❷ 36, 29, 26, 도현
답 도현

11 ❶ 52+6=58, 64+4=68, 72+1=73입니다.
❷ 합을 비교하면 58<68<73이므로 합이 가장 작은 덧셈을 말한 사람은 유준입니다.
답 유준

01 10개씩 묶음 5개와 낱개 6개이므로 56입니다.
➔ 50+6=56

02 20+5=25

03 81+7=88

04 51+5=56, 51+8=59

05 결승전에 올라간 1학년 남학생은 13명, 1학년 여학생은 6명입니다.
➔ 13+6=19이므로 결승전에 올라간 1학년 학생은 모두 19명입니다.

06 낱개의 수끼리 줄을 맞추어 쓴 다음 낱개의 수끼리 더하고, 10개씩 묶음의 수를 그대로 내려 씁니다. 다은이는 10개씩 묶음의 수와 낱개의 수를 더해서 잘못 계산했습니다.

07 43+4=47이므로 □ 안에 들어갈 수 있는 수는 47보다 큰 수입니다. ➔ 58, 63

08 70+6=76, 6+70=76, 72+4=76, 4+72=76으로 덧셈식을 만들 수 있습니다.

09 • 상자에 담은 초콜릿의 수: 20+8=28(개)
• 쟁반에 담은 초콜릿의 수: 32+4=36(개)

10

채점 기준			
	❶ 각 덧셈의 합을 구한 경우	3점	5점
	❷ 합이 가장 큰 덧셈을 말한 사람을 찾아 쓴 경우	2점	

11

채점 기준			
	❶ 각 덧셈의 합을 구한 경우	3점	5점
	❷ 합이 가장 작은 덧셈을 말한 사람을 찾아 쓴 경우	2점	

2회 개념 학습 136~137쪽

확인1 70　　확인2 9 / 6, 9
1 40　　2 75
3 (1) 0 / 8, 0　(2) 8 / 8, 8
4 (1) 70　(2) 69　(3) 75　(4) 97
5 40　　6 90
7 

1 10개씩 묶음이 4개이므로 40입니다.

2 십 모형끼리, 일 모형끼리 더하면 십 모형은 7개, 일 모형은 5개입니다. ➔ 43+32=75

3 (1) 낱개의 수 0을 그대로 내려 쓰고, 10개씩 묶음의 수끼리 더합니다.
(2) 낱개의 수끼리 더하고, 10개씩 묶음의 수끼리 더합니다.

4 (1) 낱개의 수 0을 그대로 내려 쓰고, 10개씩 묶음의 수끼리 더합니다.

$$\begin{array}{r} 5\ 0 \\ +\ 2\ 0 \\ \hline 7\ 0 \end{array}$$

(2) 낱개의 수끼리 더하고, 10개씩 묶음의 수끼리 더합니다.

$$\begin{array}{r} 4\ 7 \\ +\ 2\ 2 \\ \hline 6\ 9 \end{array}$$

5
$$\begin{array}{r} 2\ 0 \\ +\ 2\ 0 \\ \hline 4\ 0 \end{array}$$

6
$$\begin{array}{r} 5\ 0 \\ +\ 4\ 0 \\ \hline 9\ 0 \end{array}$$

7 23+44=67, 51+38=89

2회 문제 학습 138~139쪽

01 ( )(○) **02** 13, 63
03 90 **04** 77
05 >
06
$$\begin{array}{r} 1\ 9 \\ +\ 3\ 0 \\ \hline 4\ 9 \end{array}$$
/ 49개
07 예 초록색 공, 노란색 공 / 21+10=31 / 31개
08 (○)( )(△) **09** 66, 87, 57
10 47문제
11 ❶ 23, 14, 70, 14 ❷ 70, 14, 84 답 84
12 ❶ 주어진 수를 큰 수부터 차례로 써 보면 73, 60, 35, 22이므로 가장 큰 수는 73, 가장 작은 수는 22입니다.
❷ 따라서 가장 큰 수와 가장 작은 수의 합은 73+22=95입니다. 답 95

01 40+20=60, 30+40=70
➔ 합이 70인 것은 30+40입니다.

02 흰색 달걀이 50개, 갈색 달걀이 13개입니다.
➔ 50+13=63

03 70+20=90

04 26+51=77

05 10+70=80, 54+25=79
➔ 80>79

06 (민아가 어제와 오늘 접은 종이학의 수)
=(어제 접은 종이학의 수)
+(오늘 접은 종이학의 수)
=19+30=49(개)

07 • 초록색 공과 노란색 공을 고른 경우:
21+10=31(개)
• 초록색 공과 보라색 공을 고른 경우:
21+33=54(개)
• 노란색 공과 보라색 공을 고른 경우:
10+33=43(개)

08 42+53=95, 24+62=86, 33+15=48
➔ 95>86>48이므로 합이 가장 큰 것은 42+53, 합이 가장 작은 것은 33+15입니다.

09 • ■ 모양은 스케치북과 편지 봉투입니다.
➔ 43+23=66
• ▲ 모양은 삼각김밥과 옷걸이입니다.
➔ 71+16=87
• ● 모양은 동전과 훌라후프입니다.
➔ 15+42=57

10 (주호가 푼 수학 문제의 수)
=(희수가 푼 수학 문제의 수)+5
=21+5=26(문제)
➔ (희수와 주호가 푼 수학 문제의 수)
=21+26=47(문제)

11

채점 기준			
	❶ 가장 큰 수와 가장 작은 수를 각각 찾아 쓴 경우	2점	5점
	❷ 가장 큰 수와 가장 작은 수의 합을 구한 경우	3점	

12

채점 기준			
	❶ 가장 큰 수와 가장 작은 수를 각각 찾아 쓴 경우	2점	5점
	❷ 가장 큰 수와 가장 작은 수의 합을 구한 경우	3점	

3회 개념 학습 140~141쪽

확인1 24　　확인2 3 / 5, 3

1 40

2 예 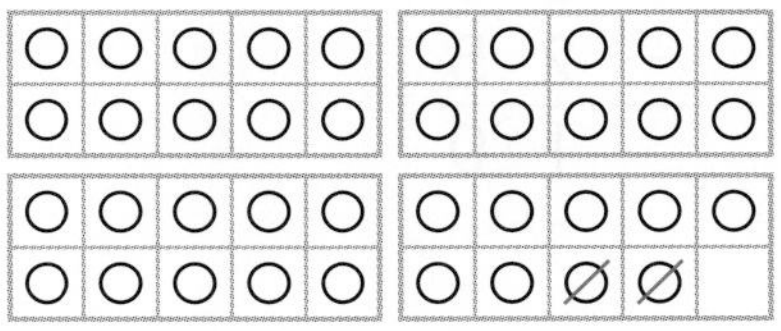 / 37

3 61　　4 4 / 7, 4

5 (1) 40 (2) 52 (3) 33 (4) 92

6 81

1 10개씩 묶음 4개가 남으므로 40입니다.

2 ○ 39개 중 2개를 /으로 지우면 37개가 남습니다. ➔ 39－2＝37

3 남아 있는 모형은 십 모형 6개, 일 모형 1개입니다. ➔ 65－4＝61

4 낱개의 수끼리 빼고, 10개씩 묶음의 수를 그대로 내려 씁니다.

5 낱개의 수끼리 빼고, 10개씩 묶음의 수를 그대로 내려 씁니다.

(1) $\begin{array}{r} 43 \\ -\ \ 3 \\ \hline 40 \end{array}$　(2) $\begin{array}{r} 57 \\ -\ \ 5 \\ \hline 52 \end{array}$

6 $\begin{array}{r} 87 \\ -\ \ 6 \\ \hline 81 \end{array}$

3회 문제 학습 142~143쪽

01 23　　02 (1) 51 (2) 92

03 22　　04 

05 21장　　06 (○) (　) (　)

07 76－4＝72 / 72권

08 예 엄마, 31　　09 6

10 32, 24

11 ❶ 낱개, 6, 8 ❷ $\begin{array}{r} 86 \\ -\ \ 4 \\ \hline 82 \end{array}$

12 ❶ 예 3은 낱개의 수이므로 59의 낱개의 수인 9에서 빼야 하는데 10개씩 묶음의 수인 5에서 뺐으므로 잘못 계산하였습니다.

❷ $\begin{array}{r} 59 \\ -\ \ 3 \\ \hline 56 \end{array}$

01 남은 가지의 수를 세어 보면 10개씩 묶음 2개와 낱개 3개이므로 23입니다.
➔ 29－6＝23

02 (1) 55－4＝51
(2) 97－5＝92

03 27－5＝22

04 26－2＝24, 39－8＝31, 78－3＝75
35－4＝31, 77－2＝75, 27－3＝24

05 색종이 25장 중에서 4장을 사용했습니다.
➔ 25－4＝21이므로 소미가 사용하고 남은 색종이는 21장입니다.

06 46－2＝44, 38－1＝37, 49－7＝42
➔ 44＞42＞37이므로 차가 가장 큰 것은 46－2입니다.

07 (동화책의 수)－(과학책의 수)
＝76－4＝72(권)

08 • 할머니는 민규보다 66－6＝60(살) 더 많습니다.
• 아빠는 민규보다 39－6＝33(살) 더 많습니다.
• 엄마는 민규보다 37－6＝31(살) 더 많습니다.

개념북 6 단원

09 낱개의 수끼리 빼면 □−1=5입니다.
6−1=5이므로 □ 안에 알맞은 수는 6입니다.

10 남은 배는 36−4=32(개)이고, 남은 사과는 29−5=24(개)입니다.

11

채점 기준			
	❶ 잘못 계산한 이유를 쓴 경우	3점	5점
	❷ 바르게 계산한 경우	2점	

12

채점 기준			
	❶ 잘못 계산한 이유를 쓴 경우	3점	5점
	❷ 바르게 계산한 경우	2점	

4회 개념 학습 144~145쪽

확인1 30　확인2 3 / 2, 3
1 30　2 52
3 (1) 0 / 2, 0 (2) 3 / 5, 3
4 (1) 40 (2) 54 (3) 26 (4) 24
5 ( )(○)( )　6 43, 10

2 남아 있는 모형은 십 모형 5개, 일 모형 2개입니다. ➔ 74−22=52

3 (1) 낱개의 수 0을 그대로 내려 쓰고, 10개씩 묶음의 수끼리 뺍니다.
(2) 낱개의 수끼리 빼고, 10개씩 묶음의 수끼리 뺍니다.

4 (1) 낱개의 수 0을 그대로 내려 쓰고, 10개씩 묶음의 수끼리 뺍니다.

$$\begin{array}{r} 90 \\ -\ 50 \\ \hline 40 \end{array}$$

(2) 낱개의 수끼리 빼고, 10개씩 묶음의 수끼리 뺍니다.

$$\begin{array}{r} 84 \\ -\ 30 \\ \hline 54 \end{array}$$

5

$$\begin{array}{r} 87 \\ -\ 13 \\ \hline 74 \end{array}$$

6

$$\begin{array}{r} 59 \\ -\ 16 \\ \hline 43 \end{array} \qquad \begin{array}{r} 35 \\ -\ 25 \\ \hline 10 \end{array}$$

4회 문제 학습 146~147쪽

01 40, 20　02 ( )(○)
03 세호
04 73−41, 88−56
05 $\begin{array}{r} 28 \\ -\ 14 \\ \hline 14 \end{array}$ / 14장
06 예 $\begin{array}{r} 79 \\ -\ 51 \\ \hline 28 \end{array}$
07 47, 22
08 (위에서부터) 33, 53 / 20
09 (위에서부터) 4 / 15 / 21, 24 / 11
10 ❶ 11, 11, 14 ❷ 14, 39　답 39개
11 ❶ 지아는 훌라후프를 연우보다 13번 더 적게 돌렸으므로 24−13=11(번) 돌렸습니다.
❷ 따라서 연우와 지아는 훌라후프를 모두 24+11=35(번) 돌렸습니다.　답 35번

01 달걀 60개 중에서 40개를 사용했습니다.
➔ 60−40=20

02 90−30=60, 70−20=50

03 • 민지: 47−30=17(○)
• 세호: 69−31=38(×)

04 52−22=30, 73−41=32, 46−34=12, 39−15=24, 88−56=32

05 (윤호가 가지고 있는 칭찬 붙임딱지의 수)
−(나은이가 가지고 있는 칭찬 붙임딱지의 수)
=28−14=14(장)

06 79−40=39, 79−51=28,
79−30=49, 40−30=10,
51−40=11, 51−30=21로 뺄셈식을 만들 수 있습니다.

07 77−30=47, 47−25=22

08 • 95와 62의 차: 95−62=33
• 23과 76의 차: 76−23=53
• 33과 53의 차: 53−33=20

09 → 방향으로 1씩 커지고, ↓ 방향으로 10씩 커집니다.
11보다 1만큼 더 큰 수는 12이므로 ㉠에 알맞은 수는 12이고, 13보다 10만큼 더 큰 수는 23이므로 ㉡에 알맞은 수는 23입니다.
→ ㉡−㉠=23−12=11

10

채점 기준	❶ 빨간색 리본은 몇 개인지 구한 경우	2점	5점
	❷ 파란색 리본과 빨간색 리본은 모두 몇 개인지 구한 경우	3점	

11

채점 기준	❶ 지아가 훌라후프를 몇 번 돌렸는지 구한 경우	2점	5점
	❷ 연우와 지아가 훌라후프를 모두 몇 번 돌렸는지 구한 경우	3점	

5회 개념 학습 148~149쪽

확인1 13, 14　확인2 (1) 56 (2) 68
1 11, 36　**2** 20, 31
3 20, 5　**4** 11, 14
5 37, 47, 57　**6** 48, 58, 68 / 10
7 48, 47, 46, 45

1 장난감 자동차는 25개, 곰 인형은 11개 있습니다.
→ 25+11=36

2 곰 인형은 11개, 로봇은 20개 있습니다.
→ 11+20=31

3 장난감 자동차는 25개, 로봇은 20개 있습니다.
→ 25−20=5

4 장난감 자동차는 25개, 곰 인형은 11개 있습니다.
→ 25−11=14

5 같은 수에 10씩 커지는 수를 더하면 합도 10씩 커집니다.

6 38+10=48, 48+10=58,
58+10=68로 합도 10씩 커집니다.

7 같은 수에서 1씩 커지는 수를 빼면 차는 1씩 작아집니다.

5회 문제 학습 150~151쪽

01 13, 16, 29 또는 16, 13, 29
02 (1) 25, 13, 12 (2) 25, 4, 21
03 21 / 20　**04** 56, 51
05 33, 34, 35 / 32, 4, 36
06 예 55, 30, 85 / 예 33, 22, 11
07 예 26, 13, 39 / 예 13, 3, 10
08 (1) 48개 (2) 6개
09 22명
10 예 ❶ 파란색　❷ 11, 38
11 예 ❶ 책상 위에 있는 초록색 연결 모형은 파란색 연결 모형보다 몇 개 더 많은가요?
❷ 22−11=11

01 위쪽에 있는 크레파스는 13자루, 아래쪽에 있는 크레파스는 16자루입니다.
→ 13+16=29

개념북 6단원

02 (1) 배는 25개, 사과는 13개 있습니다.

➜ $25-13=12$

(2) 배 25개에서 4개를 먹습니다.

➜ $25-4=21$

03 1씩 작아지는 수에서 같은 수를 빼면 차도 1씩 작아집니다.

04 • 도현: $40+16=56$ • 예나: $75-24=51$

05 같은 수에 1씩 커지는 수를 더하면 합도 1씩 커집니다. 주어진 덧셈식의 바로 다음에 올 덧셈식은 더하는 수가 1만큼 더 커진 $32+4=36$입니다.

06 • $55+43=98$, $24+22=46$, $33+12=45$, $46+30=76$ 등의 덧셈식을 만들 수 있습니다.

• $55-43=12$, $24-22=2$, $33-12=21$, $46-30=16$ 등의 뺄셈식을 만들 수 있습니다.

07 • $13+3=16$, $26+3=29$, $13+26=39$ 등의 덧셈식을 만들 수 있습니다.

• $26-3=23$, $26-13=13$, $13-3=10$ 의 뺄셈식을 만들 수 있습니다.

08 (1) $27+21=48$(개)

(2) $27-21=6$(개)

09 (민호네 반 전체 학생 수)$=16+13=29$(명)

➜ (안경을 쓰지 않은 학생 수)$=29-7=22$(명)

10

채점 기준			
	❶ 덧셈 이야기를 알맞게 만든 경우	3점	5점
	❷ 덧셈 이야기에 맞는 덧셈식으로 나타낸 경우	2점	

참고 초록색에 ○표 한 경우 덧셈식으로 나타내면 $27+22=49$입니다.

11

채점 기준			
	❶ 뺄셈 이야기를 알맞게 만든 경우	3점	5점
	❷ 뺄셈 이야기에 맞는 뺄셈식으로 나타낸 경우	2점	

[평가 기준] 두 가지 색의 연결 모형의 개수의 차를 구하는 이야기나 한 가지 색의 연결 모형에서 몇 개를 덜어 내는 이야기 등을 알맞게 만들고, 뺄셈식으로 바르게 나타냈으면 정답으로 인정합니다.

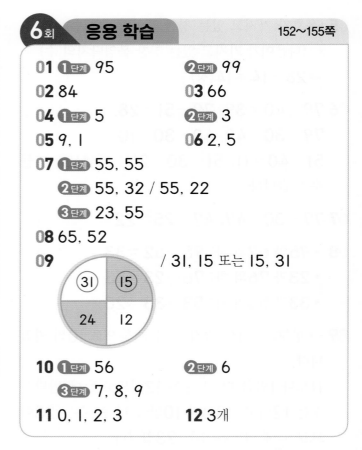

6회 응용 학습 152~155쪽

01 1단계 95 2단계 99

02 84 **03** 66

04 1단계 5 2단계 3

05 9, 1 **06** 2, 5

07 1단계 55, 55

2단계 55, 32 / 55, 22

3단계 23, 55

08 65, 52

09 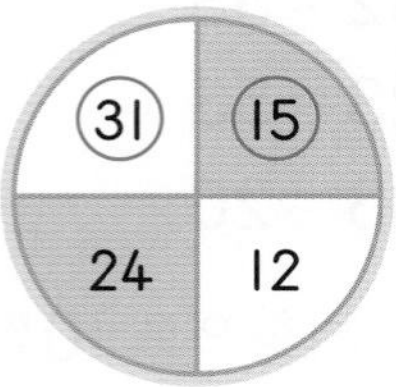

/ 31, 15 또는 15, 31

10 1단계 56 2단계 6

3단계 7, 8, 9

11 0, 1, 2, 3 **12** 3개

01 1단계 $9>5>4$이므로 가장 큰 몇십몇을 만들면 95입니다.

2단계 $95+4=99$

02 $8>6>2$이므로 가장 큰 몇십몇을 만들면 86입니다.

➜ $86-2=84$

03 $5>4>2>1$이므로 만들 수 있는 가장 큰 몇십몇은 54이고, 가장 작은 몇십몇은 12입니다.

➜ $54+12=66$

04 1단계 낱개의 수끼리 더하면 $2+$▲$=7$입니다.

➜ $2+5=7$이므로 ▲$=5$입니다.

2단계 10개씩 묶음의 수끼리 더하면 ■$+5=8$입니다. ➜ $3+5=8$이므로 ■$=3$입니다.

05 • 낱개의 수끼리 빼면 ★$-5=4$입니다.

➜ $9-5=4$이므로 ★$=9$입니다.

• 10개씩 묶음의 수끼리 빼면 $4-$●$=3$입니다.

➜ $4-1=3$이므로 ●$=1$입니다.

06 • 낱개의 수끼리 더하면 1+🍅=6입니다.

→ 1+5=6이므로 🍅=5입니다.

• 10개씩 묶음의 수끼리 더하면 🍓+🍓=4입니다.

→ 2+2=4이므로 🍓=2입니다.

07 1단계 주어진 수 중에서 낱개의 수의 차가 2인 두 수는 23과 55, 77과 55입니다.

3단계 55−23=32이므로 차가 32가 되는 두 수는 23, 55입니다.

참고 77−23=54

08 주어진 수 중에서 낱개의 수의 차가 3인 두 수는 98과 65, 65와 52입니다.

→ 98−65=33, 65−52=13이므로 차가 13이 되는 두 수는 65, 52입니다.

09 주어진 수 중에서 낱개의 수의 합이 6인 두 수는 31과 15, 24와 12입니다.

→ 31+15=46, 24+12=36이므로 합이 46이 되는 두 수는 31, 15입니다.

10 1단계 21+35=56

2단계 56<5□이므로 □ 안에는 6보다 큰 수가 들어가야 합니다.

3단계 □ 안에 들어갈 수 있는 수는 6보다 큰 수인 7, 8, 9입니다.

11 98−54=44이고 44>4□이므로 □ 안에는 4보다 작은 수가 들어가야 합니다.

따라서 □ 안에 들어갈 수 있는 수는 4보다 작은 수인 0, 1, 2, 3입니다.

12 40+33=73이고 물감을 떨어뜨린 부분에 들어갈 수를 □라고 하면 73>7□이므로 □ 안에는 3보다 작은 수가 들어가야 합니다.

따라서 물감을 떨어뜨린 부분에 들어갈 수 있는 수는 3보다 작은 수인 0, 1, 2로 모두 3개입니다.

7회 마무리 평가 156~159쪽

01 38 02 80

03 79 04 23

05 56

06 34, 35, 36, 37 / 1

07 (○) (   )

08 20+40=60 / 60개

09 59, 79 10 (   ) (   ) (○)

11 64자루 12 42

13 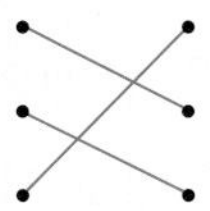

14 ❶ 우유 급식을 신청한 사람 수에서 우유 통에 남아 있는 우유의 수를 빼면 되므로 26−11을 계산합니다.

❷ 26−11=15이므로 우유를 가져간 사람은 15명입니다. 답 15명

15 (   ) (△) (   ) 16 17, 31, 20

17 56, 55, 54 / 67, 14, 53

18 26, 3, 29 19 26, 15, 11

20 예 14, 15, 29 / 예 15, 14, 1

21 ㉠ 22 (위에서부터) 6, 2

23 ❶ 6>5>4>2이므로 만들 수 있는 가장 큰 몇십몇은 65이고, 가장 작은 몇십몇은 24입니다.

❷ 따라서 만들 수 있는 가장 큰 수와 가장 작은 수의 차는 65−24=41입니다. 답 41

24 $\begin{array}{r} 35 \\ -\ 14 \\ \hline 21 \end{array}$ / 금붕어, 21

25 ❶ 어항에 있는 열대어의 수에 더 넣은 열대어의 수를 더하면 되므로 14+13을 계산합니다.

❷ 14+13=27이므로 열대어는 모두 27마리입니다. 답 27마리

01 10개씩 묶음 3개와 낱개 8개이므로 38입니다.

02 20+60은 10개씩 묶음이 8개입니다.

→ 20+60=80

개념북 6단원

03
$$\begin{array}{r} 5\ 2 \\ +\ 2\ 7 \\ \hline 7\ 9 \end{array}$$

04 남아 있는 모형은 십 모형 2개, 일 모형 3개입니다. ➔ 25−2=23

05 낱개의 수끼리 빼고, 10개씩 묶음의 수끼리 뺍니다.

06 33+1=34, 33+2=35, 33+3=36, 33+4=37로 합도 1씩 커집니다.

07 낱개의 수끼리 줄을 맞추어 쓴 다음 낱개의 수끼리 더하고, 10개씩 묶음의 수를 그대로 내려 써야 하므로 바르게 계산한 것은 왼쪽입니다.

08 (호영이가 가지고 있는 사탕의 수)
=(진수가 가지고 있는 사탕의 수)+40
=20+40=60(개)

09 56+3=59, 59+20=79

10 62+17=79, 58+10=68,
34+44=78

11 32+32=64이므로 연필꽂이 2개에 꽂혀 있는 연필은 모두 64자루입니다.

12 45−3=42

13 62+4=66 74−11=63
31+16=47 89−23=66
40+23=63 49−2=47

14

채점 기준			
	❶ 문제에 알맞은 뺄셈식을 쓴 경우	2점	4점
	❷ 우유를 가져간 사람은 몇 명인지 구한 경우	2점	

15 80−20=60, 70−30=40,
90−40=50
➔ 60>50>40

16 • ■ 모양: 48−31=17
• ▲ 모양: 55−24=31
• ● 모양: 30−10=20

17 같은 수에서 1씩 커지는 수를 빼면 차는 1씩 작아집니다.
주어진 뺄셈식의 다음에 올 뺄셈식은 빼는 수가 1만큼 더 커진 67−14=53입니다.

18 빨간색 책은 26권, 노란색 책은 3권 있습니다.
➔ 26+3=29

19 빨간색 책은 26권, 파란색 책과 노란색 책은 12+3=15(권) 있습니다.
➔ 26−15=11

20 • 14+2=16, 14+3=17, 14+15=29, 2+3=5, 2+15=17, 3+15=18 등의 덧셈식을 만들 수 있습니다.
• 14−2=12, 14−3=11, 3−2=1, 15−14=1, 15−2=13, 15−3=12의 뺄셈식을 만들 수 있습니다.

21 ㉠ 24보다 13만큼 더 큰 수: 24+13=37
㉡ 49보다 16만큼 더 작은 수: 49−16=33
➔ 37>33이므로 더 큰 수는 ㉠입니다.

22
$$\begin{array}{r} ㉠\ 7 \\ -\ 5\ ㉡ \\ \hline 1\ 5 \end{array}$$

• 낱개의 수끼리 빼면 7−㉡=5입니다.
7−2=5이므로 ㉡=2입니다.
• 10개씩 묶음의 수끼리 빼면 ㉠−5=1입니다.
6−5=1이므로 ㉠=6입니다.

23

채점 기준			
	❶ 만들 수 있는 가장 큰 수와 가장 작은 수를 각각 구한 경우	2점	4점
	❷ 만들 수 있는 가장 큰 수와 가장 작은 수의 차를 구한 경우	2점	

24 열대어가 14마리, 금붕어가 35마리 있으므로 금붕어가 열대어보다 35−14=21(마리) 더 많습니다.

25

채점 기준			
	❶ 문제에 알맞은 덧셈식을 쓴 경우	2점	4점
	❷ 열대어는 모두 몇 마리인지 구한 경우	2점	

모바일 빠른 정답
QR코드를 찍으면 정답과 풀이를 쉽고 빠르게 확인할 수 있습니다.

1. 100까지의 수

단원 평가 A단계 2~4쪽

01 6, 60
02 8, 4 / 84
03 70, 72
04 53, 57 / (△)(   )
05 짝수
06 아흔
07 7묶음
08 ⑤
09 76
10 소율
11

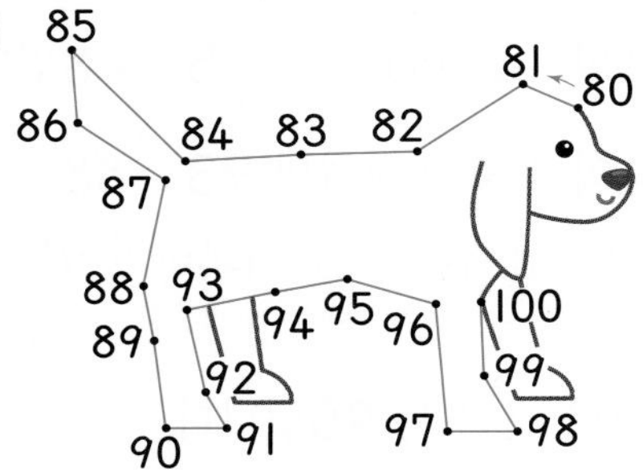

12 88, 90
13 >
14 92, 88
15 ㉡, ㉢, ㉣, ㉠
16

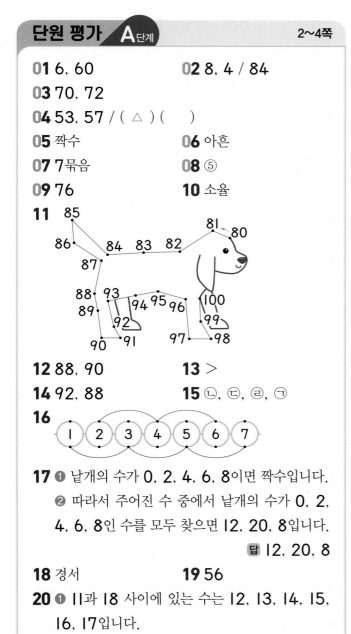

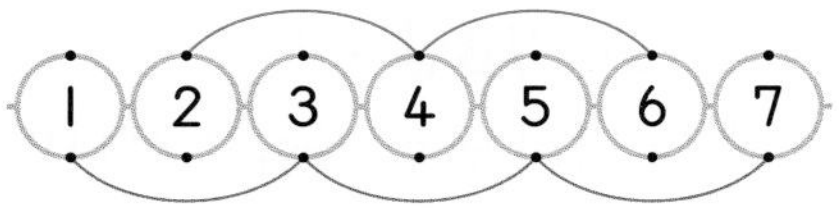

17 ❶ 낱개의 수가 0, 2, 4, 6, 8이면 짝수입니다.
❷ 따라서 주어진 수 중에서 낱개의 수가 0, 2, 4, 6, 8인 수를 모두 찾으면 12, 20, 8입니다.
답 12, 20, 8

18 경서
19 56

20 ❶ 11과 18 사이에 있는 수는 12, 13, 14, 15, 16, 17입니다.
❷ 12, 13, 14, 15, 16, 17 중에서 홀수는 13, 15, 17로 모두 3개입니다.
답 3개

04 53과 57의 10개씩 묶음의 수가 같으므로 낱개의 수를 비교하면 3<7입니다. ➔ 53<57

06 팔십 ➔ 80, 아흔 ➔ 90, 여든 ➔ 80

07 70은 10개씩 묶음 7개이므로 7묶음 사야 합니다.

08 ① 62 ➔ 육십이, 예순둘
② 74 ➔ 칠십사, 일흔넷
③ 89 ➔ 팔십구, 여든아홉
④ 66 ➔ 육십육, 예순여섯
⑤ 95 ➔ 구십오, 아흔다섯

09 10개씩 묶음 7개와 낱개 6개이므로 76입니다.

10 시우: 육십삼 층이라고 읽어야 합니다.

12 10개씩 묶음 8개와 낱개 9개인 수는 89입니다. 89보다 1만큼 더 작은 수는 88, 1만큼 더 큰 수는 90입니다.

13 10개씩 묶음의 수를 비교하면 71>65입니다.

14 10개씩 묶음의 수를 비교하면 84>50, 84<92, 84>79입니다. 83과 88은 낱개의 수를 비교하면 84>83, 84<88입니다.
➔ 84보다 큰 수는 92, 88입니다.

15 10개씩 묶음의 수가 같으므로 낱개의 수를 비교하여 큰 수부터 쓰면 68, 66, 64, 62입니다.

16 짝수: 낱개의 수가 0, 2, 4, 6, 8 ➔ 2, 4, 6
홀수: 낱개의 수가 1, 3, 5, 7, 9 ➔ 1, 3, 5, 7

17

채점 기준			
채점 기준	❶ 짝수의 특징을 아는 경우	2점	5점
	❷ 짝수를 모두 찾아 쓴 경우	3점	

18 82, 87, 79의 10개씩 묶음의 수를 비교하면 79가 가장 작고, 82와 87은 낱개의 수를 비교하면 82<87입니다. ➔ 경서

19 10개씩 묶음의 수에 가장 작은 수인 5를, 낱개의 수에 둘째로 작은 수인 6을 놓으면 56입니다.

20

채점 기준			
채점 기준	❶ 11과 18 사이에 있는 수를 모두 구한 경우	2점	5점
	❷ 11과 18 사이에 있는 수 중에서 홀수는 모두 몇 개인지 구한 경우	3점	

평가북 1단원

단원 평가 B단계 5~7쪽

01 90 **02** 6, 5 / 65

03 98, 100

04 ㉮ 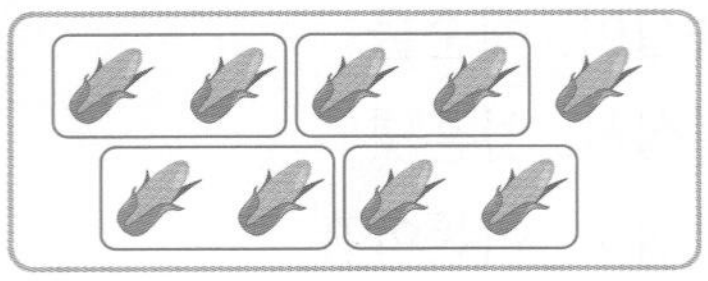 / 홀수

05 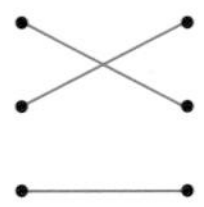

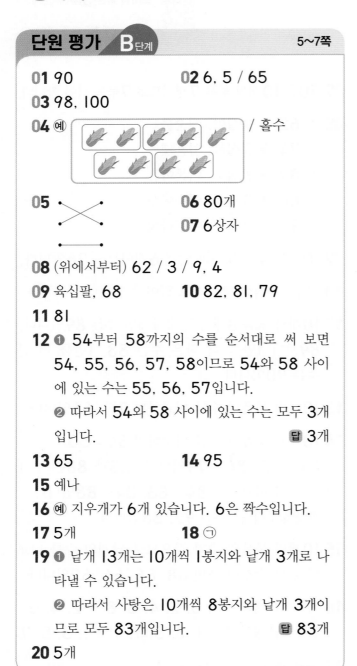

06 80개

07 6상자

08 (위에서부터) 62 / 3 / 9, 4

09 육십팔, 68 **10** 82, 81, 79

11 81

12 ❶ 54부터 58까지의 수를 순서대로 써 보면 54, 55, 56, 57, 58이므로 54와 58 사이에 있는 수는 55, 56, 57입니다.
❷ 따라서 54와 58 사이에 있는 수는 모두 3개입니다. 답 3개

13 65 **14** 95

15 예나

16 ㉮ 지우개가 6개 있습니다. 6은 짝수입니다.

17 5개 **18** ㉠

19 ❶ 낱개 13개는 10개씩 1봉지와 낱개 3개로 나타낼 수 있습니다.
❷ 따라서 사탕은 10개씩 8봉지와 낱개 3개이므로 모두 83개입니다. 답 83개

20 5개

03 99보다 1만큼 더 작은 수는 99 바로 앞의 수인 98이고, 99보다 1만큼 더 큰 수는 99 바로 뒤의 수인 100입니다.

04 둘씩 짝을 지을 때 하나가 남으므로 9는 홀수입니다.

05 • 60 ➔ 육십, 예순 • 80 ➔ 팔십, 여든
• 70 ➔ 칠십, 일흔

06 10개씩 묶음 8개 ➔ 80

07 공을 한 상자에 10개씩 담을 수 있습니다.
빨간색 공은 10개씩 묶음 6개이므로 공을 모두 담으려면 6상자가 필요합니다.

09 구슬을 10개씩 묶으면 10개씩 묶음 6개와 낱개 8개이므로 68(육십팔, 예순여덟)입니다.

10 83부터 순서를 거꾸로 하여 수를 써 보면 83－82－81－80－79입니다.

11 82(여든둘)보다 1만큼 더 작은 수는 81입니다.

12

채점 기준	❶ 54와 58 사이에 있는 수를 모두 쓴 경우	4점	5점
	❷ 54와 58 사이에 있는 수는 모두 몇 개인지 구한 경우	1점	

13 10개씩 묶음의 수를 비교하면 65＞48입니다.

14 10개씩 묶음의 수를 비교하면 93＞88, 93＞75이고, 낱개의 수를 비교하면 93＜95입니다.
따라서 93보다 큰 수는 95입니다.

15 유준: 72번, 예나: 일흔여덟 번 ➔ 78번
72와 78의 10개씩 묶음의 수는 같고 낱개의 수를 비교하면 72＜78입니다.
➔ 훌라후프를 더 많이 돌린 사람은 예나입니다.

16 다음과 같이 쓸 수도 있습니다.
• 자는 3개 있습니다. 3은 홀수입니다.
• 연필은 5자루 있습니다. 5는 홀수입니다.
• 클립은 10개 있습니다. 10은 짝수입니다.

17 짝수는 14, 20, 16, 12, 8로 모두 5개입니다.

18 ㉠ 69 ㉡ 72 ㉢ 70 ➔ 69＜70＜72

19

채점 기준	❶ 낱개 13개를 10개씩 묶음과 낱개의 수로 나타낸 경우	2점	5점
	❷ 사탕은 모두 몇 개인지 구한 경우	3점	

20 63과 □5의 낱개의 수를 비교하면 3＜5이고, 63이 □5보다 크므로 □ 안에 들어갈 수 있는 수는 1, 2, 3, 4, 5로 모두 5개입니다.

2. 덧셈과 뺄셈(1)

단원 평가 A단계 8~10쪽

01 9 02 1

03 4

04 예 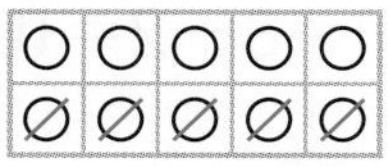 / 5

05 (계산 순서대로) 10, 13, 13

06 9 07 ④

08 < 09 7−2−3=2 / 2개

10 

11 ( )( )(○)

12 3+7, 8+2, 4+6

13 3마리 14 ㉠, ㉢, ㉣, ㉡

15 19

16 ❶ 장미, 국화, 카네이션의 수를 모두 더하면 되므로 5+4+6을 계산합니다.
❷ 5+4+6=5+10=15이므로 꽃병에 꽂혀 있는 꽃은 모두 15송이입니다. 답 15송이

17 1 18 ( )(○)(○)

19 1, 2, 3

20 ❶ 3+7=10이므로 ■에 알맞은 수는 10이고, 2+2=4이므로 ▲에 알맞은 수는 4입니다.
❷ 따라서 ■에 알맞은 수와 ▲에 알맞은 수의 차는 10−4=6입니다. 답 6

01 3과 2를 더하면 5가 되고, 그 수에 4를 더하면 9가 됩니다.

02 8−3=5이고, 5−4=1이므로 8−3−4=1입니다.

03 왼쪽의 점 6개와 오른쪽의 점 4개를 합하면 모두 10개가 됩니다. ➔ 6+4=10

04 ○ 10개 중 5개에 /을 그려 지우면 ○ 5개가 남습니다. ➔ 10−5=5

05 2와 8을 먼저 더하여 10을 만든 다음 10과 3을 더합니다. ➔ 2+8+3=10+3=13

06 2+5+2=7+2=9

07 ① 2+4+3=9 ② 3+2+1=6
③ 4+1+3=8 ⑤ 6+2+1=9

08 9−2−4=3 ➔ 3<5

09 초콜릿 7개 중에서 지나가 2개, 동생이 3개를 먹었으므로 7−2−3을 계산합니다.
➔ 7−2−3=5−3=2

10 2+8=10, 7+3=10, 5+5=10

11 1+9=10, 9+1=10, 4+5=9

12 3+7=10, 0+9=9, 1+7=8
4+5=9, 8+2=10, 4+6=10

13 나비 10마리와 잠자리 7마리를 하나씩 짝 지어 보면 나비가 3마리 남습니다. ➔ 10−7=3

14 ㉠ 10−4=6 ㉡ 10−9=1
㉢ 10−6=4 ㉣ 10−8=2
➔ 6>4>2>1

15 9+3+7=9+10=19

16

채점 기준	❶ 문제에 알맞은 덧셈식을 쓴 경우	2점	5점
	❷ 꽃병에 꽂혀 있는 꽃은 모두 몇 송이인지 구한 경우	3점	

17 9+□+3=13이므로 9+□=10입니다.
9와 더해서 10이 되는 수는 1이므로 □=1입니다.

18 • 3+5+1=8+1=9 ➔ 홀수
• 1+2+3=3+3=6 ➔ 짝수
• 4+2+2=6+2=8 ➔ 짝수

19 9−2−3=7−3=4이므로 4>□입니다.
➔ □ 안에 들어갈 수 있는 수는 1, 2, 3입니다.

20

채점 기준	❶ ■와 ▲에 알맞은 수를 각각 구한 경우	3점	5점
	❷ ■와 ▲에 알맞은 수의 차를 구한 경우	2점	

평가북 2단원

단원 평가 B단계 11~13쪽

01 7 / 3, 3, 7 **02** 10 / 10
03 2, 8 **04** $6+\boxed{9+1}=16$
05

06 9점
07 ㉡
08 예 2, 4 / 2, 4, 2
09 7, 3 **10** 10개
11 ❶ 두 수의 합을 각각 구하면
지민이는 $1+9=10$, 해준이는 $3+6=9$,
희수는 $5+5=10$입니다.
❷ 따라서 공에 적힌 두 수의 합이 10이 아닌 사람은 해준입니다. 답 해준
12 (위에서부터) 8, 6 **13** 3
14 $10-9=1$ / 1개 **15** (△) (   )
16 6 **17** 4, 6 또는 6, 4
18 ❶ 주어진 수 중에서 가장 큰 수는 8이므로 $8-3-2$를 계산해야 합니다.
❷ $8-3-2=5-2=3$입니다. 답 3
19 15 **20** 6살

02 7과 3을 서로 바꾸어 더해도 합은 10으로 같습니다.

03 구슬 10개에서 2개를 빼면 8개가 남습니다.
➔ $10-2=8$

04 9와 1을 먼저 더하여 10을 만든 다음 6과 10을 더합니다.

05 • $5+2+1=7+1=8$
• $1+7+1=8+1=9$
• $3+2+2=5+2=7$

06 민재는 2점, 3점, 4점을 맞혔으므로 모두 더하면 $2+3+4=5+4=9$(점)입니다.

07 ㉠ $7-3-2=4-2=2$
㉡ $6-1-2=5-2=3$
➔ $2<3$이므로 차가 더 큰 것은 ㉡입니다.

08 색종이 8장 중에서 종이학을 접을 색종이의 수와 종이비행기를 접을 색종이의 수를 차례로 뺍니다.

09 더해서 10이 되는 두 수는 1과 9, 2와 8, 3과 7, 4와 6, 5와 5 등이 있습니다.

10 (바구니에 들어 있는 과일의 수)
$=$(사과의 수)$+$(배의 수)$=8+2=10$(개)

11

채점 기준			
	❶ 두 수의 합을 각각 구한 경우	4점	5점
	❷ 공에 적힌 두 수의 합이 10이 아닌 사람을 찾아 쓴 경우	1점	

12 $10-2=8$, $10-4=6$

13 10에서 빼는 수가 7이면 뺄셈 결과가 3이고, 10에서 빼는 수가 3이면 뺄셈 결과가 7입니다.
➔ □ 안에 공통으로 들어갈 수 있는 수는 3입니다.

14 (남은 달걀의 수)
$=$(사 온 달걀의 수)$-$(사용한 달걀의 수)
$=10-9=1$(개)

15 • $8+2+1=10+1=11$
• $4+9+1=4+10=14$
➔ $11<14$이므로 $8+2+1$이 더 작습니다.

16 $\square+7+3=16$에서 $7+3=10$이므로 □ 안에 알맞은 수는 6입니다.

17 합이 10이 되는 두 수를 골라야 하므로 수 카드 4와 6을 골라 덧셈식을 완성합니다.

18

채점 기준			
	❶ 가장 큰 수를 찾아 알맞은 뺄셈식을 만든 경우	2점	5점
	❷ 가장 큰 수에서 나머지 두 수를 뺀 값을 구한 경우	3점	

19 • $2+1+4=3+4=7$ ➔ ◆$=7$
• ◆$+3+5=$♣에서 $7+3+5=$♣입니다.
$7+3+5=10+5=15$ ➔ ♣$=15$

20 (누나의 나이)$=8+2=10$(살)
➔ (동생의 나이)$=10-4=6$(살)

3. 모양과 시각

단원 평가 A단계 14~16쪽

01 ㉠, ㉤
02 ㉢, ㉣
03 △
04 2
05 ○ □
06 
07 ㉮ 시계, 훌라후프
08 ❶ ■ 모양은 2개, ▲ 모양은 4개, ● 모양은 3개입니다.
❷ 따라서 개수가 3개인 모양은 ● 모양입니다.
답 ● 모양
09 ㉠, ㉡
10 준희
11 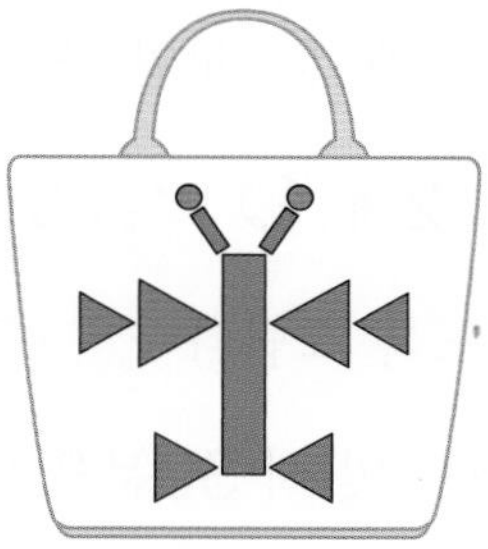
12 ( ) (○) ( )
13 5개
14 
15 ㉮ 3시는 짧은바늘이 3, 긴바늘이 12를 가리켜.
16 7, 30
17 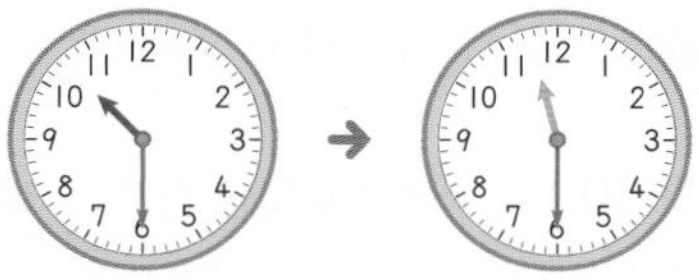
18 2개
19 2개
20 민주

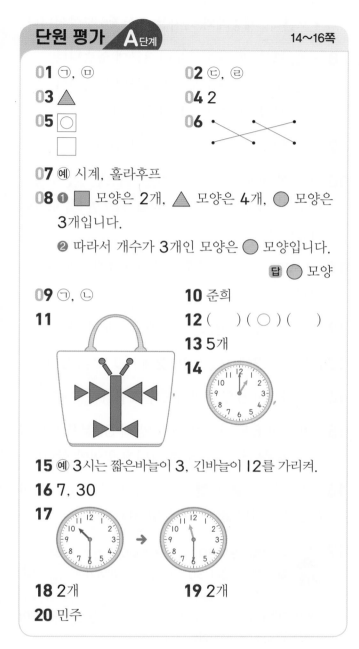

01 ■ 모양의 물건은 ㉠ 지우개, ㉤ 자입니다.

02 ▲ 모양의 물건은 ㉢ 옷걸이, ㉣ 수박 조각입니다.

03 나무 블록의 바닥 부분을 본뜨면 ▲ 모양이 나옵니다.

04 짧은바늘이 2, 긴바늘이 12를 가리키므로 2시입니다.
참고 짧은바늘이 ■, 긴바늘이 12 ➔ ■시

05 짧은바늘이 5와 6 사이에 있고, 긴바늘이 6을 가리키므로 5시 30분입니다.

06 • 달력, 손수건: ■ 모양
• 도넛, 피자: ● 모양
• 삼각자, 삼각김밥: ▲ 모양

08

채점 기준			
채점 기준	❶ 각 모양의 개수를 세어 쓴 경우	3점	5점
	❷ 개수가 3개인 모양을 찾아 쓴 경우	2점	

09 뾰족한 부분이 있는 모양은 ■ 모양과 ▲ 모양입니다.

10 트라이앵글은 ▲ 모양입니다.

12 해는 ▲ 모양과 ● 모양을 이용하여 만들었습니다. 자동차는 ■ 모양과 ● 모양을 이용하여 만들었습니다.

13 ■ 모양은 나무에 1개, 자동차에 4개 이용했습니다. ➔ $1+4=5$(개)

14 짧은바늘이 1을 가리키도록 그립니다.

15

채점 기준	잘못된 곳을 찾아 바르게 고친 경우	5점

16 짧은바늘이 7과 8 사이에 있고, 긴바늘이 6을 가리키므로 7시 30분입니다.

17 시작 시각은 10시 30분이므로 긴바늘이 6을 가리키도록 그리고, 마침 시각은 11시 30분이므로 짧은바늘이 11과 12 사이를 가리키도록 그립니다.

18 ▲ 모양: 4개, ● 모양: 2개 ➔ $4-2=2$(개)

19 ■ 모양: 8개, ▲ 모양: 6개, ● 모양: 2개
➔ 가장 적게 이용한 모양은 ● 모양이고 2개입니다.

20 • 지호가 도착한 시각: 6시
• 민주가 도착한 시각: 6시 30분
➔ 두 시각 중 더 늦은 시각은 6시 30분이므로 도서관에 더 늦게 도착한 사람은 민주입니다.

평가북 3단원

단원 평가 B단계 17~19쪽

01 ●
02 3
03 (○) (   )
04 12, 30
05 예나
06 ❶ 공책, 필통, 액자는 ■ 모양이고, 과녁은 ● 모양입니다.
❷ 따라서 ■ 모양이 아닌 물건은 과녁입니다.
답 과녁
07 (   ) (○)
08 
09 ●
10 ■, ▲
11 3개
12 ■ 모양
13 ■, ▲
14 

15 (○) (○) (   )
16 
17 ❶ 

❷ 예 어제 낮 2시 30분에 동생과 보드게임을 했습니다.
18 3개
19 3개
20 ㉡

01 동전은 모두 ● 모양입니다.

02 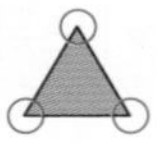 → 3군데

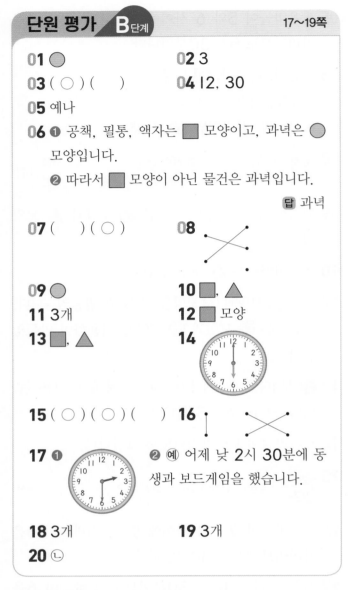

03 10시는 짧은바늘이 10, 긴바늘이 12를 가리킵니다.

04 짧은바늘이 12와 1 사이, 긴바늘이 6을 가리키므로 12시 30분입니다.

05 탬버린은 ● 모양입니다.

06

채점 기준			
	❶ 각 물건의 모양을 아는 경우	4점	5점
	❷ ■ 모양이 아닌 물건을 찾아 쓴 경우	1점	

07 • 왼쪽: 휴대 전화는 ■ 모양, 조각 피자는 ▲ 모양입니다.
• 오른쪽: 체중계와 과자는 모두 ● 모양입니다.

08 • ▲ 모양: 뾰족한 부분이 3군데 있습니다.
• ■ 모양: 뾰족한 부분이 4군데 있습니다.
• ● 모양: 뾰족한 부분이 없습니다.

09 곧은 선이 없는 모양은 ● 모양입니다.

10 위나 아래에서 보이는 부분을 찍으면 ▲ 모양이 나오고, 옆에서 보이는 부분을 찍으면 ■ 모양이 나옵니다.

11 ● 모양은 눈 부분에 2개, 몸통에 1개로 모두 3개입니다.

12 ■ 모양: 7개, ▲ 모양: 1개, ● 모양: 3개

13 ■ 모양: 2개, ▲ 모양: 2개, ● 모양: 5개

14 짧은바늘이 6을 가리키도록 그립니다.

15 긴바늘이 6을 가리킬 때는 몇 시 30분을 나타내므로 짧은바늘은 두 숫자 사이에 있어야 합니다.

16 짧은바늘이 ■와 ■+1 사이에 있고, 긴바늘이 6을 가리키면 ■시 30분입니다.

17

채점 기준			
	❶ 시계에 2시 30분을 바르게 나타낸 경우	3점	5점
	❷ 어제 낮 2시 30분에 한 일을 이야기한 경우	2점	

[평가 기준] 낮 2시 30분에 하는 것이 가능한 일을 이야기했으면 정답으로 인정합니다.

18 뾰족한 부분이 4군데 있는 모양은 ■ 모양이고, ■ 모양의 물건은 스케치북, 지폐, 봉투로 모두 3개입니다.

19 ■ 모양: 4개, ▲ 모양: 5개, ● 모양: 2개
→ 5−2=3(개)

20 ㉠ 1시 30분 ㉡ 2시 30분 ㉢ 4시
→ 2시와 3시 사이의 시각은 ㉡ 2시 30분입니다.

4. 덧셈과 뺄셈(2)

단원 평가 A단계 20~22쪽

01 10, 11 / 11
02 (위에서부터) 12, 2
03 11, 11 / 같습니다
04 10
05 (위에서부터) 9, 1
06 15
07 13
08 <
09 ❶ 운동장에 있는 남학생 수와 여학생 수를 더하면 되므로 6+9를 계산합니다.
❷ 6+9=15이므로 운동장에 있는 학생은 모두 15명입니다. 답 15명
10 8, 9
11 8, 8 / 7, 9
12 ( )(○)( )
13 11−2=9 / 9개
14 예 16, 7, 9 / 예 17, 8, 9
15 ㉡, ㉣, ㉢, ㉠
16 (왼쪽에서부터) 8, 7 / 6, 5
17 (위에서부터) 6 / 7, 8
18 9, 7, 16 또는 7, 9, 16
19 ❶ 가장 큰 수는 14, 가장 작은 수는 5입니다.
❷ 따라서 가장 큰 수와 가장 작은 수의 차는 14−5=9입니다. 답 9
20 채아, 6개

01 빵이 8개에 3개 더 있으므로 8 하고 9, 10, 11입니다. ➔ 8+3=11

02 5를 3과 2로 가르기하여 7과 3을 더해 10을 만들고, 남은 2를 더하면 12가 됩니다.

04 10개씩 묶음 1개와 낱개 ■개에서 낱개 ■개를 빼면 10개씩 묶음 1개가 남습니다.

05 6을 5와 1로 가르기하여 15에서 5를 빼서 10을 만들고, 10에서 남은 1을 빼면 9가 됩니다.

06 고양이는 왼쪽에 8마리, 오른쪽에 7마리 있습니다. 8부터 7만큼 이어 세면 15이므로 고양이는 모두 15마리입니다.

08 3+9=12, 5+8=13 ➔ 12<13

09

채점 기준			
	❶ 문제에 알맞은 덧셈식을 쓴 경우	2점	5점
	❷ 운동장에 있는 학생은 모두 몇 명인지 구한 경우	3점	

10 4+7=11이고 합이 1씩 커졌으므로 4에 1씩 커지는 수를 더한 것입니다.

11 더해지는 수가 1씩 작아지고 더하는 수가 1씩 커지면 합은 같습니다.
따라서 색칠된 칸의 덧셈식과 합이 같은 식 2개를 표에서 찾으면 8+8, 7+9입니다.

12 12−8=4, 11−5=6, 13−5=8

13 (남은 과자의 수)
=(처음에 있던 과자의 수)−(먹은 과자의 수)
=11−2=9(개)

14 14−6=8, 14−7=7, 14−8=6,
15−6=9, 15−7=8, 15−8=7,
16−8=8을 만들 수도 있습니다.

15 ㉠ 12−3=9 ㉡ 11−8=3
㉢ 14−6=8 ㉣ 13−7=6
➔ 3<6<8<9

16 같은 수에서 1씩 커지는 수를 빼면 차는 1씩 작아집니다.

17 왼쪽 수와 오른쪽 수가 1씩 커지면 차는 같습니다.
참고 '−'의 왼쪽 수와 오른쪽 수가 똑같이 ■씩 커지거나 ■씩 작아지면 차는 같습니다.

18 합이 가장 크려면 가장 큰 수와 둘째로 큰 수를 더해야 합니다. 수 카드의 수 중에서 가장 큰 수는 9, 둘째로 큰 수는 7입니다. ➔ 9+7=16

19

채점 기준			
	❶ 가장 큰 수와 가장 작은 수를 각각 찾아 쓴 경우	2점	5점
	❷ 가장 큰 수와 가장 작은 수의 차를 구한 경우	3점	

20 서진: 15−9=6(개), 채아: 3+9=12(개)
채아가 12−6=6(개) 더 많이 가지고 있습니다.

평가북 4단원

단원 평가 B단계 23~25쪽

01 예 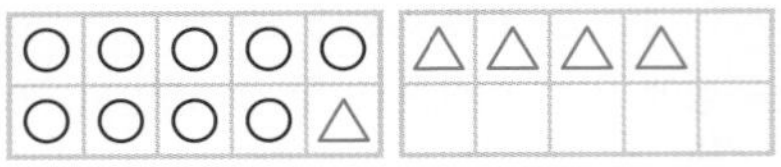 / 14

02 11 **03** 5

04 (왼쪽에서부터) 2 / 8

05 (위에서부터) 12, 5 **06** (위에서부터) 17, 16

07 6+6=12 / 12자루

08 ( )(○)(△)

09 예  / 14 / 7, 14

10 

11 예 5, 9 **12** 9

13 ❶ ㉠, ㉡, ㉢을 각각 계산해 보면 ㉠ 14−8=6, ㉡ 15−9=6, ㉢ 11−8=3입니다.
❷ 따라서 차가 3인 식은 ㉢입니다. 답 ㉢

14 7번 **15** 9, 17

16 예 11, 7

17 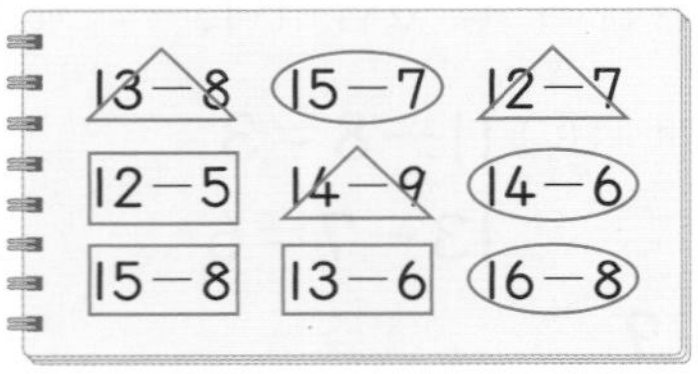

18 ❶ 카드에 적힌 두 수의 합을 각각 구하면 윤아는 6+7=13, 재희는 8+4=12입니다.
❷ 13>12이므로 카드에 적힌 두 수의 합이 더 큰 사람은 윤아입니다. 답 윤아

19 8 **20** 5

01 △ 1개를 그려 10을 만들고, △ 4개를 더 그리면 14가 됩니다. ➔ 9+5=14

02 3+8=11
  1 2

05 7을 2와 5로 가르기하여 5와 5를 더해 10을 만들고, 남은 2를 더하면 12가 됩니다.

06 8+9=17, 8+8=16

07 (지금 준서가 가지고 있는 연필의 수)
=(가지고 있던 연필의 수)+(받은 연필의 수)
=6+6=12(자루)

08 9+3=12, 6+9=15, 4+7=11
➔ 15>12>11

09 8+6=14입니다. 7과 더해 14가 되려면 점을 7개 그려야 합니다. ➔ 7+7=14

10 두 수의 순서를 바꾸어 더해도 합은 같습니다.

11 5+8=13에서 합이 1만큼 커졌으므로 더하는 수를 1만큼 크게 하여 5+9=14, 더해지는 수를 1만큼 크게 하여 6+8=14로 쓸 수 있습니다.

13

채점 기준			
채점 기준	❶ ㉠, ㉡, ㉢을 각각 계산한 경우	4점	5점
	❷ 차가 3인 식을 찾아 기호를 쓴 경우	1점	

14 (지효가 넘은 줄넘기 횟수)
−(은석이가 넘은 줄넘기 횟수)
=16−9=7(번)

15 13−4=9, 9+8=17

16 12−8=4와 차가 같은 식: 11−7, 13−9 등

17 • 13−5=8이므로 15−7, 14−6, 16−8과 차가 같습니다.
• 11−6=5이므로 13−8, 12−7, 14−9와 차가 같습니다.
• 14−7=7이므로 12−5, 15−8, 13−6과 차가 같습니다.

18

채점 기준			
채점 기준	❶ 카드에 적힌 두 수의 합을 각각 구한 경우	3점	5점
	❷ 카드에 적힌 두 수의 합이 더 큰 사람을 찾아 쓴 경우	2점	

19 • 2+9=11 ➔ ◆=11
• ◆−3=11−3=8 ➔ ♥=8

20 윤주가 꺼낸 공에 적힌 두 수의 차: 11−4=7
세호가 이기려면 두 수의 차가 7보다 커야 합니다.
13−6=7이고 13−5=8이므로 세호는 5가 적힌 공을 꺼내야 합니다.

5. 규칙 찾기

단원 평가 A단계 26~28쪽

01 (○) (   ) **02** 운동화 / 구두

03 1, 9 **04** 72, 10

05 96, 97, 98, 99, 100

06 ○, ○, △, △ **07** ⇨, ⇦

08 (○) (   )

09 예 

10 예 

11 예 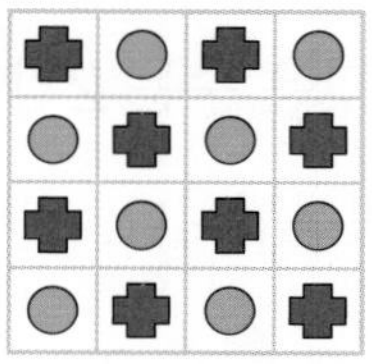 **12** (   ) (○) (   )

13 예 3, 4, 5, 6, 7
/ 2부터 시작하여 1씩 커집니다.

14

51	52	53	54	55	56	57	58	59	60
61	62	63	64	65	66	67	68	69	70

15

1	2	3
4	5	6
7	8	9

1	4	7
2	5	8
3	6	9

16 (위에서부터) ⚁, ⚂, ⚁ / 3, 3

17 ❶ 윷이 엎어진 개수가 2개, 2개, 4개씩 반복되고 윷이 2개 엎어진 그림은 2, 윷이 4개 엎어진 그림은 4로 나타냈습니다.
❷ ㉠은 윷이 4개 엎어져 있는 그림을 수로 나타낸 것이므로 4입니다. 답 4

18 10개

19 ❶ 주어진 수 배열표는 → 방향으로 1씩 커집니다.
❷ 따라서 57부터 → 방향으로 58−59−60이므로 ★에 알맞은 수는 60입니다. 답 60

20 25, 30, 35, 40

05 91부터 시작하여 → 방향으로 1씩 커집니다.

07 ⇦, ⇨, ⇦가 반복됩니다.

08 개수가 2개, 1개, 1개씩 반복됩니다.

09 예 주사위 점의 수가 4, 3, 4가 반복되도록 놓았습니다.
[평가 기준] 주사위 점의 수에서 반복되는 규칙이 있도록 그렸으면 정답으로 인정합니다.

10 [평가 기준] ♡, ◇ 모양으로 규칙을 만들어 꾸몄으면 정답으로 인정합니다.

11 예 • 첫째 줄, 셋째 줄은 ✚, ●가 반복됩니다.
• 둘째 줄, 넷째 줄은 ●, ✚가 반복됩니다.

12 12부터 시작하여 2씩 작아지므로 빈 곳에 알맞은 수는 6보다 2만큼 더 작은 4입니다.

13 [평가 기준] 2부터 시작하여 수가 커지는 규칙, 2와 다른 수가 반복되는 규칙 등을 알맞게 만들어 수를 써넣고 설명했으면 정답으로 인정합니다.

14 색칠한 수들은 2씩 커지므로 62부터 2씩 커지는 수인 64, 66, 68, 70을 색칠합니다.

15 • 왼쪽: → 방향으로 1씩 커지고, ↓ 방향으로 3씩 커집니다.
• 오른쪽: → 방향으로 3씩 커지고, ↓ 방향으로 1씩 커집니다.

16 ⚁, ⚂이 반복되고 ⚁는 2로, ⚂은 3으로 나타냈습니다.

17

채점 기준			
채점 기준	❶ 규칙을 찾아 수로 나타낸 방법을 아는 경우	3점	5점
	❷ ㉠에 알맞은 수를 구한 경우	2점	

18 펼친 손가락의 수가 1개, 5개가 반복됩니다.
따라서 빈칸에 들어갈 펼친 손가락의 수는 차례로 5개, 5개이므로 모두 5+5=10(개)입니다.

19

채점 기준			
채점 기준	❶ 수 배열표의 규칙을 찾아 쓴 경우	2점	5점
	❷ ★에 알맞은 수를 구한 경우	3점	

20 색칠한 수는 ↓ 방향으로 5씩 커지므로 규칙에 따라 써 보면 20−25−30−35−40입니다.

평가북 5단원

단원 평가 B단계 29~31쪽

01 참외, 토마토

02

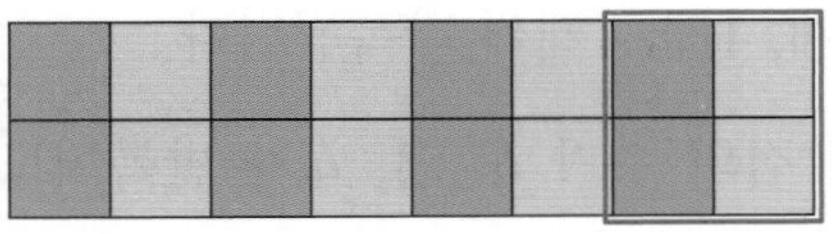

03 15, 18 **04** 23, 4

05 □ / ◇ **06** (　　)
(○)

07

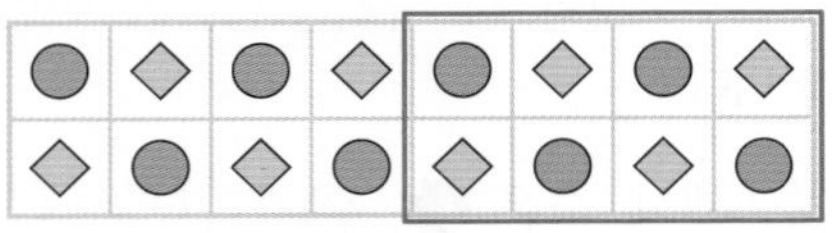

08 예

09 예 3, 8이 반복됩니다.

10 ❶ 12－14－16으로 2씩 커집니다.

❷ 따라서 ㉠에 알맞은 수는 12보다 2만큼 더 작은 수인 10이고, ㉡에 알맞은 수는 16보다 2만큼 더 큰 수인 18입니다. 답 10, 18

11 52, 51

12

1	2	3	4	5	6	7	8	9	10
11	12	13	14	15	16	17	18	19	20
21	22	23	24	25	26	27	28	29	30

13 (위에서부터) 97 / 94, 92 / 88 / 82, 81

14 2 **15**

16 (위에서부터) 3, 4, 3, 4 / ㅣ, ㅏ, ㅣ, ㅏ

17 ㉡ **18** 가위

19 ㉡

20 ❶ → 방향으로 1씩 커지므로 74－75－76－77－78－79에서 ♠에 알맞은 수는 79입니다.

❷ ↓ 방향으로 10씩 커지므로 79－89－99에서 ★에 알맞은 수는 99입니다. 답 79, 99

02 보라색, 노란색이 반복됩니다.

03 3부터 시작하여 3씩 커집니다.

06 위: 사탕, 과자가 반복되므로 잘못 놓았습니다.

07 • 첫째 줄: ●, ◇가 반복됩니다.
• 둘째 줄: ◇, ●가 반복됩니다.

08 예 ◆ 모양과 ♥ 모양을 골라 ◆, ◆, ♥가 반복되는 규칙을 만들었습니다.

[평가 기준] 두 가지 모양만을 사용하여 규칙이 있게 그렸으면 정답으로 인정합니다.

10

채점 기준			
채점 기준	❶ 수 배열에서 규칙을 찾아 쓴 경우	2점	5점
	❷ ㉠과 ㉡에 알맞은 수를 각각 구한 경우	3점	

11 55부터 시작하여 1씩 작아집니다.

13 → 방향으로 1씩 작아지고, ↓ 방향으로 5씩 작아집니다.

14 강아지, 오리가 반복됩니다. 강아지를 4로, 오리를 2로 나타내면 ㉠에 알맞은 수는 2입니다.

15 앉기, 서기, 만세하기가 반복됩니다.

16 • 연결 모형의 개수에 맞게 을 3으로, 을 4로 나타냅니다.

• 모양에 맞게 을 모음자 'ㅣ'로, 을 모음자 'ㅏ'로 나타냅니다.

17 바이올린, 탬버린, 탬버린이 반복됩니다.
바이올린을 ◇로, 탬버린을 ◎로 나타내면 ◇가 들어갈 곳은 ㉡입니다.

18 지우개, 지우개, 가위, 가위가 반복됩니다.
따라서 8번째인 가위 다음에는 차례로 지우개(9번째), 지우개(10번째), 가위(11번째)를 놓아야 합니다.

19 ㉠ 25, 35가 반복됩니다. → □＝35
㉡ 40부터 시작하여 2씩 작아집니다. → □＝30
➔ 30＜35이므로 □ 안에 알맞은 수가 더 작은 것은 ㉡입니다.

20

채점 기준			
채점 기준	❶ ♠에 알맞은 수를 구한 경우	2점	5점
	❷ ★에 알맞은 수를 구한 경우	3점	

6. 덧셈과 뺄셈(3)

단원 평가 A단계 32~34쪽

01 7, 27　　02 ④
03 82　　04 20
05 78 / 88　　06 29
07 (　) (×)　　08 10+50, 20+40
09 24, 46 / 46개　　10 유준
11 82, 80　　12 37자루
13

14 ❶ 수의 크기를 비교하면 80>70>30>20이므로 가장 큰 수는 80, 가장 작은 수는 20입니다.
❷ 따라서 가장 큰 수와 가장 작은 수의 차는 80−20=60입니다.　답 60
15 (　) (○) (△)
16 ❶ 22+13=35입니다.
❷ 35−20=15이므로 ㉠에 알맞은 수는 15입니다.　답 15
17 예 65, 20, 85 / 예 47, 12, 35
18 3, 4　　19 배드민턴, 3명
20 0, 1, 2

01 10개씩 묶음 2개와 낱개 7개이므로 27입니다.

03 낱개의 수끼리 빼고, 10개씩 묶음의 수를 그대로 내려 씁니다.

05 10씩 커지는 수에 같은 수를 더하면 합도 10씩 커집니다.

07 51+4=55

08 20+60=80, 50+40=90,
10+50=60, 40+30=70,
20+40=60

09 (전체 풍선의 수)
=(빨간색 풍선의 수)+(파란색 풍선의 수)
=22+24=46(개)

10 서진: 42+15=57, 채아: 36+22=58,
유준: 14+40=54
➔ 54<57<58

11 86−2=84, 86−4=82, 86−6=80

12 (남은 크레파스의 수)
=(처음 가지고 있던 크레파스의 수)
−(동생에게 준 크레파스의 수)
=39−2=37(자루)

13 76−12=64, 90−50=40, 58−2=56

14

채점 기준			
	❶ 가장 큰 수와 가장 작은 수를 각각 찾아 쓴 경우	2점	5점
	❷ 가장 큰 수와 가장 작은 수의 차를 구한 경우	3점	

15 43+5=48, 53−3=50, 42+2=44
➔ 50>48>44

16

채점 기준			
	❶ 가운데 빈칸에 알맞은 수를 구한 경우	2점	5점
	❷ ㉠에 알맞은 수를 구한 경우	3점	

18
$$\begin{array}{r} ㉠\ 3 \\ +\ 2\ ㉡ \\ \hline 5\ 7 \end{array}$$
• 낱개의 수끼리 더하면 3+㉡=7입니다.
3+4=7이므로 ㉡=4입니다.
• 10개씩 묶음의 수끼리 더하면 ㉠+2=5입니다.
3+2=5이므로 ㉠=3입니다.

19 • 배드민턴: 22+4=26(명)
• 바둑: 11+12=23(명)
➔ 26>23이므로 배드민턴을 신청한 학생이 26−23=3(명) 더 많습니다.

20 57−44=13이고 13>1□이므로 □ 안에는 3보다 작은 수가 들어가야 합니다.
따라서 □ 안에 들어갈 수 있는 수는 3보다 작은 0, 1, 2입니다.

평가북 6단원

단원 평가 B단계 35~37쪽

01 25, 26 / 4, 26 **02** 6 / 5, 6
03 52 **04** 70－20
05 59
06 ❶ 예 4는 낱개의 수이므로 31의 낱개의 수인 1에 더해야 하는데 10개씩 묶음의 수인 3에 더했으므로 잘못 계산하였습니다.

❷
$$\begin{array}{r} 3\ 1 \\ +\ \ \ 4 \\ \hline 3\ 5 \end{array}$$

07  **08** 78명
09 78 / 72
10 20
11 56－22＝34 / 34개
12 (위에서부터) 34, 33, 41, 40
13 > **14** 38 / 32
15 37, 47, 57 / 27, 40, 67
16 12, 4, 16 또는 4, 12, 16
17 25, 12, 13 **18** 71
19 ❶ 29－8＝21이므로 ■에 알맞은 수는 21입니다.
❷ ■＋■＝★에서 21＋21＝42이므로 ★에 알맞은 수는 42입니다. 답 42
20 효주

01 22에서 4만큼 이어 세면 22 하고 23, 24, 25, 26이므로 22＋4＝26입니다.

02 낱개의 수끼리 더하고, 10개씩 묶음의 수끼리 더합니다.

03 낱개의 수끼리 빼고, 10개씩 묶음의 수를 그대로 내려 씁니다.

04 70－20＝50이므로 빨간색으로 칠합니다.

05 53＋6＝59

06

채점 기준			
	❶ 잘못 계산한 이유를 쓴 경우	3점	5점
	❷ 바르게 계산한 경우	2점	

07 10＋50＝60 40＋40＝80
20＋60＝80 50＋20＝70
40＋30＝70 30＋30＝60

08 (영화관에 있던 전체 사람 수)
＝(영화관에 있던 남자 수)
＋(영화관에 있던 여자 수)
＝44＋34＝78(명)

09 합: 75＋3＝78, 차: 75－3＝72

10 60－40＝20

11 (더 접어야 하는 종이학의 수)
＝(접으려고 하는 종이학의 수)
－(지금까지 접은 종이학의 수)
＝56－22＝34(개)

12 79－45＝34, 38－5＝33
79－38＝41, 45－5＝40

13 15＋22＝37, 59－26＝33 → 37>33

14 • 예나의 수: 25＋13＝38
• 시우의 수: 67－35＝32

15 같은 수에 10씩 커지는 수를 더하면 합도 10씩 커집니다. 바로 다음에 올 덧셈식은 더하는 수가 10만큼 더 커진 27＋40＝67입니다.

16 곰 인형은 12개, 강아지 인형은 4개 있습니다.
→ 12＋4＝16

17 토끼 인형은 25개, 곰 인형은 12개 있습니다.
→ 25－12＝13

18 가장 큰 몇십몇: 75 → 75－4＝71

19

채점 기준			
	❶ ■에 알맞은 수를 구한 경우	2점	5점
	❷ ★에 알맞은 수를 구한 경우	3점	

20 • 지훈: 13＋3＝16 → 짝수
• 연아: 33－21＝12 → 짝수
• 효주: 27－10＝17 → 홀수

해설북

백점 수학 1·2

초등학교 학년 반 번 이름